职业技能培训鉴定教材 建筑类

ZHIYE JINENG PEIXUN JIANDING JIAOCAI

测量放线工（高级）

（第2版）

CELIANG FAN

GONG

主　编　谢旭阳　桂芳茹

副主编　王水江

编　者　龙文星

审　稿　卢　正

中国劳动社会保障出版社

图书在版编目(CIP)数据

测量放线工. 高级/人力资源和社会保障部教材办公室组织编写. —2 版. —北京：中国劳动社会保障出版社，2012

职业技能培训鉴定教材

ISBN 978 - 7 - 5045 - 9877 - 6

Ⅰ.①测… Ⅱ.①人… Ⅲ.①建筑测量-职业技能-鉴定-教材 Ⅳ.①TU198

中国版本图书馆 CIP 数据核字(2012)第 245221 号

中国劳动社会保障出版社出版发行

(北京市惠新东街 1 号 邮政编码：100029)

出 版 人：张梦欣

*

三河市潮河印业有限公司印刷装订　　新华书店经销

787 毫米×1092 毫米　16 开本　12.75 印张　277 千字

2012 年 10 月第 2 版　　2017 年 1 月第 3 次印刷

定价：25.00 元

读者服务部电话：(010) 64929211/64921644/84626437

营销部电话：(010) 64961894

出版社网址：http://www.class.com.cn

内容简介

本教材由人力资源和社会保障部教材办公室组织编写。教材以《建筑行业职业技能标准·测量放线工》为依据，紧紧围绕“以企业需求为导向，以职业能力为核心”的编写理念，力求突出职业技能培训特色，满足职业技能培训与鉴定考核的需要。

本教材详细介绍了高级测量放线工要求掌握的最新实用知识和技术。全书分为8个模块单元，主要内容包括工程识图和构造基本知识、精密水准测量、角度测量和距离测量、测量误差的基本理论知识和应用、建筑工程施工测量、市政工程施工测量、仪器的维修和保养、施工测量的法规和管理工作等。每一单元后安排了单元测试题及答案，供读者巩固、检验学习效果时参考使用。

本教材是高级测量放线工职业技能培训与鉴定考核用书，也可供相关人员参加在职培训、岗位培训使用。

前　言

1994年以来，原劳动和社会保障部职业技能鉴定中心、教材办公室和中国劳动社会保障出版社组织有关方面专家，依据《中华人民共和国职业技能鉴定规范》，编写出版了职业技能鉴定教材及其配套的职业技能鉴定指导200余种，作为考前培训的权威性教材，受到全国各级培训、鉴定机构的欢迎，有力地推动了职业技能鉴定工作的开展。

原劳动保障部从2000年开始陆续制定并颁布了国家职业标准。同时，社会经济、技术不断发展，企业对劳动力素质提出了更高的要求。为了适应新形势，为各级培训、鉴定部门和广大受培训者提供优质服务，人力资源和社会保障部教材办公室组织有关专家、技术人员和职业培训教学管理人员、教师，依据国家职业标准和企业对各类技能人才的需求，研发了职业技能培训鉴定教材。

新编写的教材具有以下主要特点：

在编写原则上，突出以职业能力为核心。教材编写贯穿“以职业标准为依据，以企业需求为导向，以职业能力为核心”的理念，依据国家职业标准，结合企业实际，反映岗位需求，突出新知识、新技术、新工艺、新方法，注重职业能力培养。凡是职业岗位工作中要求掌握的知识和技能，均作详细介绍。

在使用功能上，注重服务于培训和鉴定。根据职业发展的实际情况和培训需求，教材力求体现职业培训的规律，反映职业技能鉴定考核的基本要求，满足培训对象参加各级各类鉴定考试的需要。

在编写模式上，采用分级模块化编写。纵向上，教材按照国家职业资格等级单独成册，各等级合理衔接、步步提升，为技能人才培养搭建科学的阶梯型培训架构。横向上，教材按照职业功能分模块展开，安排足量、适用的内容，贴近生产实际，贴近培训对象需要，贴近市场需求。

在内容安排上，增强教材的可读性。为便于培训、鉴定部门在有限的时间内把最重要的知识和技能传授给培训对象，同时也便于培训对象迅速抓住重点，提高学习效率，在教材中精心设置了“培训目标”等栏目，以提示应该达到的目标，需要掌握的重点、难点、鉴定点和有关的扩展知识。另外，每个学习单元后安排了单元测试题，方便培训对象及时巩固、检验学习效果，并对本职业鉴定考核形式有初步的了解。

本书在编写过程中得到四川省职业技能鉴定指导中心、四川建筑职业技术学院的大力支持和热情帮助，在此一并致以诚挚的谢意。

编写教材有相当的难度，是一项探索性工作。由于时间仓促，不足之处在所难免，恳切希望各使用单位和个人对教材提出宝贵意见，以便修订时加以完善。

人力资源和社会保障部教材办公室

目录

第1单元

工程识图和构造基本知识

第一节　工程识图基本知识

- 掌握识图及制图的基本知识
- 能看懂并审核较复杂建筑物施工总平面图和有关测量放线施工图的关系和尺寸
- 掌握复杂地形图的识读和应用

一、地形图在工程建设中的应用

1. 绘制已知方向线的纵断面图

纵断面图是反映指定方向地面起伏变化的剖面图。在道路、管道等工程设计中，为进行填、挖土（石）方量的概算和合理确定线路的纵坡等，需较详细地了解沿线路方向上的地面起伏变化情况，为此常根据大比例尺地形图的等高线绘制线路的纵断面图。

如图 1—1 所示，欲绘制直线 AB、BC 纵断面图。具体步骤如下。

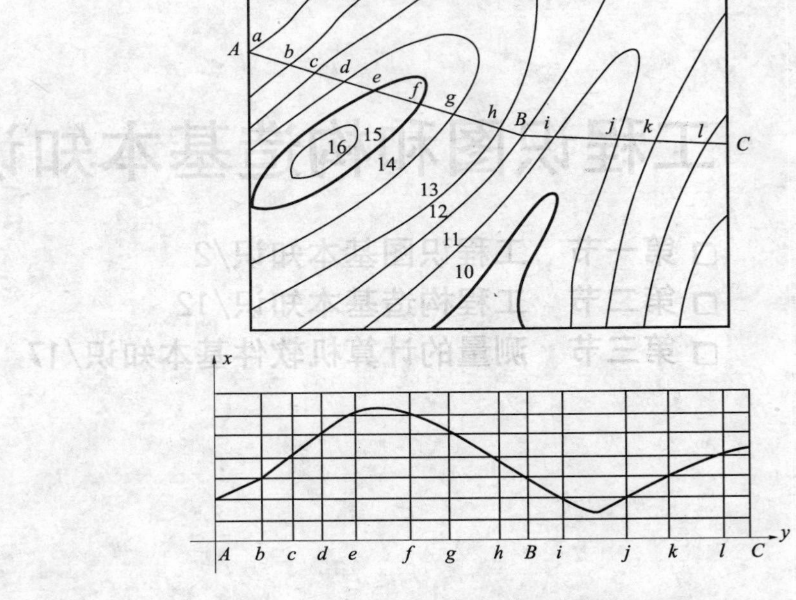

图 1—1　绘制已知方向线的纵断面图

（1）在图纸上绘出表示平距的横轴，过 A 点作垂线，作为纵轴，表示高程。平距的比例尺与地形图的比例尺一致；为了明显地表示地面起伏变化情况，高程比例尺往往将平距比例尺放大 10～20 倍。

（2）在纵轴上标注高程，在图上沿断面方向量取两相邻等高线间的平距，依次在横轴上标出，得 b、c、d、…、l 及 C 等点。

（3）从各点作横轴的垂线，在垂线上按各点的高程对照纵轴标注的高程确定各点在剖面上的位置。

（4）用光滑的曲线连接各点，即得已知方向线 $A—B—C$ 的纵断面图。

2. 地形图在平整场地中的应用

将施工场地的自然地表按要求整理成一定高程的水平地面或一定坡度的倾斜地面的工作称为平整场地。在平整场地工作中，为使填、挖土石方量基本平衡，常要利用地形图确定填、挖边界和进行填、挖土石方量的概算。场地平整的方法很多，其中方格网法是最常用的一种。图 1—2 所示为 1∶1 000 比例尺的地形图，拟将原地面平整成某一高程的水平面，使填、挖土石方量基本平衡。方法步骤如下：

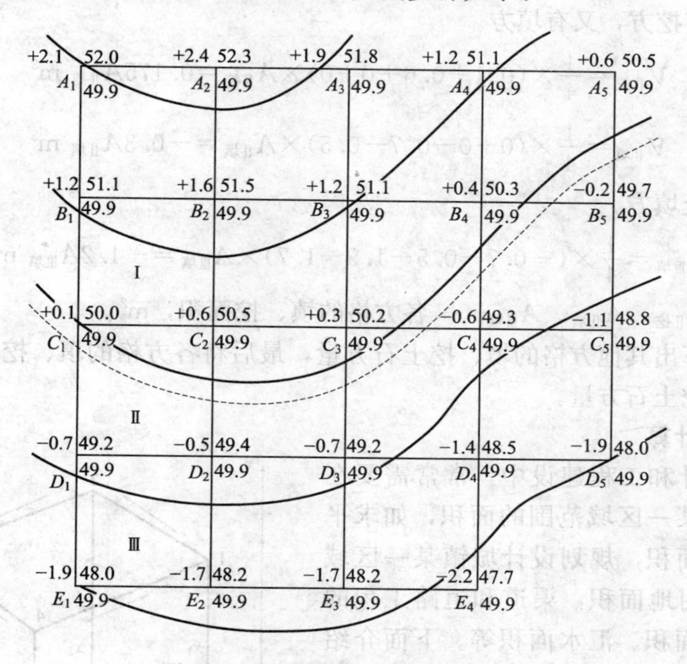

图 1—2　1∶1 000 比例尺的地形图

（1）绘制方格网。在地形图上拟平整场地内绘制方格网，方格大小根据地形复杂程度、地形图比例尺以及要求的精度而定。一般方格的边长为 10 m 或 20 m。图中方格为 20 m×20 m。各方格顶点号注于方格点的左下角，如图中的 A_1、A_2、…、E_3、E_4 等。

（2）求各方格顶点的地面高程。根据地形图上的等高线，用内插法求出各方格顶点的地面高程，并注于方格点的右上角，如图 1—2 所示。

（3）计算设计高程。分别求出各方格四个顶点的平均值，即各方格的平均高程；然后，将各方格的平均高程求和并除以方格数 n，即得到设计高程 $H_{设}$。根据图 1—2 中的数据，求得的设计高程 $H_{设}$＝49.9 m，并注于方格顶点右下角。

（4）确定方格顶点的填、挖高度。各方格顶点地面高程与设计高程之差为该点的填、挖高度，即

$$h = H_{地} - H_{设} \tag{1-1}$$

式中 h——“+”表示挖深，“-”表示填高，并将 h 值标注于相应方格顶点左上角。

(5) 确定填挖边界线。根据设计高程 $H_{设}=49.9$ m，在地形图上用内插法绘出49.9 m等高线。该线就是填、挖边界线，即图1—2中用虚线绘制的等高线。

(6) 计算填、挖土石方量。有两种情况：一种是整个方格全填或全挖方，如图1—2中方格Ⅰ、Ⅲ，另一种既有挖方又有填方的方格，如图1—2中方格Ⅱ所示。

现以方格Ⅰ、Ⅱ、Ⅲ为例，说明其计算方法：

方格Ⅰ为全挖方。

$$V_{Ⅰ挖}=\frac{1}{4}\times(1.2+1.6+0.1+0.6)\times A_{Ⅰ挖}=0.875A_{Ⅰ挖}\ \mathrm{m}^3$$

方格Ⅱ既有挖方，又有填方。

$$V_{Ⅱ挖}=\frac{1}{4}\times(0.1+0.6+0+0)\times A_{Ⅱ挖}=0.175A_{Ⅱ挖}\ \mathrm{m}^3$$

$$V_{Ⅱ填}=\frac{1}{4}\times(0+0-0.7-0.5)\times A_{Ⅱ填}=-0.3A_{Ⅱ填}\ \mathrm{m}^3$$

方格Ⅲ为全填方。

$$V_{Ⅲ填}=\frac{1}{4}\times(-0.7-0.5-1.9-1.7)\times A_{Ⅲ填}=-1.2A_{Ⅲ填}\ \mathrm{m}^3$$

式中 $A_{Ⅰ挖}$、$A_{Ⅱ挖}$、$A_{Ⅱ填}$、$A_{Ⅲ填}$——各方格的填、挖面积，m^2。

同法可计算出其他方格的填、挖土石方量，最后将各方格的填、挖土石方量累加，即得总的填、挖土石方量。

3. 面积的计算

在规划设计和工程建设中，常常需要在地形图上测算某一区域范围的面积，如求平整土地的填挖面积，规划设计城镇某一区域的面积，厂矿用地面积，渠道和道路工程的填、挖断面的面积、汇水面积等。下面介绍几种量测面积的常用方法。

(1) 解析法。在要求测定面积的方法具有较高精度，且图形为多边形，各顶点的坐标值为已知值时，可采用解析法计算面积。

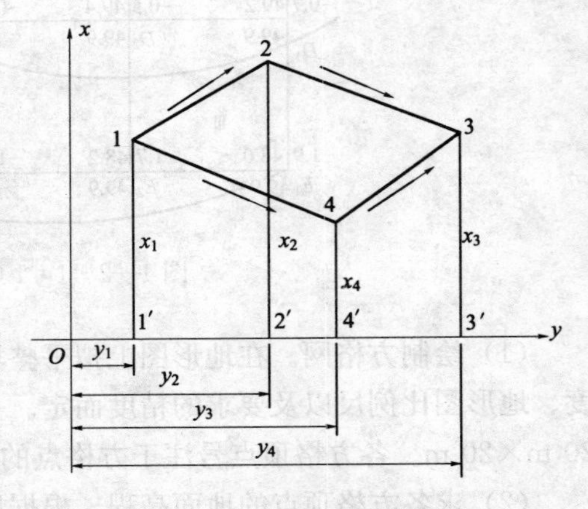

图1—3 坐标解析法

如图1—3所示，欲求四边形1234的面积，已知其顶点坐标为1（x_1、y_1）、2（x_2、y_2）、3（x_3、y_3）和4（x_4、y_4）。则其面积相当于相应梯形面积的代数和，即

$$S_{1234}=S_{122'1'}+S_{233'2'}-S_{144'1'}-S_{433'4'}$$

$$=\frac{1}{2}[(x_1+x_2)(y_2-y_1)+(x_2+x_3)(y_3-y_2)-(x_1+x_4)(y_4-y_1)-(x_3+x_4)(y_3-y_4)]$$

整理得：

$$S_{1234}=\frac{1}{2}[x_1(y_2-y_4)+x_2(y_3-y_1)+x_3(y_4-y_2)+x_4(y_1-y_3)]$$

对于 n 边形，其面积公式的一般式为：

$$S=\frac{1}{2}\sum_{i=1}^{h}x_i(y_{i+1}-y_{i-1}) \tag{1-2}$$

$$S=\frac{1}{2}\sum_{i=1}^{n}y_i(x_{i+1}-x_{i-1}) \tag{1-3}$$

式中　i——多边形各顶点的序号，当 i 取 1 时，$i-1$ 就为 n，当 i 为 n 时，$i+1$ 就为 1。

式（1-2）和式（1-3）的运算结果应相等，可作校核。

（2）几何图形法。若图形是由直线连接的多边形，可将图形划分为若干个简单的几何图形，如图 1—4 所示的三角形、梯形等。然后用比例尺量取计算所需的元素（长、宽、高），应用面积计算公式求出各个简单几何图形的面积。最后取代数和，即为多边形的面积。

图形边界为曲线时，可近似地用直线连接成多边形，再计算面积。

（3）透明方格网。对于不规则曲线围成的图形，可采用透明方格法进行面积计算。如图 1—5 所示，用透明方格网纸（方格边长一般为 1 mm、2 mm、5 mm、10 mm）蒙在要量测的图形上，先数出图形内的完整方格数，然后将不够一整格的用目估折合成整格数，两者相加乘以每格所代表的面积，即为所量算图形的面积，即：

$$S=nA \tag{1-4}$$

式中　S——所量图形的面积；

n——方格总数；

A——1 个方格的面积。

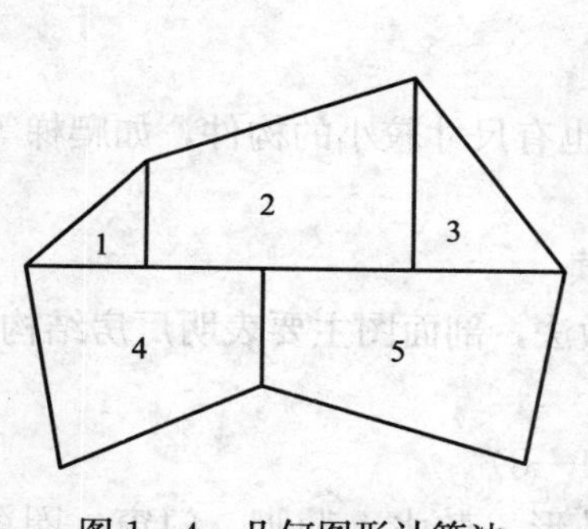

图 1—4　几何图形计算法

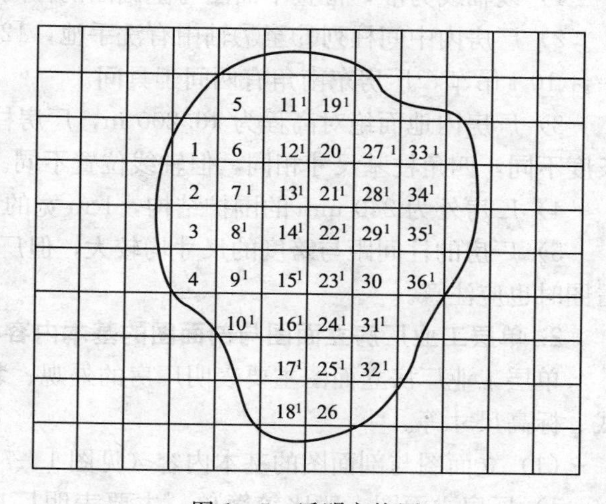

图 1—5　透明方格网

【例 1—1】　如图 1—5 所示，方格边长为 1 cm，图的比例尺为 1∶1 000。完整方格数为 36 个，不完整的方格凑整为 8 个，求该图形面积。

解：$A=(1\ \text{cm})^2\times1\ 000^2=100\ \text{m}^2$

总方格数为 36＋8＝44 个

$$S=44\times100\ \text{m}^2=4\ 400\ \text{m}^2$$

二、工业建筑工程施工图的基本内容和识读

1. 单层工业厂房平面图与基础图的基本内容与识读

单层工业厂房平面图与基础图主要是供测量放线、浇筑杯形柱基础垫层定位和厂房四周护墙放线，安装厂房钢窗、铁门与生产设备，以及编制预算、备料、提出加工订货等用。

（1）平面图与基础图的基本内容

1）表明厂房的平面形状、布置与朝向。它包括厂房平面外形、内部布置、厂门位置、厂外散水宽度与厂内地面做法等。

2）表明厂房各部平面尺寸。即用轴线和尺寸线标注各处的准确尺寸。横向和纵向外廓尺寸为三道，即总外廓尺寸、柱间距与跨度尺寸，以及门窗洞口尺寸。内部尺寸则主要标注墙厚、柱子断面和内墙门窗洞口和预留洞口的位置、大小、标高等。标注时应注意与轴线的关系。

3）表明厂房的结构形式和主要建筑材料。通过图例加以说明。

4）表明厂房地面的相对标高与绝对高程，厂房外散水与道路的设计标高，基础底面与顶面的设计标高。

5）反映水、电等对土建的要求，如配电盘、消火栓等。

（2）读图要点与注意事项。图 1—6 的右半部为××厂房的平面图，左半部为该厂房的基础图。识读中应注意以下几点：

1）以轴线为准，检查平面图与基础图的柱间距、跨度及相关尺寸是否对应。

2）厂房内中间柱列⑥至⑦轴中有洗手池，12 m 跨中有一台 3 t 吊车，18 m 跨中有一台 10 t 吊车，厂房东南角有两间工具间。

3）厂房内地面绝对高程为 46.200 m，厂房柱基尺寸有三种，宽度均为 2.4 m，但长度不同，四角柱基尺寸相同，但轴线位置不同。

4）厂房外为 240 mm 的围护结构，1 m 宽的散水。

5）厂房的柱间距与跨度的尺寸均较大，但厂房内也有尺寸较小的构件，如爬梯等，看图时也应注意。

2. 单层工业厂房立面图与剖面图的基本内容与识读

单层工业厂房立面图主要表明厂房的外观、装饰做法，剖面图主要表明厂房结构形式、标高尺寸等。

（1）立面图与剖面图的基本内容（见图 1—7、图 1—8）

1）厂房立面图一般比较简单，主要表明厂房的外形、散水、勒脚、门窗、圈梁、檐口、天窗、爬梯等。

2）立面图表明各处的外装饰做法及所用材料。

3）厂房剖面图表明围护结构、圈梁与柱的关系、梁板结构和位置、屋架、屋面板

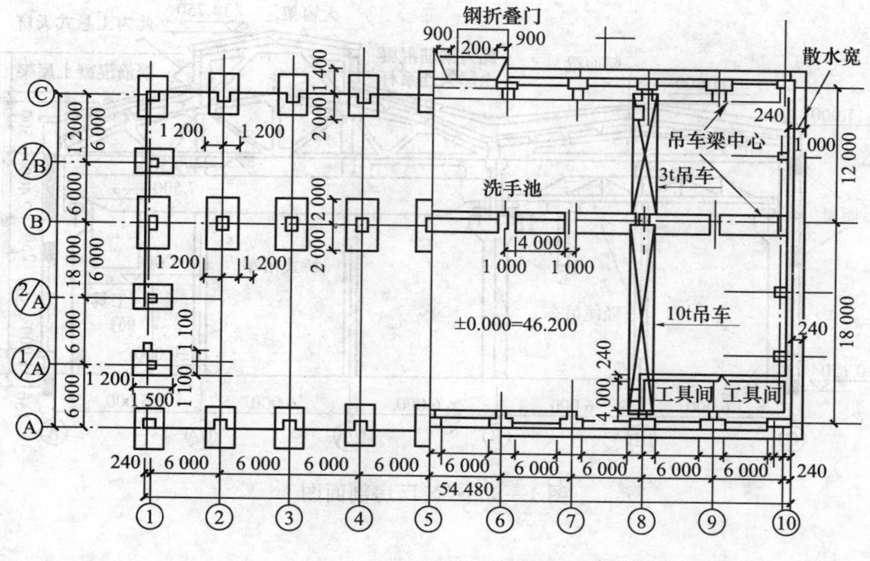

图 1—6　××厂房的平面图和基础图

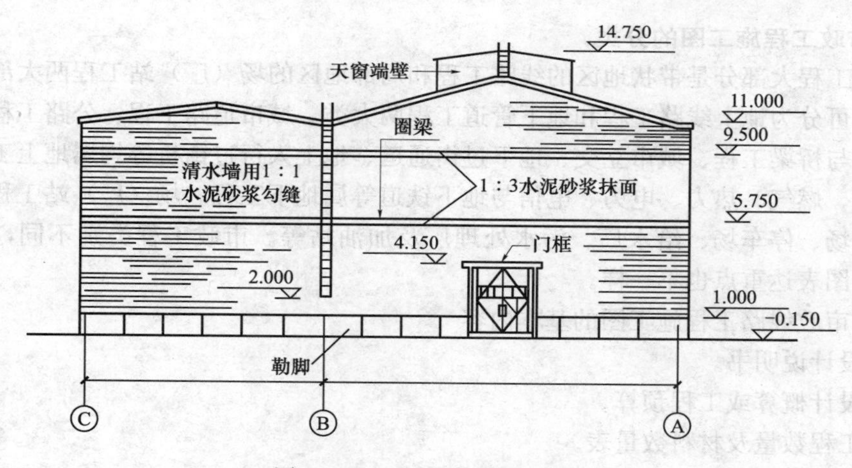

图 1—7　××厂房西侧立面图

与天窗架等。

4）厂房内吊车及吊车梁等。

5）厂房内地面标高及厂房外地面标高。由于厂房多不分层，各结构部位均标注标高和相对高差。

（2）读图要点与注意事项

1）根据平面图中表明的剖切位置及剖视方向，校核剖面图表明的轴线编号、剖切到的部位及可见到的部位与剖切位置、剖切方向是否一致。

2）校对跨度、尺寸、标高与平面图、立面图是否一致，通过核对尺寸、标高及材料做法，加深对厂房结构各处做法的全面了解。

3）厂房内地面标高与厂房外地面标高与基础标高应相对应。

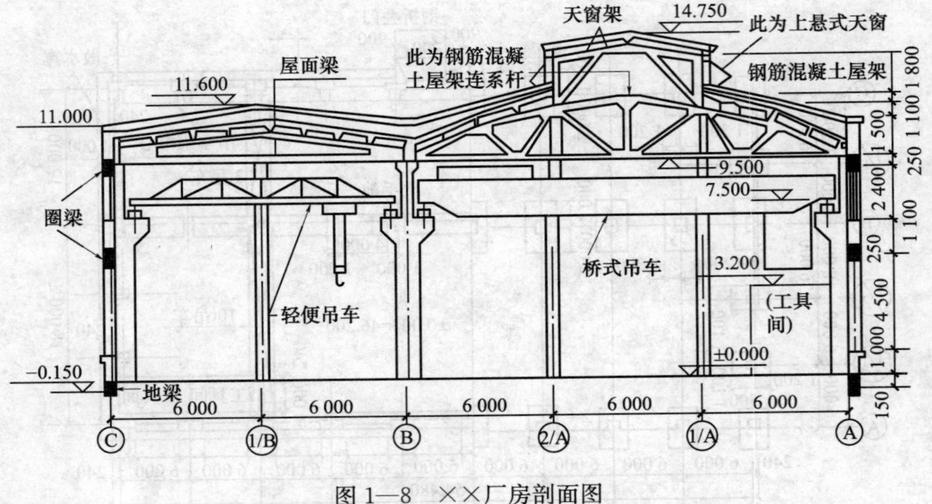

图1—8　××厂房剖面图

三、市政工程施工图的基本内容和识读

1. 市政工程施工图的分类

市政工程大部分是带状地区的线路工程和局部地区的场（厂）站工程两大部分。线路工程又可分为地上线路工程和地下管道工程两大类。城市道路工程、公路工程、轨道交通工程与桥梁工程、城市立交、地下过街通道、地上人行过街桥等均属地上工程；给水、排水、燃气、热力、电力、电信与地下铁道等属地下工程。场（厂）站工程主要包括城市广场、停车场、给水厂、污水处理厂及加油站等。市政工程类别不同，要求不同，施工图表达重点也不一样。

（1）市政线路工程施工图的基本内容

1）设计说明书。

2）设计概算或工程预算。

3）工程数量及材料数量表。

4）带状平面图。

5）纵断面图。

6）横断面图（结构大样图）。

7）附属构筑物的平、立、剖面结构详图。

8）有关标准图、零配件图等。

（2）市政场（厂）站工程施工图的基本内容

1）设计说明书。

2）设计概算或工程预算。

3）工程数量及材料设备表。

4）总平面布置图。

5）工程平面图。

6）竖向设计图。

7）管（渠）结构图。

8）排水管（渠）道纵断面图。

9）各种构筑物设计图。

10）管（渠）附属设备建筑安装详图。

11）机电设备和公用设施设计安装图。

2. 城市道路、公路带状平面设计图的基本内容与识读

城市道路、公路带状平面设计图主要表示道路的平面位置、工程内容、设计意图以及某些项目的具体做法。其基本内容与识读要点如下。

（1）道路位置的控制线及主体部分的界限。如道路的规划中心线、建筑红线、施工中线、线位控制点坐标、路面边线、征地或拆迁物边线、高程控制点的位置和高程。

（2）道路设计的平面布置情况。如路面、人行道、树池、路口、交叉道路处理，广场、停车场、边沟、弯道加宽，缓和曲线范围及布置情况等。

（3）构筑物及附属工程的平面位置和布置情况及对现有各种设施的处理情况。如桥梁、涵洞、立交桥、挡土墙护岸、护栏、台阶、各种排水设施以及现有地上杆线、树木、房屋、地下管缆及地下地上各种构造物拆除、改建、加固等措施。

（4）与其他设计配合。和同时施工的建设项目的关系、配合内容等。

（5）各种尺寸关系。上述四项的中线或里程的相对关系尺寸、平面布置的尺寸、路线及路口平曲线要素以及应控制的高程及坡度等。

（6）文字注释。有关各项设计内容的名称，设计意图，形式、做法要求及必要的设计数据。

（7）图标。表明设计单位、设计人、比例尺、出图时间等。

3. 城市道路、公路纵断面设计图的基本内容与识读

城市道路、公路纵断面设计图主要表明道路主体的竖向设计及与地形地物竖向配合的情况。道路纵断面图包括图样和资料表两个部分。图样在图纸上方，资料表在图纸下方，上下一一对应。

（1）图样部分。图样部分是路中线纵断面图（水平方向表示路线长度、竖直方向表示路线高程），主要内容如下。

1）现况地面线及道路中线的设计坡度线。

2）竖曲线位置及曲线要素。变坡点桩号与高程、曲线起点、最终点桩号、半径 R、外距 E、切线长 T 和竖曲线凸凹形式。

3）桥涵构筑物名称、种类、尺寸及中心里程桩号。

4）水准点编号、位置、高程。

5）地质钻探资料。土质、天然含水量、相对湿度及液限、地下水位线。

6）排水边沟纵断面设计线及坡向、坡度注记。

7）沿线建（构）筑物的基础地平线或公共设施的高程与路线纵断填挖方有关的处理措施。

8）地下管线和道路附属构筑物的类型、位置和高程情况。

（2）资料表。资料表是根据对纵断面设计图形的计算而编制的，主要内容如下。

1）桩号整数里程桩和加桩（包括断链情况）。

2）坡度与坡长（距离）。

3）高程地面高、路面设计高、挖填高度。

4）平曲线沿路线前进方向有左转弯曲线和右转弯曲线并标出平曲线要素。

4. 城市道路、公路横断面设计图的基本内容与识读

城市道路、公路横断面设计图用于确定全线或各路段的横断面布置及各部分尺寸。其基本内容与识读要点如下。

（1）街道或路基宽度、建筑红线宽度、施工界限（或边线）。

（2）机动车道、非机动车道、人行道（或路肩）、分车带、绿地带宽度及边沟断面尺寸等。

（3）路拱形式、路拱曲线线型及其计算公式，曲线与直线坡的连接关系，横坡度和坡向。

（4）道路缘石规格和设置形式。

（5）路面结构局部大样图。

（6）照明灯杆及植树绿化位置关系。

（7）地下管缆断面形式、尺寸、高程及其中心离开施工中线的距离。

（8）施工中线与永久中线及原路中线的关系。标准施工横断面与规划横断面、原路横断面之同的位置关系。

（9）文字注释。标准断面图标有所在路段和起止桩号、对各组成部分必要的说明，有关各断面设计的统一说明文字。

5. 校核城市道路、公路的平面、纵断面与横断面的关系

从工程施工角度出发，阅读和校核施工图，以了解设计意图，熟悉设计图内容，提出有关设计图中的疑问和建议，对平、纵、横设计图纸可能存在不相符之处进行校核。

（1）通读工程的全套施工图。了解工程全貌、工程规模、主要工程项目和内容、主要工程数量、工程概（预）算等。

（2）中线里程的校核。由于里程桩号的连续性，若整个路线中有一处桩号有问题，则在其后的各里程桩号必然出现断链而影响全局。因此，必须重视这项校核工作。

当各交点均有已知坐标，可用坐标反算方法核算各交点的间距与转折角是否有误；当各交点没有坐标值时，应由路线起点（0＋000）起，先校核各交点处的曲线要素（L、T、C、E、M及校正值J）与各主点桩号均无误后，再用下式校核各交点间距D_{ij}与路线终点桩号是否正确。

1）交点间距D_{ij}的计算与校核如图1—9所示。

$JD_7 \sim JD_8$间距$D_{78}=T_7+(ZY_8$桩号$-YZ_7$桩号$)+T_8$

计算校核：$D_{78}=JD_8$桩号$-JD_7$桩号$+J_7$

2）线路总长度的计算校核。当线路起点桩号为0＋000时，则

$$\text{线路总长度的计算校核}=\sum D\text{（各交点间距的总和）}-\sum J\text{（各交点处校正值总和）}$$

（3）平面图线型设计。街道（路基）宽度，道路两侧建筑物、建筑设施情况，路口

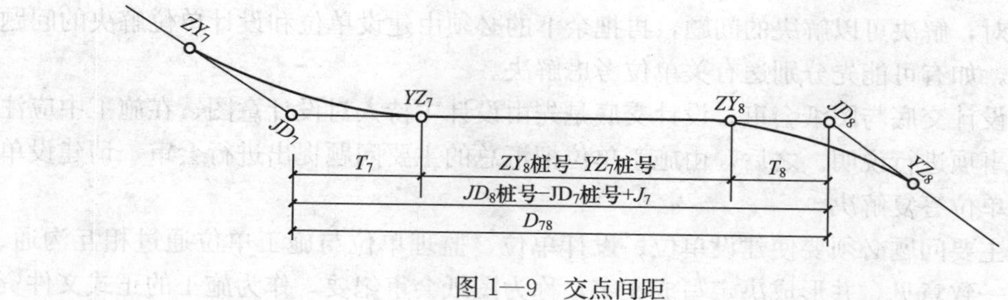

图 1—9　交点间距

设计、沿线桥涵和附属构筑物设计情况，地上、地下房屋、树木、杆线、田地等拆迁情况，地下管缆设置和原有管缆情况等。

（4）纵断面图纵断线型设计。最大纵坡度及其坡长，竖曲线最小半径，最大竖曲线长度。沿线土质、水文情况，桥涵过街管缆等附属构筑物位置、高程，原有建筑、设施基底高程。在平面与纵断面图上的路口，包括广场、停车场、支线的高程衔接是否一致。

（5）横断面图横断设计。路面结构、标准横断面、规划横断面、原路横断面相互关系等。

1）全路有几种不同的设计标准横断面时，可以从路线桩号的起点至终点，顺序用相应的标准横断面对平面图进行校核。在同一种横断面布置的路段中，校核各组成部分的宽度，施工中线、规划中线、原路中线，路拱横坡、路面结构，地下管线位置、高程，该标准横断面的起止桩号与平面图是否相符，同一种路面结构的使用范围与平面图中所示路段是否一致。

2）在横断面、平面图对照中，同时检查相应段的纵断面图。平面曲线与纵坡段的关系，最小平曲线半径与最大纵坡度重合时对施工测量和施工的要求，平、纵、横图的边沟设置范围，坡向、坡度在平面图中出入口的处理方式。

3）横断面图与纵断面图对照。校核填挖方中心高度、路边建筑物和设施的基底高程与横断面高程的关系。

（6）桥涵和附属构筑物设计。位置与高程在平面、纵断面图与结构图上的标注是否一致。

四、图纸会审和签收

1. 图纸会审与设计交底

图纸会审与设计交底的主要目的是使施工单位了解建设意图与设计意图，解决施工单位提出的设计图样中的差错与问题，解决施工单位针对工程与本单位实际情况对设计图样提出的修改意见与合理化建议。图纸会审一般分为以下三阶段进行。

（1）各专业部门对施工图进行学习与自审。当施工单位收到设计图样后，要立即安排各专业部门对图样进行深入学习与审校，对于图中的“错、漏、碰、缺”等差错与问题要一一记出，作为各专业间相互校对或与设计交底时的问题一起解决。

（2）各专业间的沟通与核对。这个阶段是把各专业分散的问题在施工单位内部进行沟通与核对，解决可以解决的问题，再把余下的必须由建设单位和设计单位解决的问题汇总起来，如有可能先分别送有关单位考虑解决。

（3）设计交底与图纸会审。设计交底是先由设计主持人对设计意图、在施工中应注意的主要事项进行说明。之后，由施工单位把汇总的主要问题提出进行会审，请建设单位和设计单位答复解决。

一些主要问题必须要使建设单位、设计单位、监理单位与施工单位通过相互沟通、协商达成一致意见，并形成决定写成文字，称为图纸会审纪要，作为施工的正式文件资料，以后还要归档成为工程档案的一部分。

2. 测量人员参加图纸会审与设计交底的意义

测量人员必须参加图纸会审，首先要通读建筑总平面图、建筑施工图及结构施工图，以全面了解工程情况。在这之后再仔细校核建筑总平面图、建筑轴线及基础平面图等。要在总平面图上明确定位依据与定位条件，并以总平面图为准校核各单幢建筑物的基本尺寸、关系位置及设计标高。要以建筑轴线为准校核建筑物各开间、进深尺寸、基础平面、首层平面与标准层平面的相应尺寸是否一致。

测量人员必须参加设计交底，以了解设计意图、建筑总体布局、定位依据、定位条件及设计对测量精度的基本要求等。

总之，通过图纸会审与设计交底，测量人员一定要消除设计图上的差错，取得正确的定位依据、定位条件和有关的测量数据及精度要求。

3. 设计图样的签收与保管

施工单位一定要给测量放线人员配备成套的设计图样。因此，测量放线班组中要由专人负责设计图样的签收与保管。由于设计图样经常有修改与变更，为了防止误用过时失效的图样而造成放线失误，测量班组在签收设计图样时，一定要在图样上注意签明收到日期，对有更改的图样和设计洽商一定要及时通报全班组以防误事。

第二节 工程构造基本知识

→ 了解工业建筑物与构筑物构造的基本知识
→ 了解市政工程的基本知识

一、工业建筑构造的基本知识

1. 工业建筑物与构筑物

（1）工业建筑物。一般直接为生产工艺要求进行服务的工业建筑物称为生产车间，而为生产服务的辅助生产用房、锅炉房、水泵房、仓库、办公和生活用房等称为辅助生产房屋。两者均属于工业建筑物。一般单层厂房建筑由以下六部分组成。

1）基础单层厂房下部的承重构件。

2）柱子竖向承重构件。

3）吊车梁（支撑起重吊车的专用梁）。

4）屋盖体系。这是屋顶承重构件，其中包括屋架、屋面梁、屋面板、托架梁、天窗架等。

5）支撑系统。这是保证厂房结构稳定的构件。其中包括柱间支撑与屋盖支撑两大部分。

6）墙身及墙梁系统。墙梁包括圈梁、连系梁、基础梁等构件，它一方面保证排架的稳定，另一方面承托墙身的重量，墙身是厂房的围护结构。

厂房除上述六个组成部分以外，还有门窗、吊车止冲装置、消防梯、作业梯等。

（2）工业构筑物。一般指为建筑物配套服务的构造设施，如水塔、烟囱、各种管道支架、冷却塔、水池等。其组成部分一般均少于六部分，且不是直接供生产使用。

2. 工业建筑工程的基本名词术语

为了做好工业建筑工程施工的测量放线，必须了解以下有关名词术语。

（1）柱距。指单层工业厂房中两条横向轴线之间即两排柱子之间的距离，通常柱距以 6 m 为基准，有 6 m、12 m 和 18 m 之分。

（2）跨度。指单层工业厂房中两条纵向轴线之间的距离。跨度在 18 m 以下时，取 3 m 的倍数，即 9 m、12 m、15 m 等；跨度在 18 m 以上时，取 6 m 的倍数，即 24 m、30 m、36 m 等。

（3）厂房高度。单层工业厂房的高度是指柱顶高度和轨顶高度两部分。柱顶高度是从厂房地面至柱顶的高度，一般取 30 mm 的倍数。轨顶高度是从厂房地面至吊车轨顶的高度，一般取 600 mm 的倍数（包括有±200 mm 的误差）。

3. 工业建筑的特点

工业厂房是为生产服务的，在使用上必须满足工艺要求。工业建筑的特点大多数与生产因素有关，具体有以下几点。

（1）工艺流程决定了厂房建筑的平面布置与形状。工艺流程是生产过程，是从原材料—半成品—成品的过程。因此，工业厂房柱距、跨度大，特别是联合车间，面积可达 10^5 m^2。

（2）生产设备和起重运输设备是决定厂房剖面设计的关键。生产设备包括各种机床、水压机等，起重运输设备包括各类吊车等，起重吊车一般在几吨至上百吨。

（3）车间的性质决定了构造做法的不同。热加工车间以散热、除尘为主，冷加工车间应注意防寒、保温。

（4）工业厂房的面积大、跨数多、构造复杂。如内排水、天窗采光及一些隔热、散热的结构与做法。

4. 确定厂房定位轴线的原则

厂房的定位轴线与民用建筑构造中所讲民用建筑定位轴线基本相同，也有纵向、横向之分。

（1）横向定位轴线决定主要承重构件的位置。其中有屋面板、吊车梁、连系梁、基础梁以及纵向支撑、外墙板等。这些构件又搭放在柱子或屋架上，因而柱距就是上述构件的长度。横向定位轴线与柱子的关系，除山墙端部排架柱及横向伸缩缝外柱以外，均与柱的中心线重合。山墙端部排架柱应从轴线向内侧偏移500 mm。横向变形缝处采用双柱，柱中均与定位轴线相距500 mm。横向定位轴线通过山墙的里皮（抗风柱的外皮）形成封闭结合。

（2）纵向定位轴线与屋架（屋面架）的跨度有关。同时与屋面板的宽度、块数及厂房内吊车的规格有关。纵向定位轴线在外纵墙处，一般通过柱外皮即墙里皮（封闭结合处理）；纵向定位轴线在中列柱处通过柱中；纵向定位轴线在高低跨处，通过柱边的称为封闭结合，不通过柱边的称为非封闭结合。

（3）封闭结合与非封闭结合。纵向柱列的边柱外皮和墙的内缘与纵向定位轴线相重合时称为封闭结合。纵向柱列的边柱外缘和墙的内缘与纵向定位轴线不相重合时称为非封闭结合。轴线从柱边向内移动的尺寸称为联系尺寸。联系尺寸用“D”表示，其数值为150 mm、250 mm、500 mm。

二、城市道路与公路的基本知识

1. 城市道路与公路的特点

（1）城市道路的特点

1）城市道路与公路以城市规划区的边线分界。城市道路是根据1990年4月1日实施的《中华人民共和国城市规划法》按照城市总体规划确定的道路类别、级别、红线宽度、横断面类型、地面控制高程和交通量大小、交通特性等进行设计，以满足城市发展的需要。

2）城市道路的中线位置，一般均由城市规划部门按城市测量坐标确定的。道路的平面、纵断面、横断面应相互协调。道路高程、路面排水与两侧建筑物要配合。设计中应妥善处理各种地下管线与地上设施的矛盾，贯彻先地下后地上的原则，避免造成反复开挖修复的浪费。

3）道路设计应处理好人、车、路、环境之间的关系。注意节约用地，合理拆迁，妥善处理文物、名木、古迹等，还应考虑残疾人的使用要求。

（2）公路的特点

1）公路是根据2004年8月28日实施的《中华人民共和国公路法》，按照公路网的规划，从全局出发，按照公路的使用任务、功能和远景交通量综合确定的公路等级、道路建筑界限、横断面类型、纵断面高程与控制坡度和近期、远期交通量大小等进行设计，以满足公路网发展的需要。

2）公路的中线位置。一般是在勘测阶段所测绘的沿线带状地形图上定线确定的。公路的平面线型、纵横断面的协调既要满足公路等级的需要又要适合地形的现状做到合理、经济。设计中应妥善处理相交道路、铁路、河道及所经村镇的关系，一般应靠近村镇而不穿越村镇，以利交通又保证安全。

3）公路建设必须重视环境保护。修建高速公路和一级公路以及其他有特殊要求的公路时，应作出环境影响评价及环境保护设计。

2. 城市道路与公路工程中的名词术语

为了做好城市道路与公路工程施工测量放线，必须了解以下有关的名词术语。

（1）车行道（行车道）与车道。车行道是道路上供汽车行驶的部分。车道是在车行道上供单一纵列车辆行驶的部分。

（2）路肩。路肩是位于公路车行道外缘至路基边缘，具有一定宽度的带状部分（包括硬路肩与土路肩），为保证车行道的功能和临时停车使用，并作为路面的横向支撑。

（3）路侧带。路侧带是位于城市道路外侧缘石的内缘与建筑红线之间的范围，一般为绿化带及人行道部分。

（4）路幅。路幅是由车行道、分幅带和路肩或路侧带等组成的公路或城市道路横断范围，对城市道路而言即为两侧建筑红线范围之内。

（5）路基、路堤与路堑。按照路线位置和一定技术要求修筑的作为路面基础的带状构造物称为路基。高于原地面的填方路基称为路堤，低于原地面的挖方路基称为路堑。

（6）边坡、护坡与挡土墙。为保证路基稳定，在路基两侧做成的具有一定坡度的坡面称为边坡。路堤的边坡由于是填方，一般缓于 1∶1.5。而路堑的边坡由于是挖方，一般陡于 1∶1.5。为防止边坡受冲刷，在坡面上所做的各种铺砌和栽植称为护坡。为防止路基填土或山坡岩土坍塌而修筑的、承受土体侧压力的墙式挡土构造物称为挡土墙，用以保证边坡的稳定性。

（7）路面结构层。构成路面的各铺砌层，按其所处的层位和作用，主要有面层、基层及垫层。面层是直接承受车辆荷载及自然因素的影响，并将荷载传递到基层的路面结构层；基层是设在面层以下的结构层，主要承受由面层传递的车辆荷载，并将荷载分布到垫层或土基上，当基层分为多层时，其最下面的一层称为底基层；垫层是设于基层以下的结构层，其主要作用是隔水、排水、防冻以改善基层和土层的工作条件。

（8）交通安全设施。交通安全设施是为保障行车和行人的安全，充分发挥道路作用，在道路沿线所设置的人行地道、人行天桥、照明设备、护栏、杆柱、标志、标线等设施。

3. 城市道路的分类、分级与技术标准

（1）城市道路的分类、分级。根据《城市道路工程设计规范》（CJJ 37—2012）规定：城市道路按照在整个路网中的地位、交通功能以及对沿线建筑物的服务功能等分为四类，其计算行车速度见表 1—1。

表 1—1　　各类各级城市道路计算行车速度

道路类别	快速路	主干路			次干路			支路		
道路级别	—	Ⅰ	Ⅱ	Ⅲ	Ⅰ	Ⅱ	Ⅲ	Ⅰ	Ⅱ	Ⅲ
计算行车速度（km/h）	80 60	60 50	50 40	40 30	50 40	40 30	30 20	40 30	30 20	20

1）快速路应为城市中大量、长距离、快速交通服务。快速路对向行车道之间应设中间分车带，其进出口应采用全控制或部分控制。

2）主干路应为连接城市各主要分区的干路，以交通功能为主。

3）次干路应与主干路组合组成路网，起集散交通的作用，兼有服务功能。

4）支路应为次干路与街坊路的连接线，解决局部地区交通问题，以服务功能为主。

（2）各类城市道路的技术标准。根据《城市道路设计规范》有关章节规定，摘录了有关技术指标，见表1—2。

表1—2　各类城市道路技术标准

<table>
<tr><td colspan="2">计算行车速度（km/h）</td><td>80</td><td>60</td><td>50</td><td>40</td><td>30</td><td>20</td></tr>
<tr><td rowspan="3">圆曲线半径（m）</td><td>不设超高最小半径</td><td>1 000</td><td>600</td><td>400</td><td>300</td><td>150</td><td>70</td></tr>
<tr><td>设超高推荐半径</td><td>400</td><td>300</td><td>200</td><td>150</td><td>85</td><td>40</td></tr>
<tr><td>设超高最小半径</td><td>250</td><td>150</td><td>100</td><td>70</td><td>40</td><td>20</td></tr>
<tr><td rowspan="2">平曲线（m）</td><td>平曲线最小长度</td><td>140</td><td>100</td><td>85</td><td>70</td><td>50</td><td>40</td></tr>
<tr><td>圆曲线最小长度</td><td>70</td><td>50</td><td>40</td><td>35</td><td>25</td><td>20</td></tr>
<tr><td colspan="2">缓和曲线最小长度（m）</td><td>70</td><td>50</td><td>45</td><td>35</td><td>25</td><td>20</td></tr>
<tr><td colspan="2">不设缓和曲线的最小圆曲线半径（m）</td><td>2 000</td><td>1 000</td><td>700</td><td>500</td><td></td><td></td></tr>
<tr><td colspan="2">最大超高横断面坡度</td><td>6%</td><td colspan="2">4%</td><td colspan="3">2%</td></tr>
<tr><td rowspan="2">最大纵坡</td><td>推荐值</td><td>4%</td><td>5%</td><td>5.5%</td><td>6%</td><td>7%</td><td>8%</td></tr>
<tr><td>限制值</td><td>6%</td><td colspan="2">7%</td><td>8%</td><td colspan="2">9%</td></tr>
</table>

4. 公路的分级与技术标准

（1）公路的分级。根据《公路工程技术标准》（JTG B 01—2003）规定：公路按照使用功能和适应的交通量分为以下五个等级，其设计行车速度见表1—3。

1）高速公路。高速公路为专供汽车分向、分车道行驶并全部控制出入的多车道公路，将各种汽车折合成小客车的年平均日交通量，四车道为25 000～55 000辆，六车道为45 000～80 000辆，八车道为60 000～100 000辆。

2）一级公路。一级公路为供汽车分向、分车道行驶，并可根据需要控制出入的多车道公路，将各种汽车折合成小客车的年平均日交通量，四车道为15 000～30 000辆，六车道为25 000～55 000辆。

3）二级公路。二级公路为供汽车行驶的双车道公路，应能适应将各种汽车折合成小客车的年平均日交通量为5 000～15 000辆。

4）三级公路。三级公路为供汽车行驶的双车道公路，应能适应将各种汽车折合成小客车的年平均日交通量为2 000～6 000辆。

5）四级公路。四级公路为主要供汽车行驶的双车道或单车道公路，双车道四级公路应能适应将各种汽车折合成小客车的年平均日交通量为2 000辆以下，单车道四级公路应能适应将各种汽车折合成小客车的年平均日交通量单车道为400辆以下。

表1—3　各级公路设计行车速度

<table>
<tr><td>公路等级</td><td colspan="3">高速公路</td><td colspan="3">一级公路</td><td colspan="2">二级公路</td><td colspan="2">三级公路</td><td>四级公路</td></tr>
<tr><td>设计行车速度（km/h）</td><td>120</td><td>100</td><td>80</td><td>100</td><td>80</td><td>60</td><td>80</td><td>60</td><td>40</td><td>30</td><td>20</td></tr>
</table>

（2）各级公路的技术标准。根据交通部《公路工程技术标准》（JTG B 01—2003）有关规定，摘录了有关技术指标，见表 1—4。

表 1—4　公路工程分级标准

类别	一类	二类	三类
1. 公路工程	高速公路	高速公路路基工程及一级公路	一级公路路基工程及二级以下各级公路
2. 桥梁工程	特大桥	大桥、中桥	小桥、涵洞
3. 隧道工程	特长隧道、长隧道	中隧道	短隧道

第三节　测量的计算机软件基本知识

→ 了解 CAD 软件使用的基本操作步骤

一、CAD 软件快速入门

1. 制图常识

掌握制图常识是指熟悉手工制图的全过程。例如，机械制图中有正视图、俯视图、左视图、剖面图、轴测视图等。要了解这些视图之间的关系。图 1—10 所示是一个圆柱体的正视图、俯视图、左视图。

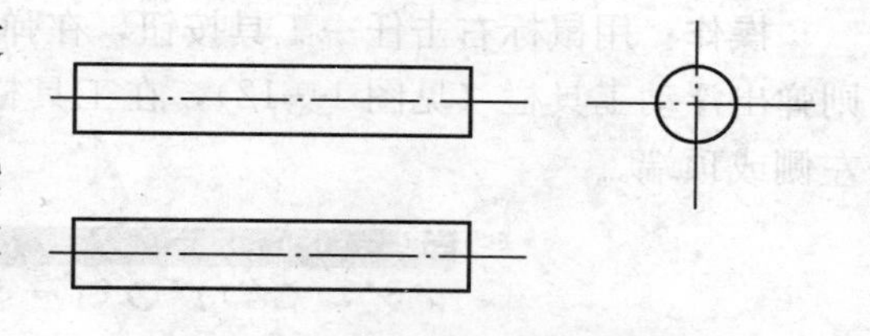

图 1—10　一个圆柱体的正视图、俯视图和左视图

2. AutoCAD 基础知识

（1）AutoCAD 2008 工作界面。安装 AutoCAD 2008 时一般在桌面上会有一个快捷键图标，双击图标或从开始菜单中打开 AutoCAD 2008，其工作界面如图 1—11 所示。

AutoCAD 2008 中文版工作界面与其他的 Windows 软件界面是相似的，由标题栏、菜单栏、工具栏、工具选项板、状态栏、命令窗口等组成。

（2）工具栏的显示和隐藏

1）显示工具栏。右击任何工具栏，然后单击快捷菜单上的某个工具栏。

2）固定工具栏。将工具栏拖到绘图区域的顶部、底部或两侧的固定位置。当固定区域中显示工具栏的轮廓时，释放按钮。要将工具栏放置到固定区域中而不固定它，可在拖动时按住 Ctrl 键。

3）浮动工具栏。将光标定位在工具栏结尾处的双条上，然后按下定点设备上的按钮。

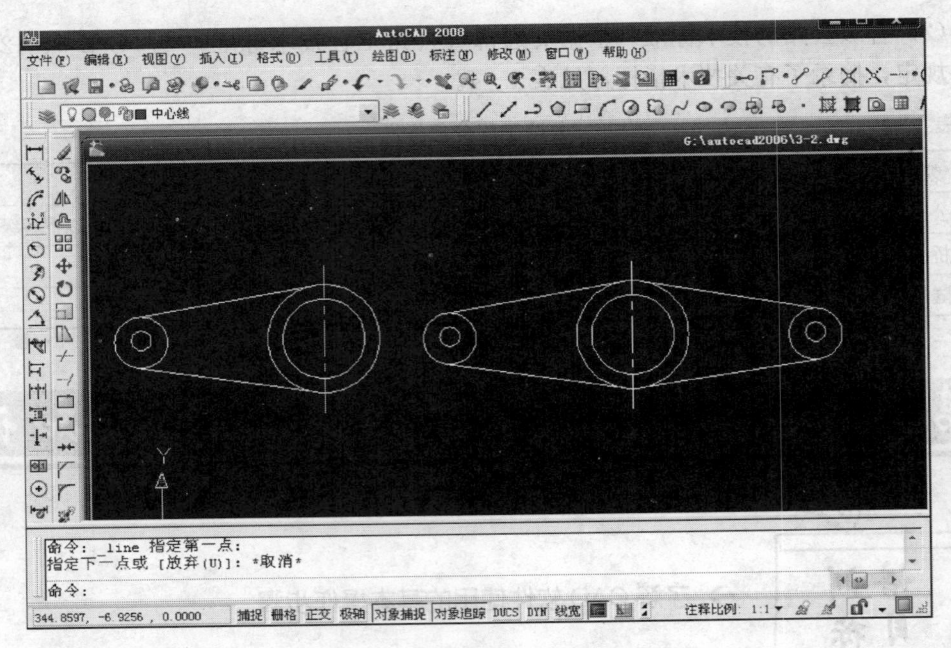

图 1—11　AutoCAD 2008 中文版工作界面

将工具栏从固定位置拖开并释放按钮。

【例 1—2】 将“绘图工具栏”和“对象捕捉工具栏”分别显示和固定在左侧和顶端。

操作：用鼠标右击任一工具按钮，在弹出的菜单中选择“绘图”（或“对象捕捉”），则弹出浮动工具栏（见图 1—12），在工具栏名称的空白处按住左键，拖放到界面图的左侧或顶端。

图 1—12　浮动工具栏

二、基本绘图命令

1. 直线工具

（1）调用直线工具的方法。在绘图工具栏中选择绘直线工具或在绘图菜单栏中选择绘图命令，或在命令行输入 L 或 line（命令不分大小写），再按空格键（或 Enter 键，表示确认的意思，以下同）。

（2）命令提示行显示

_line 指定第一点：

这时可以用鼠标选择直线起始点，随鼠标的移动，状态栏动态显示鼠标点的位置坐标 147, 187, 0　捕捉；

指定下一点［放弃（u）］：

用鼠标选择第二点

依次选择第三点等，当要结束绘制时按空格键。可用这种方法绘制图 1—13。

用上述方法有时很难抓住点的位置，因此也可以直接输入点的相对坐标来确定各点位置，可用输入点相对坐标的方法绘制图 1—14。

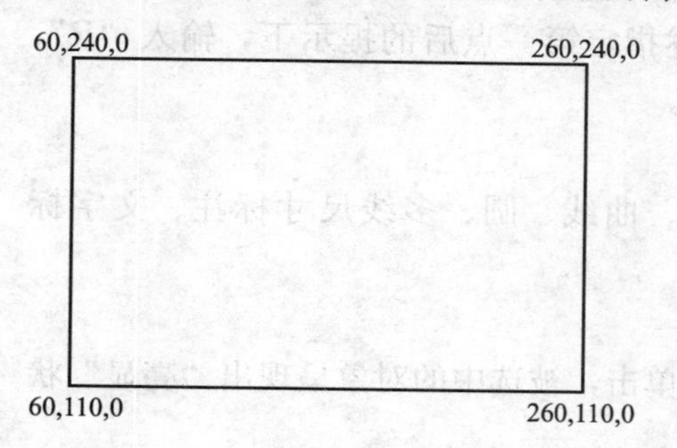

图 1—13　用鼠标确定点位置画直线

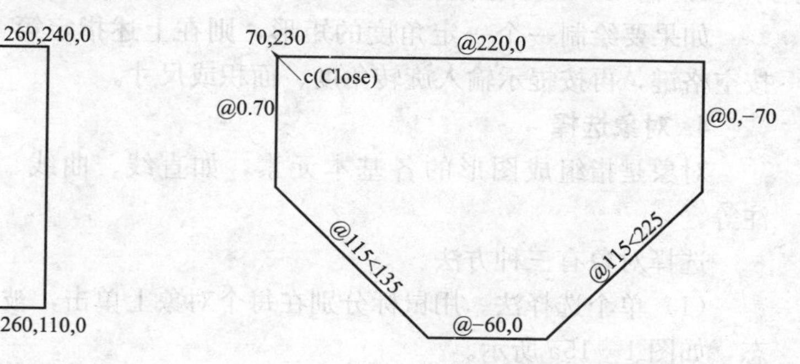

图 1—14　输入点位置坐标画直线

2. 绘圆工具

（1）调用圆形工具的方法。在绘图工具栏中选择绘圆工具或在绘图菜单栏中选择绘图命令，或在命令行输入“C”（命令不分大小写）。

（2）命令提示行显示

_ circle 指定圆的圆心或［三点（3p）/两点（2p）/相切、相切、半径（T）］：

这个提示说明画圆有四种方法。

1）指定圆心法。用鼠标或输入的方法确定圆心的位置，接着命令行提示：指定圆的半径或［直径（D）］：可以直接用鼠标确定圆心到圆周的半径位置或输入半径的值，按空格键确定，即可绘制一个圆。如果要根据直径大小绘制，则输入“D”，按空格键，再输入半径值，按空格键，完成圆的绘制。

2）三点法绘制圆。在选定画圆工具后，输入“3p”，按空格键，用鼠标或输入点位置的方法给出三个点，则一个通过三点的圆就绘制出来了。

3）两点绘制圆。在选定画圆工具后，输入“2p”，按空格键，用鼠标或输入点位置的方法给出 2 个点，则一个以两点为直径的圆就绘制出来了。

4）相切、相切、半径法。如果要绘制一个圆与另外 2 个圆（或圆弧或直线）相切，可用这种方法。在选定画圆工具后，输入“T”，按空格键，用鼠标选择要相切的两个圆（或圆弧），再输入半径值，按空格键，则圆就绘制出来了。

3. 绘矩形工具

（1）调用矩形工具的方法。在绘图工具栏中选择绘矩形工具或者在命令行输入“rec”（命令不分大小写），再按空格键或者通过绘图下拉菜单选择绘矩形。

（2）命令提示行显示

_ rectang 指定第一个角或［倒角（C）/标高（E）/圆角（F）/厚度（T）宽度（W）］：

用鼠标确定矩形的左上角；这时命令提示行显示：

指定另一个角或［面积（A）/尺寸（D）/旋转（R）］：

这时可以用下列方法绘制矩形。

1）用鼠标点击矩形的右下角位置（或输入右下角点坐标和空格）。

2）输入“A”，按空格键，再输入矩形面积，按空格键。

3）输入“D”，按空格键，然后分别按提示输入矩形的长度和宽度。

如果要绘制一个一定角度的矩形，则在上述指定第一点后的提示下，输入“R”，按空格键，再按提示输入旋转角度、面积或尺寸。

4. 对象选择

对象是指组成图形的各基本元素，如直线、曲线、圆、多线尺寸标注、文字标注等。

选择对象有三种方法。

（1）单个选择法。用鼠标分别在每个对象上单击，被选中的对象呈现出“亮显”状态，如图1—15a所示。

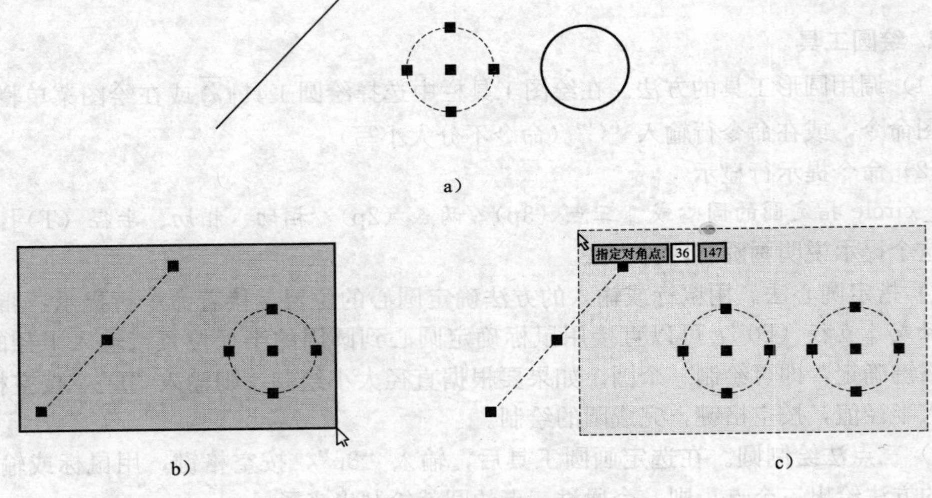

图1—15　对象选择方法

a）单个选择法　b）窗口选择法　c）交叉选择法

（2）窗口选择法。用鼠标从左向右框选各对象，则在窗口范围内的全部对象被选中，如图1—15b所示。

（3）交叉选择法。用鼠标从右向左框选各对象，则落在窗口范围内的对象和部分在窗口范围内的对象都被选中，如图1—15c所示。若要选择全部对象，则按“Ctrl＋A”键，所有对象均被选中。

5. 对象删除

被选中的对象，只要按Delete键则对象被删除。要取消刚才的删除操作，可按“Ctrl＋Z”或输入“u”后按空格键确认。删除对象也可先选用删除工具按钮，然后再选择要删除的对象，最后按空格键确认。

单元 1

三、基本编辑命令

本节介绍图形修改编辑工具的使用，这是 AutoCAD 最常用的操作。这些修改编辑工具位于“修改”下拉菜单中，可以通过显示“修改”工具命令将其放在视图的任何地方。

1. 修改工具栏的显示和隐藏

右击任何工具按钮都会弹出工具栏的下拉菜单，单击快捷菜单上的“修改”工具，则弹出浮动修改工具栏，如图 1—16 所示。

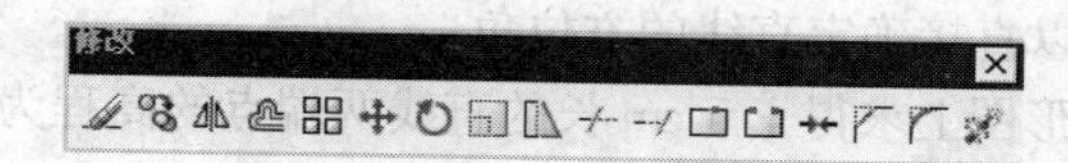

图 1—16　浮动修改工具栏

各按钮的名称分别是：删除、复制、镜像、偏移、阵列、移动、旋转、缩放、拉伸、修剪、延伸、点打断、断开、合并、倒角、倒圆角、分解。

在工具栏名称的空白处按住左键，拖放到界面图的左侧或顶端。

2. 删除对象

单击删除按钮，或通过修改下拉菜单选择删除，或通过输入命令“E”或“erase”执行。调用删除工具按钮后，用鼠标选择要删除的对象，最后按空格键或 Enter 键确认，所选对象即被删除。也可以先用鼠标选择要删除的对象，然后单击删除按钮（或按 Delete 键）。则所选对象被删除。

3. 移动对象

（1）移动工具的调用。单击移动按钮，或通过修改下拉菜单选择移动，或通过输入命令“m”或“move”执行。

（2）命令行显示的结果如下：

命令：_ move

选择对象：找到 1 个

选择对象：

指定基点或位移：用鼠标指定开始移动对象的第一点

指定位移的第二点或 ＜用第一点作位移＞：将基点位置移动到指定位置

单元测试题

一、单项选择题（下列每题的选项中，只有 1 个是正确的，请将正确答案的代号填在横线空白处）

1. 在 1∶5 000 地形图上求得某 1.5 cm 长的直线两端点的高程为 418.3 m 和 416.8 m，

则该直线坡度是______。

A. 1/50　　B. 0.02　　C. 2‰　　D. 2%

2. 欲在1∶2 000地形图上选出一条坡度不超过5%的公路线，若该图的等高距为1 m，在图上线路经过相邻两条等高线间的最小平距为________m。

A. 0.01　　B. 0.015　　C. 0.02　　D. 0.05

二、判断题（下列判断正确的请打"√"，错误的请打"×"）

1. 在地形图上利用坐标格网的坐标值和等高线注记，不能确定点的坐标和高程。（　）

2. 在地形图上可以直接确定直线的方位角。（　）

3. 在1∶5 000地形图上求得1.5 cm长的直线两端点的高程为418.3 m和416.8 m，则该直线的坡度是2%。（　）

4. 由于雨水是沿山脊线（分水线）向两侧山坡分流，所以汇水面积的边界线是由一系列的山脊线连接而成的，因此，利用地形图可确定汇水面积。（　）

三、简答题

1. 识读地形图的主要目的是什么？主要从哪几个方面进行？

2. 地形图在工程中的应用有哪些？

单元测试题答案

单元 1

一、单项选择题

1. D　2. A

二、判断题

1. ×　2. √　3. √　4. √

三、简答题

答案略。

第2单元

精密水准测量

第一节　精密水准仪的特点、分类和使用

→ 熟悉精密水准仪的基本构造
→ 掌握精密水准仪的使用方法

一、精密水准仪的特点和分类

精密水准仪是能精密确定水平视线并能进行精确照准和读数的一种高级水准仪。

普通水准仪（S3 型）是借助分划值为 20″/2 mm 的管状水准器，将放大倍率为 28 倍的望远镜的视准轴整平，在普通区格式标尺上估读毫米分划，进行普通水准测量（每千米往返测高差偶然中误差不大于±3 mm）的仪器。精密水准仪（S1 型或 S05 型）的水准器有较高的灵敏度，分划值为 8～10″/2 mm，望远镜的放大倍率一般为 40 倍，装有光学测微器，其最小格值不大于 0.1 mm。在铟钢水准标尺上可读至 0.05～0.1 mm，每千米往返测高差偶然中误差不大于±（0.5～1）mm。精密水准仪主要用于高精度的国家一等、二等水准测量和精密工程测量中，例如建筑物的沉降观测、大型桥梁工程的施工测量和大型机械安装中的水平基准测量等。

1. 精密水准仪的构造特点

（1）用较高灵敏度的水准器，建立精确的水平视线。表 2—1 列出了我国水准仪系列的技术参数。水准器灵敏度越高，水准管分划值越小，仪器整平的精度就越高。

表 2—1　　我国水准仪系列的技术参数（部分型号）

技术参数项目	水准仪系列型号	
	S05	S1
每千米往返平均高差中误差	≤0.5 mm/km	≤1 mm/km
望远镜放大倍率	≥40 倍	≥40 倍
望远镜有效孔径（mm）	≥60	≥50
管状水准器格值	10″/2 mm	10″/2 mm
测微器有效量测范围（mm）	5	5
测微器最小分格值（mm）	0.05	0.05

水准器的灵敏度越高，在作业时要使水准器气泡迅速居中也就越困难。为了使水准器气泡较容易地精确居中，精密水准仪设计有使水准轴和视准轴同时产生微量变化的微倾螺旋，同时在实际作业时还规定：只有在符合水准气泡两端影像的分离量小于 1 cm 时（此时仪器的竖轴基本在铅垂位置），才允许使用微倾螺旋来精确整平视准轴。这点在规范上有明确规定。为了深入了解这条规定的原因，下面简单介绍一下微倾螺旋的

构造。

图 2—1 所示是瑞士威特 N3 型精密水准仪微倾螺旋装置示意图。它是一种杠杆结构的微倾螺旋装置，当转动微倾螺旋时，通过着力点 D 可以带动支臂绕支点 A 转动，使其对望远镜的作用点 B 产生微量升降，从而使望远镜绕转轴 C 作微量倾斜。由于望远镜与水准器是紧密相连的，所以微倾螺旋可以使水准轴和视准轴同时产生微量的变化，从而迅速、精确地将视准轴整平，使高灵敏度的水准器在实际作业中进行应用。

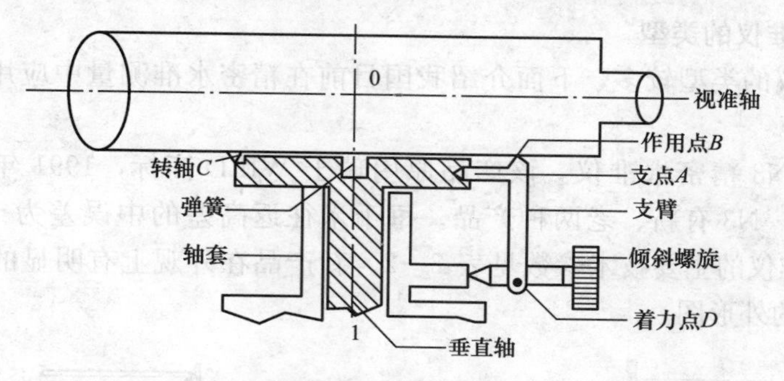

图 2—1 N3 型精密水准仪微倾螺旋装置示意图

由图 2—1 可见，仪器的转轴 C 并不在望远镜的中心，而是靠近物镜的一端。当用圆水准器整平仪器时，因精度所限，竖轴不能精确处于铅垂位置。若当偏离铅垂位置较大时，使用微倾螺旋来精确整平视准轴，就会引起视准轴高度的变化，微倾螺旋的转动量越大，则引起视准轴高度的变化量就越大。如果在前后视精确整平视准轴时，微倾螺旋的转动量不等，就会在测得的高差中带来这种误差的影响。因此在规范中作出的上述规定，目的就是针对仪器的构造特点，限制这种误差的影响，确保观测精度。

（2）装有光学测微器，用来精确地在水准标尺上进行读数，以提高读数精度。仪器所提供的精确的水平视线一般不可能正好对准水准标尺上的分划线，光学测微器可以精确地测量小于分划线间隔值的尾数，以改变普通水准仪估读毫米位的读数所造成读数精度较低的状况。

精密水准仪上的平行玻璃板测微装置如图 2—2 所示。它是由平行玻璃板、测微分划尺、传动杆和测微螺旋等构件组成。这种测微结构是通过测微螺旋、导轨、齿条，推动平板玻璃框架而工作的。平行玻璃板通过传动杆与测微分划尺相连。

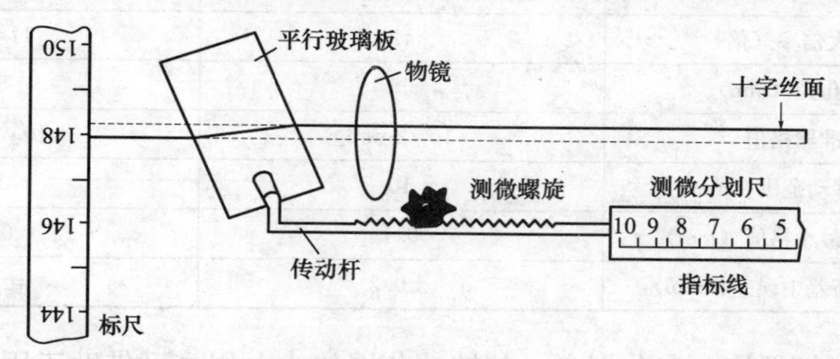

图 2—2 精密水准仪的平行玻璃板测微装置

（3）具有良好性能的望远镜，将十字丝横丝制成楔形，便于精确照准。为了使水准标尺的成像有足够的亮度，物镜的有效孔径应在50 mm以上。为了提高照准精度，将望远镜的放大倍率设计到40倍以上。

（4）水准仪具有坚固的结构，视准轴与水准轴间的关系相对稳定，受外界条件的影响较小。一般精密水准仪的主要构件均用特殊的合金钢制成，并在仪器上套有起隔热作用的防护罩。

2. 精密水准仪的类型

精密水准仪的类型较多，下面介绍我国目前在精密水准测量中应用较普遍的三种型号。

（1）Wild N3精密水准仪。该产品原用瑞士WILD商标，1991年下半年起改用LE-ICA商标。N3有新、老两种产品。每千米往返高差的中误差为±0.2 mm。新、老两种N3水准仪的主要技术参数见表2—2。新产品在外观上有明显的变化。图2—3所示为老产品的外形图。

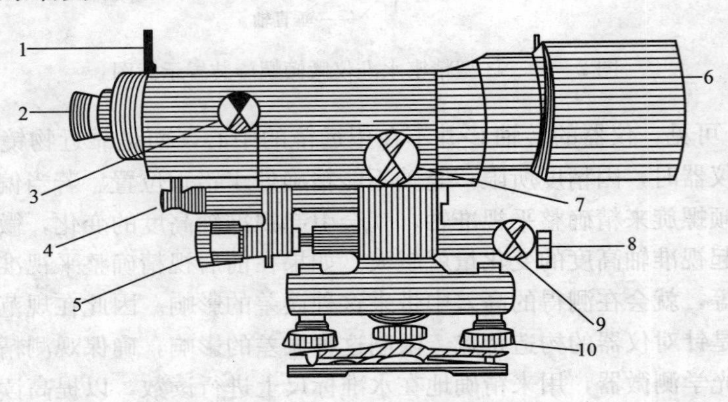

图2—3　N3精密水准仪

1—瞄准器　2—望远镜目镜　3—望远镜调焦螺旋　4—水准器反光板　5—微倾螺旋
6—楔形保护玻璃　7—平行玻璃板测微手轮　8—制动螺旋　9—微动螺旋　10—安平螺旋

表2—2　**N3精密水准仪的技术参数**

技术参数	仪器类型	
	N3	N3（新）
望远镜放大倍率（倍）	42	11～40
物镜有效孔径（mm）	56	52
管状水准器格值	10″/2 mm	10″/2 mm
测微器有效移动范围（mm）	10	10
测微器分划尺最小格值（mm）	0.1	0.1
每千米往返测高差中误差（mm）	±0.2	±0.2

该仪器的微倾螺旋上有分划盘，其转动范围约为七周，可借助于固定指标进行读数，由微倾螺旋所转动的格数可以确定视线倾角的微小变化量。这种装置在进行跨越障

碍物的精密水准测量时具有重要作用。

转动测微螺旋，可使水平视线在 1 cm 范围内平移，测微分微尺的最小格值为 0.1 mm。在望远镜目镜的左边上下有两个小目镜，分别为符合气泡观察目镜和测微器读数目镜。所见影像如图 2—4 所示。

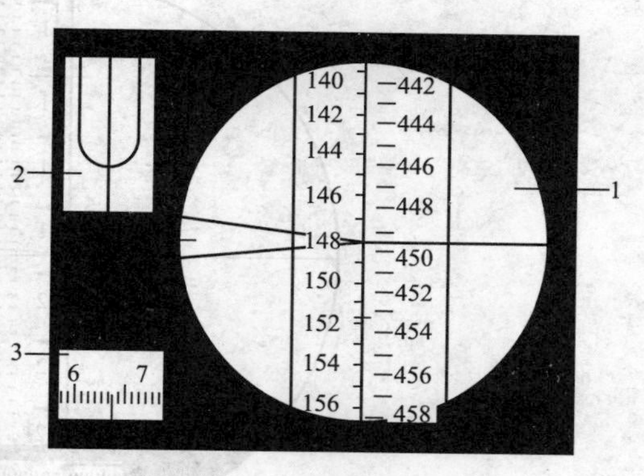

图 2—4　N3 精密水准仪目镜视场

1—望远镜标尺读数　2—符合气泡居中

3—测微器目镜读数

读数方法是：转动微倾螺旋，使符合气泡观察目镜中的水准气泡两端符合，则视线精确水平，此时可转动 148 cm，使望远镜目镜中看到的楔形丝夹准水准标尺上的 148 cm 分划线，再在测微器目镜中读出读数 654，故水平视线在水准标尺上的全部读数为 148.654 cm。

（2）蔡司 Ni004 精密水准仪。该产品为民主德国蔡司产品型号，其主要技术参数见表 2—2，其外形与老 N3 产品相似。

这种仪器的主要特点是对热影响的反应较小，即当外界温度变化时，水准轴与视准轴之间的交角，即 i 角的变化很小。这是因为望远镜、管状水准器和平行玻璃板的倾斜设备等部件，都装在一个附有绝热层的金属套筒内，这样就保证了水准仪上这些部件的温度能迅速达到平衡。

该仪器的望远镜目镜视场内有两组楔形丝，如图 2—5 所示。左边一组楔形丝的交角较大，在视距较近时使用；右边一组楔形丝的交角较小，在视距较远时使用。测微器的分划鼓直接与测微螺旋相连，通过放大镜在测微鼓上进行读数。转动测微螺旋，可使水平视线在 5 mm 的范围内平移。测微鼓上刻有 100 个分格，所以测微鼓的最小格值为 0.05 mm。

图 2—5 所示为望远镜目镜视场中所见的影像，下部是水准器的气泡影像。当楔形丝夹准水准标尺上 192（cm）分划，在测微鼓上的读数为 340（即 340 mm），故在水准标尺上的全部读数为 192.340 cm。

（3）国产 S1 型精密水准仪。S1 型精密水准仪是北京测绘仪器厂生产的，其外形如图 2—6 所示。仪器物镜的有效孔径为 50 mm，望远镜放大倍率为 40 倍，管状水准器格值为 10″/2 mm。转动测微螺旋可使水平视线在 10 mm 范围内作平移，测微器分划尺有 100 个分格，故测微器分划尺最小格值为 0.1 mm。望远镜目镜视场中所看到的影像如图 2—7 所示，视场左边是水准器的符合气泡影像，测微器读数显微镜在望远镜目镜的右下方。

国产 S1 型精密水准仪与分格值为 5 mm 的精密水准标尺配套使用。

在图 2—7 中，使用测微螺旋使楔形丝夹准 198 分划，在测微器读数显微镜中的读数为 150，即 1.50 mm，水准标尺上的全部读数为 198.150 cm。

（4）电子水准仪。电子水准仪的观测精度高，如瑞士徕卡公司开发的 NA2000 型电子水准仪的分辨力为 0.1 mm，每千米往返测得高差中数的偶然中误差为 2.0 mm；NA3003

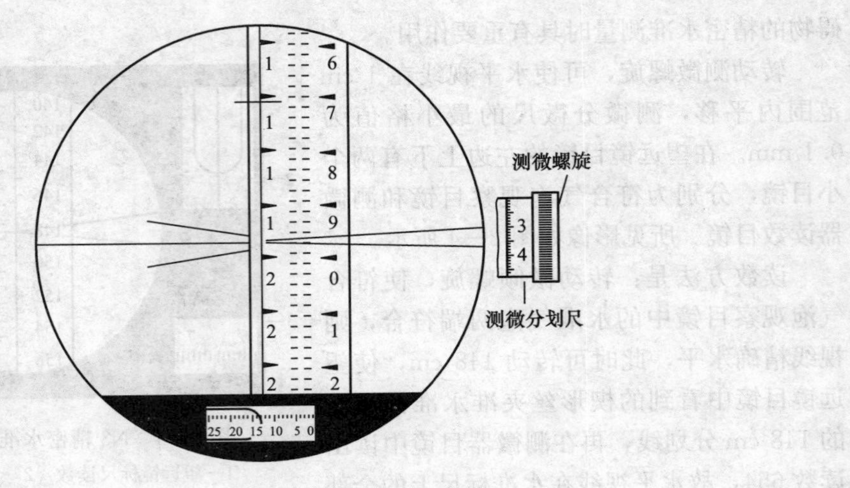

图 2—5　蔡司 Ni004 精密水准仪

图 2—6　S1 型精密水准仪

型电子水准仪的分辨力为 0.01 mm，每千米往返测得高差中数的偶然中误差为 0.4 mm。与电子水准仪配套使用的水准尺为条形编码尺，通常由玻璃纤维或铟钢制成。在电子水准仪中装有行阵传感器，它可识别水准标尺上的条形编码。电子水准仪摄入条形编码后，经处理器转变为相应的数字，再通过信号转换和数据化，再显示屏上直接显示中丝读数和视距。

1）电子水准仪的主要优点

①操作简捷，自动观测和记录，并立即用数字显示测量结果。

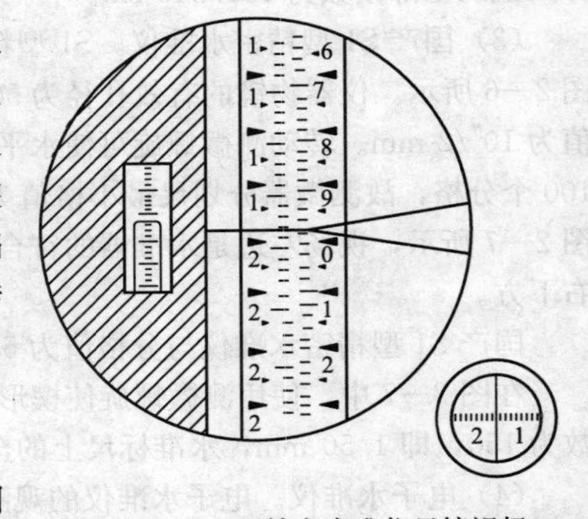

图 2—7　S1 型精密水准仪目镜视场

②整个观测过程在几秒内即可完成，从而大大减少观测错误和误差。

③仪器还附有数据处理器及与之配套的软件，从而可将观测结果输入计算机进入后处理，实现测量工作自动化和流水线作业，大大提高功效。

2）电子水准仪的使用。NA2000电子水准仪用15个键的键盘和安装在侧面的测量键来操作，有两行LCD显示器显示测量结果和系统的状态。观测时，电子水准仪在人工完成安置与粗平、瞄准目标（条形编码水准尺）后，按下测量键后3～4 s即显示出测量结果。其测量结果可储存在电子水准仪内或通过电缆存入机内记录器中。另外，观测中如水准标尺条形编码被局部遮挡小于30%，仍可进行观测。

3. 精密水准标尺的特点

水准标尺是测定高差的长度标准，如果水准标尺的长度有误差，则对精密水准测量的观测成果带来系统性的误差影响。为此，对精密水准标尺提出如下要求。

（1）当空气的温度和湿度发生变化时，水准标尺分划间的长度必须保持稳定，或仅有微小的变化。一般精密水准尺的分划是漆在铟瓦合金带上，铟瓦合金带则以一定的拉力引张在木质尺身的沟槽中，这样铟瓦合金带的长度不会受木质尺身伸缩变形影响。水准标尺分划的数字注记在铟瓦合金带两旁的木质尺身上，如图2—8所示。

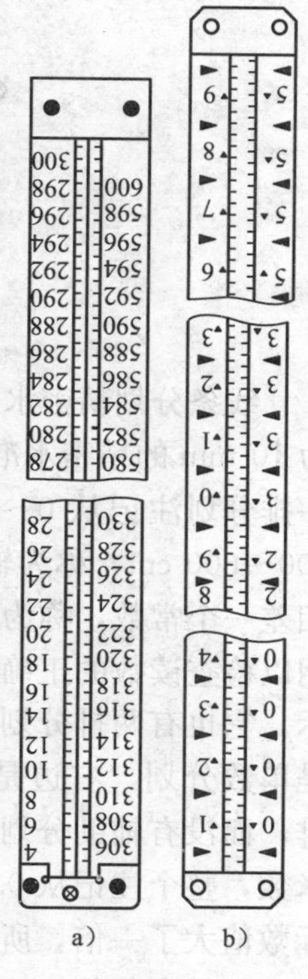

图2—8 水准标尺分划

（2）水准标尺的分划必须十分正确与精密，分划的偶然误差和系统误差都应很小。水准标尺分划的偶然误差和系统误差的大小主要取决于分划刻度工艺的水平，当前精密水准标尺分划的偶然中误差一般在8～11 μm。由于精密水准标尺分划的系统误差可以通过水准标尺的平均每米真长加以改正，所以分划的偶然误差代表水准标尺分划的综合精度。

（3）水准标尺在构造上应保证全长笔直，并且尺身不易发生伸长和弯扭等变形。一般精密水准标尺的木质尺身均应以经过特殊处理的优质木料制作。为了避免水准标尺在使用中尺身底部磨损而改变尺身的长度，在水准标尺的底面必须钉有坚固耐磨的金属底板。

在精密水准测量作业时，水准标尺应竖立于特制的具有一定重量的尺垫或尺桩上。尺垫和尺桩的形状如图2—9所示。

（4）在精密水准标尺的尺身上应附有圆水准器装置。作业时扶尺者借以使水准标尺保持在垂直位置。在尺身上一般还应有扶尺环的装置，以便扶尺者使水准标尺稳定在垂直位置。

（5）为了提高对水准标尺分划的照准精度，水准标尺分划的形式和颜色与水准标尺的颜色相协调，一般精密水准标尺都为黑色线条分划，和浅黄色的尺面相配合，有利于观测时对水准标尺分划精确照准。

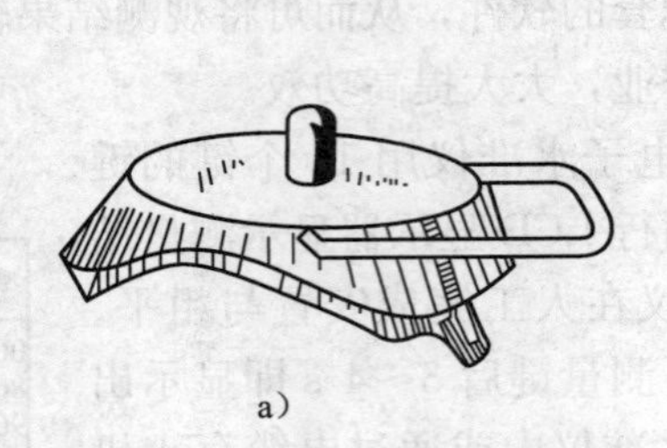
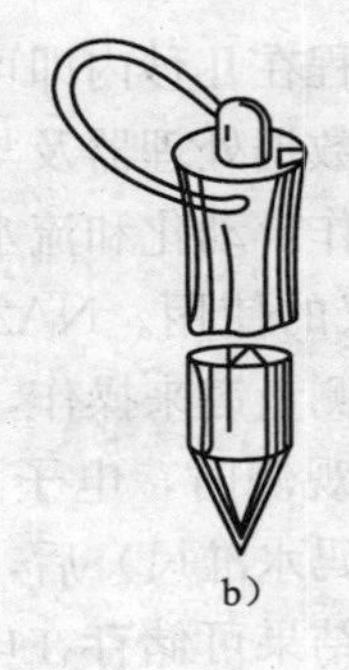

图 2—9　尺垫和尺桩

a）尺垫　b）尺桩

线条分划精密水准标尺的分格值有 10 mm 和 5 mm 两种。分格值为 10 mm 的精密水准标尺如图 2—8a 所示。它有两排分划，尺面右边一排分划注记从 0～300 cm，称为基本分划；左边一排分划注记从 300～600 cm，称为辅助分划。同一高度的基本分划与辅助分划读数相差一个常数，称为基辅差，通常又称尺常数，水准测量作业时可以用以检查读数的正确性。分格值为 5 mm 的精密水准尺如图 2—8b 所示。它也有两排分划，但两排分划彼此错开 5 mm，所以实际上左边是单数分划，右边是双数分划，也就是单数分划和双数分划各占一排，而没有辅助分划。木质尺面右边注记的是米数，左边注记的是分米数，整个注记从 0.1～5.9 m，实际分格值为 5 mm，分划注记比实际数值大了一倍，所以用这种水准标尺所测得的高差值必须除以 2 才是实际的高差值。

图 2—10　条形码水准尺

分格值为 5 mm 的精密水准标尺也有有辅助分划的。

与数字编码水准仪配套使用的条形码水准尺如图 2—10 所示。通过数字编码水准仪的探测器来识别水准尺上的条形码，再经过数字影像处理，给出水准尺上的读数，取代了在水准尺上的目视读数。

二、精密水准仪的使用

1. 精密水准仪的使用方法

（1）使用精密水准仪进行测量前，要按测量需要达到的精度结合所采用的仪器型号和水准标尺，进行全面的检验。检验的项目、方法和要求等应参照规范中的有关规定执行。

水准观测要达到高观测精度，对仪器的检验项目要比普通水准仪多，限差的允许值比普通水准仪要小，如对 i 角，一般要求不得大于 15″。应尽可能校正到更小值。

（2）在安置仪器前，应采取措施以保证所安置的仪器满足进行精密水准测量时的有关要求：视线长度小于 50 m，前后视距差小于等于 1 m，前后视距累计差小于等于 3 m，视线离地面距离大于等于 0.5 m 等。应通过读数，反映是否全面符合要求。这样，可消除或减弱与距离有关的各种误差对观测高差的影响。如 i 角误差和垂直折光等影响。

（3）在高精度观测中，在两相邻测站上，应按奇、偶数测站的观测程序进行观测，即分别按“后前前后”和“前后后前”的观测程序，在相邻测站上交替进行。这样可以消除或减弱与时间成正比均匀变化的误差对观测高差的影响。

如 i 角的变化可以较好地消除仪器脚架在观测过程中产生的垂直位移的误差影响。使用精密水准仪，采用有关观测程序时，应领会规定的目的。

（4）在一测段的水准路线上，测站数宜安排成偶数。

（5）高精度的观测，应进行往、返观测，以消除或减弱性质相同、正负号也相同的误差影响。如水准标尺垂直位移的误差影响，在往、返测高差平均值中可以得到减弱。

（6）为保证观测精度，对基本分划与辅助分划的读数差和所测高差的差，一般应分别小于 0.5 mm 与 0.7 mm。

2. 精密水准仪的使用要点

（1）为了达到精密水准测量或对建筑物进行高精度沉降观测所需的精度，需对精密水准仪和水准标尺，参照有关规范（国家水准测量规范、建筑变形测量规程等）进行全面检验。因为只有定期按规定进行 i 角等检验，平时注意保管和维护，使仪器和标尺保持良好状态，在观测时从严要求、仔细操作，遵守各项限差要求，相互密切配合，才能达到高精度。

（2）理解工程的具体要求，掌握精密水准仪的基本性能、构造和用法。例如，限制和缩短视距长度，限制前后视距差，累计差，校正 i 角至最小值，完善观测程序等，都能有效地提高水准测量的精度。

第二节　三等、四等水准测量

→ 了解三等、四等水准测量的基本要求
→ 掌握三等、四等水准测量的观测方法和步骤
→ 能进行三等、四等水准测量的内业计算

一、三等、四等水准测量的技术要求

1. 高程控制网及其等级分类

为了保证测量放线工作具有统一而精确的高程精度，需在建设地区按照统一的规格，建立高程控制系统，作为测量放线的控制基础。

高程控制网主要用水准测量方法建立，一般采用从整体到局部的逐级控制原则，按控制次序和施测精度进行分等。国家水准测量分为一等、二等、三等、四等水准测量。各等水准测量所经过的路线称为水准路线。一等水准路线是国家高程控制的骨干，也是研究地壳垂直移动和解决有关科学研究的主要依据。二等水准路线是国家高程控制的全面基础，沿公路、铁路及河流布设，并构成网状。

为适应城市、工程建设的需要，《工程测量规范》（GB 50026—2007）和《城市测量规范》（CJJ/T 8—2011）将水准测量的等级分为二等、三等、四等、五等，作为测图、工程测量以及沉降观测的基本控制。其等级的选定，主要根据实际精度需要，结合线路长度、控制面积等设计确定。三等、四等水准路线直接提供地形测图和各种工程建设所必须的高程控制点。在各等水准路线上，每隔一定距离埋设稳固的水准标石，以标定所测高程点的位置，便于长期保存和使用。

2. 三等、四等水准测量的技术要求

三等、四等水准测量起算点的高程一般引自国家一等、二等水准点，若测区附近没有水准点，也可建立独立的水准网，这样起算点的高程应采用假设高程。

三等、四等水准网布设时，如果是作为测区的首级控制，一般布设成闭合环线；如果是进行加密，则多采用附合水准路线或支水准路线。三等、四等水准路线一般沿公路、铁路或管线等坡度较小，便于施测的路线布设。其点位应选在地基稳固、能长久保存标志和便于观测的地点。水准点的间距一般为1～2 km，山岭重丘地区可根据需要适当加密，一个测区一般至少埋设三个以上的水准点。三等、四等水准测量的精度要求比普通水准测量高，《国家三、四等水准测量规范》（GB/T 12898—2009）规定其精度要求见表2—3。

表2—3　三等、四等水准测量的精度要求

等级	每千米高差中误差（mm）	附合路线长度（km）	水准仪的型号	水准尺	观测次数		往返较差、附合或环线闭合差（mm）	
					与已知点连测	附合或环线	平地	山地
三等	±6	50	S1	铟瓦	往返各一次	往一次	$\pm12\sqrt{L}$	$\pm4\sqrt{n}$
			S3	双面		往返各一次		
四等	±10	16	S3	双面	往返各一次	往一次	$\pm20\sqrt{L}$	$\pm6\sqrt{n}$

注：L为往返测段，附合或环线的水准路线长度（km）；n为测站数。

二、三等、四等水准测量及成果处理

1. 三等、四等水准测量的观测方法

三等、四等水准测量的外业工作包括观测、记录、计算和校核等内容。三等与四等水准测量只是在观测顺序上有微小的差别。三等、四等水准测量一般采用双面尺法，且应采用一对水准尺。为保证其测量精度，每一站的技术要求见表2—4。

表2—4　三等、四等水准测量技术要求

等级	水准仪型号	视线长度/m	前后视距较差/m	前后视距累积差/m	视线离地面最低高度/m	红黑面读数差/mm	红黑面高差之差/mm
三等	DS1	≤100	≤2	≤5	≤0.3	≤1.0	≤1.5
	DS3	≤75				≤2.0	≤3.0
四等	DS3	≤100	≤3	≤10	≤0.2	≤3.0	≤5.0

（1）一个测站的观测顺序

1）后视黑面尺，读下、上、中三丝读数，填入表2—5中为（1）、（2）、（3）。

2）前视黑面尺，读中、下、上三丝读数，填入表 2—5 中为（4）、（5）、（6）。

3）前视红面尺，读中丝读数，填入表 2—5 中为（7）。

4）后视红面尺，读中丝读数，填入表 2—5 中为（8）。

上述这四步观测，简称为“后—前—前—后（黑—黑—红—红）”，这样的观测步骤可消弱仪器或尺子的沉降误差。对于四等水准测量，规范允许采用“后—后—前—前（黑—红—红—黑）”的观测步骤，这种步骤比上述的步骤要简便些。记录见表 2—5，表中括号内的数字表示读数和计算次序。

表 2—5　　三等、四等水准测量记录计算表

自：______测至：______　天气：______　观测者：______

时间：______　成像：______　记录者：______

测站编号	视准点号	后视 上丝 / 下丝 / 后视距（m）/ 视距差 d	前视 上丝 / 下丝 / 前视距（m）/ $\sum$视距差$\sum d$	方向及尺号	水准尺读数（m）黑面	水准尺读数（m）红面	黑＋K−红（mm）	平均高差（m）	备注
		(1)	(5)	后	(3)	(8)	(14)		
		(2)	(6)	前	(4)	(7)	(13)	(18)	
		(9)	(10)	后−前	(15)	(16)	(17)		
		(11)	(12)						
1	BM1	1.804	1.180	后 9	1.625	6.412	0		
	|	1.446	0.814	前 10	0.997	5.684	0	0.628	
	ZD1	35.8	36.6	后−前	0.628	0.728	0		
		−0.8	−0.8						
2	ZD1	2.102	1.532	后 10	1.784	6.472	−1		
	|	1.466	0.891	前 9	1.211	5.997	+1	0.574	黑红面零点差
	ZD2	63.6	64.1	后−前	0.573	0.475	−2		$K9=4.787$
		−0.5	−1.3						$K10=4.687$
3	ZD2	1.007	1.307	后 9	0.660	5.449	−2		
	|	0.314	0.635	前 10	0.971	5.657	+1	−0.3095	
	ZD3	69.3	67.2	后−前	−0.311	−0.208	−3		
		+2.1	+0.8						
4	ZD3	1.819	1.376	后 10	1.444	6.130	+1		
	|	1.069	0.628	前 9	1.002	5.789	0	0.4415	
	ZD4	75.0	74.8	后−前	0.442	0.341	+1		
		+0.2	+1.0						

计算校核：

$\sum(9)=243.7$　　$\sum[(3)+(8)]=29.976$　　$\sum(18)=1.334$

$-\sum(10)=242.7$　　$-\sum[(4)+(7)]=27.308$　　$2.668/2=1.334$

$+1.0$　　2.668

$\sum(15)+(16)=2.668$

(2) 计算、检核

1）视距的计算与检核

后视距(9)=[(1)−(2)]×100 m

后视距(10)=[(5)−(6)]×100 m　　三等不大于75 m，四等不大于100 m。

前后视距差(11)=(9)−(10)　　三等不大于2 m，四等不大于3 m。

前后视距累积差(12)=本站(11)+上站 (12)　　三等不大于5 m，四等不大于10 m。

2）水准尺读数的检核。同一根水准尺黑面与红面中丝读数之差：

前尺黑面与红面中丝读数之差(13)=(4)+K−(7)

后尺黑面与红面中丝读数之差(14)=(3)+K−(8)三等不大于2 mm，四等不大于3 mm。

(上式中的 K 为红面尺的起点读数，一般为4.687 m或4.787 m)

3）高差的计算与检核

黑面测得的高差(15)=(3)−(4)

红面测得的高差(16)=(8)−(7)

校核：黑红面高差之差(17)=(15)−[(16)±0.100]

或(17)=(14)−(13)　　三等不大于3 mm，四等不大于5 mm。

高差的平均值 (18)=[(15)+(16)±0.100]/2

在测站上，当后尺红面起点为4.687 m，前尺红面起点为4.787 m时，取+0.100，反之取−0.100。

4）每页计算检核

①高差部分。在每页上，后视红黑面读数总合与前视红黑面读数总合之差，应等于红黑面高差之和。

对于测站数为偶数的页：

$$\sum[(3)+(8)]-\sum[(4)+(7)]=\sum[(15)+(16)]=2\sum(18)$$

对于测站数为奇数的页：

$$\sum[(3)+(8)]-\sum[(4)+(7)]=\sum[(15)+(16)]=2\sum(18)\pm0.100$$

②视距部分。在每页上，后视距总和与前视距总和之差应等于本页末站视距累积差与上页末站累积视距差之差。校核无误后，可计算水准路线的总长度。

$\sum(9)-\sum(10)$=本页末站 (12)−上页末站(12)

水准路线总长=$\sum(9)+\sum(10)$

2. 三等、四等水准测量的成果处理

水准测量外业工作结束后，要检查手簿，再计算各点间的高差。经检核无误后，才能进行计算和调整高差闭合差。最后计算各点的高程。否则应查找原因予以纠正，必要时应返工重测。下面将根据水准路线布设的不同形式，举例说明计算的方法、步骤。

(1) 闭合水准路线成果计算。如图2—11所示，闭合水准路线 BM_A、1、2、3、4，各段观测数据及起点高程均注于图中，现以该闭合水准路线为例，将成果计算的步骤介绍如下，并将计算结果列入表2—6中。

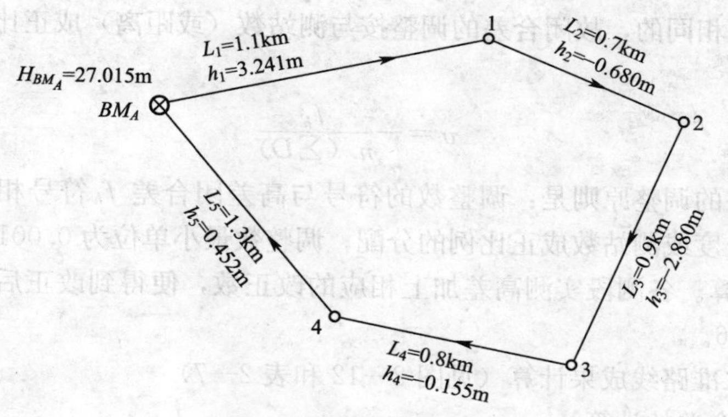

图 2—11 闭合水准测量

表 2—6 **闭合水准路线成果计算**

测量编号	测点	距离 (km)	实测高差 (m)	高差改正数 (m)	改正后高差 (m)	高程 (m)	备注
	BM_A					27.015	已知
1		1.1	+3.241	0.005	+3.246		
	1					30.261	
2		0.7	−0.680	0.003	−0.677		
	2					29.584	
3		0.9	−2.880	0.004	−2.876		
	3					26.708	
4		0.8	−0.155	0.004	−0.151		
	4					26.557	
5		1.3	+0.452	0.006	+0.458		
	BM_A					27.015	与已知高程相符
Σ		4.8	−0.022	+0.022	0		
辅助计算	$f_h=\Sigma h_{测}=-0.022$ m　$f_{h容}=\pm 40\sqrt{L}$ mm$=40\times\sqrt{4.8}$ mm$=87$ mm $\|f_h\|<\|f_{h容}\|$ 精度合格						

1）高差闭合差。闭合水准路线各段高差的代数和理论上应等于零，即

$$\sum h_{理}=0$$

由于存在测量误差，必然产生高差闭合差。

$$f_h=\sum h_{测}$$

2）高差闭合差容许值。高差闭合差可用来衡量测量成果的精度，等外水准测量的高差闭合差容许值规定为：

平地

$$f_{h容}=\pm 20\sqrt{L}\ (\text{mm})$$

式中　L 为水准路线长度，以千米计。

山地

$$f_{h容}=\pm 6\sqrt{n}\ (\text{mm})$$

式中　n 为测站数。

本例中，由于，$|f_h|<|f_{h容}|$，则精度合格，可进行高差闭合差的调整。

3）闭合差的调整。在同一条水准路线上，假设观测条件是相同的，可认为各站产

生的误差机会是相同的，故闭合差的调整按与测站数（或距离）成正比反符号分配的原则进行，即

$$v_i = -\frac{f_h}{n\ (\sum D)}$$

高差闭合差的调整原则是：调整数的符号与高差闭合差 f_h 符号相反；调整数值的大小是按测段长度或测站数成正比例的分配；调整数最小单位为 0.001 m。

4）高程计算。各测段实测高差加上相应的改正数，便得到改正后的高差。以上计算过程见表 2—6。

（2）附合水准路线成果计算（见图 2—12 和表 2—7）

1）高差闭合差的计算

$$f_h = \sum h - (H_B - H_A)$$

2）高差闭合差容许值。同闭合水准路线。

3）闭合差的调整。同闭合水准路线。

4）高程计算。同闭合水准路线。

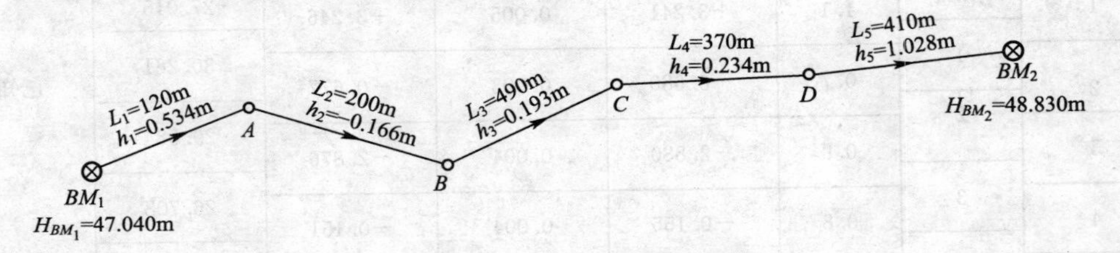

图 2—12　附合水准路线测量

表 2—7　　附合水准路线成果计算

测量编号	测点	距离（m）	实测高差（m）	高差改正数（m）	改正后高差（m）	高程（m）	备注
	BM_1					47.040	已知
1		120	+0.534	−0.002	+0.532		
	A					47.572	
2		200	−0.166	−0.004	−0.170		
	B					47.402	
3		490	+0.193	−0.010	+0.183		
	C					47.585	
4		370	+0.234	−0.008	+0.226		
	D					47.811	
5		410	+1.028	−0.009	+1.019		高程相符
	BM_2					48.830	
Σ		1 590	1.823	−0.033	1.790		
辅助计算	$f_h=\sum h_{测}-\sum h_{理}=\sum h_{测}-(H_{终}-H_{始})=1.823-1.790=+0.033$ m $f_{h容}=\pm 40\sqrt{L}$ mm $=40\times\sqrt{1.59}$ mm $=50$ mm，$\lvert f_h\rvert < \lvert f_{h容}\rvert$ 精度合格						

(3) 支线水准路线成果计算

1) 高差闭合差。如图 2—13 所示，已知水准点 A 的高程为 45.396 m，往、返测站各为 15 站，图中箭头表示水准测量往、返测方向。理论上往测高差 $|\sum h_{往}|$ 与返测高差 $|\sum h_{返}|$ 应大小相等，方向相反。

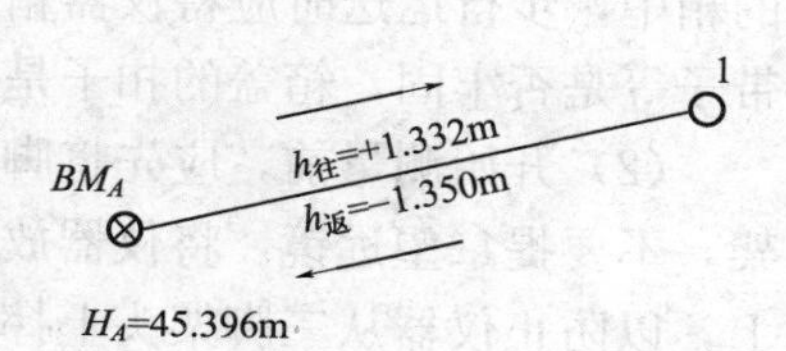

图 2—13　支线水准测量

由于存在着测量误差，必然产生高差闭合差，即

$$f_h = h_{往} + h_{返}$$

本例中 $f_h = h_{往} + h_{返} = 1.332 + (-1.350) = -0.018$ m。

2) 高差闭合差容许值。$f_{h容} = \pm 12\sqrt{n} = 12 \times \sqrt{15} = 46$ mm　由于，$|f_h| < |f_{h容}|$，则精度合格，可进行高差闭合差的调整。

3) 改正后高差计算。支线水准路线取各测段往测和返测高差绝对值的平均值为改正后高差，其符号以往测高差符号为准。即：

$$h_{A1(改)} = \frac{|h_{往}| + |h_{返}|}{2} = \frac{1.332 + 1.350}{2} = 1.341 \text{ m}$$

4) 计算待定点高程

$$H_1 = H_A + h_{A1(改)} = 45.396 + 1.341 = 46.737 \text{ m}$$

注意：支线水准路线在计算闭合差容许值时，路线总长度 L 或测站总数 n 只按单程计算。

3. 质量通病的防治措施

(1) 明确建立高程控制测量的目的，做好事先计划，以防工作的随意性。三等、四等水准测量是作为建设场地建立高程控制的基础工作，它的路线长度要在地形图上进行事先计划。了解起算高程点的位置、等级、高程系统。实地踏勘线路，调查起算点是否完好，其位置需与点的标志核对，防止差错。确保起算点位正确，系统清楚，起算资料可靠。线路长度不超过 16 km。

(2) 对仪器、工具进行全面检校，特别要检查 i 角不应超过±20″，水准标尺米间隔平均长与名义长之差不超过±0.5 mm。要留有检查资料。克服对仪器不做检校的侥幸心理。需有检校数据说明仪器处于符合规范要求的状态。

(3) 观测资料字迹清楚，填写齐全，不得擦改或涂改转抄复制，以确保观测数据真实、可靠。对技术要求中的各项限差进行全面检查，只有各项限差都符合的资料，才能用于计算成果。需进行测站校核、全线校核，从实测数据上反映全面符合技术要求，凡不合格的需进行返工。

(4) 线路闭合差是精度评定的重要依据，它是极限误差，优良成果应在限差的 1/2 之内，对超限成果应进行仔细分析后进行重测。完成外业观测和成果整理，应对三等、四等水准工作作出技术小结和评价。

4. 安全使用等注意事项

(1) 三等、四等水准测量过程，测量路线长，野外工作条件较差，测量仪器构造精密，是完成任务的必备设备，因此，要防止发生意外事故，避免造成损失。例如：在运输过程中必须防震，不能将仪器直接放在汽车或火车车厢的底板上，应装在有防震垫子的箱中，步行运送时应将仪器箱拎在手中或背在背上，运送前应先检查仪器箱的拎环、带子等是否牢固，箱盖的扣子是否扣好或上锁。

（2）开始测量前，应先将脚架放稳，然后开箱取仪器，取仪器应用双手握基座或支架，不要提拿望远镜。将仪器放上三脚架头后，应随即用连接螺旋将仪器固定在三脚架上，以防止仪器从三脚架头上摔下来。

（3）搬移测站时要注意仪器的安全。在平坦地区近距离搬移时，可收拢三脚架抱在肋下，一手托住仪器，稳步前进。较长距离或需到高差较大地区作业时，宜将仪器装入箱中再搬运。

（4）仪器安置在测站上暂停工作时需有人守护。当在行人车辆众多的道路上测量时，需有专人在旁保护仪器，注意提醒行人不要碰撞仪器，确保作业的安全。

第三节　三等、四等水准测量技能训练实例

实训 1　精密水准仪的认识和使用实训

【实训目的】

1. 了解 S1 型精密水准仪的基本结构以及各螺旋的作用。

2. 了解精密水准标尺的基本分划，初步学会 S1 型精密水准仪的使用方法和在水准标尺上的读数方法。

3. 初步掌握精密水准仪、水准尺主要项目的检校方法。

4. 明确水准仪视准轴与水准轴之间的正确关系。

5. 掌握水准仪交叉误差和 i 角误差的检验与校正的操作程序和成果整理方法。

【实训要求】

1. 将仪器与书上仪器外形图对照，熟悉仪器各部件的名称及其作用，着重比较与精通水准仪的不同特点。

2. 掌握用 S1 型精密水准仪在水准标尺上的读数方法，并了解测微器的测微工作原理。

3. 了解精密水准尺的特点，分析它与一般普通水准尺有何区别。

4. 初步掌握精密水准仪、水准尺主要项目的检校方法。重点掌握水准仪视准轴与水准轴之间的正确关系的检验与校正方法。

【仪器及工具】

每组借用 S1 型精密水准仪一台（带脚架）、铟钢水准标尺一把、记录板一块、尺垫两只、木桩两个、测伞一把、30 m 钢卷尺一把、斧头一把。自备铅笔和记录手簿。

【实训步骤】

1. 领取仪器到指定地点，先集中由教师讲解精密水准仪和精密水准尺的结构特点及使用方法。

2. 安置仪器，熟悉仪器结构及部件功能。

3. 安置水准尺，熟悉其分划及注记特点。

单元 2

4. 每个同学进行读数练习并记录读数。

5. 各组将受检仪器安置到指定的场地，按照教材内容和所述方法，依次对水准仪及水准尺进行以下各项检验。

（1）水准仪的检验与校正

1）水准仪及脚架各部件的检视。

2）圆水准器安置正确性的检验与校正。

3）光学测微器效用正确性的检验及分划值的测定。

4）视准轴与水准管轴相互关系的检验及校正（必检项目）。

（2）水准尺的检验

1）检视水准尺各部件是否牢固无损。

2）水准标尺上圆水准器安置正确性的检验与校正。

3）水准标尺分划面弯曲差（矢矩）的测定。

4）水准标尺分划线每米分划间隔真长的测定（必检项目）。

5）对水准标尺零点与零点差及基辅分划读数差常数的测定。

【注意事项】

1. 当仪器同时存在交叉误差和 i 角误差时，应先将 i 角误差校正好。

2. 精密水准仪和水准尺应检查的内容较多，在实训过程中，应根据实际情况，对照书本知识认真完成。

3. 水准仪的检验应注意温度等外界条件对仪器的影响。

【实训成果】

上交记录及计算成果。

实训 2　三等、四等水准测量实训

【实训目的与要求】

1. 掌握三等、四等水准测量的施测、记录及高程计算的方法。

2. 实训时数安排为 2 学时。实习小组由 4～5 人组成。

【实训仪器及工具】

DS3 型水准仪，双面水准尺，尺垫，记录板，测伞。

【实训方法与步骤】

1. 在地面选定 B、C、D 三个坚固点作为待定高程点，BM_A 为已知高程点，其高程由老师提供。安置仪器于 A 点和 B 点之间，目估前、后视距离相等，进行粗略整平和目镜对光。测站编号为 1。

2. 后视 A 点上的水准尺黑面，精平后读取视距丝和中丝读数，记入手簿。

3. 前视 B 点上的水准尺黑面，精平后读取视距丝和中丝读数，记入手簿。

4. 前视 B 点上的水准尺红面，精平后读取中丝读数，记入手簿。

5. 后视 A 点上的水准尺红面，精平后读取中丝读数，记入手簿。

6. 测站计算校核。

高差部分：

$$(9)=(3)+K-(4)$$
$$(10)=(7)+K-(8)$$
$$(11)=(9)-(10)$$

（9）及（10）分别为同一根尺的红黑面之差。

K 为同一根尺红黑面零点的差数，表 2—5 的示例中，9 号尺的 K 值为 4.787，10 号尺的 K 值为 4.687。

视距部分：

$$(12)=(1)-(2) \qquad (13)=(5)-(6)$$
$$(14)=(12)-(13) \qquad (15)=\text{本站的}(14)-\text{前站的}(15)$$

（12）为后视距离，（13）为前视距离，（14）为前后视距离差，（15）为前后视距离累计差。

$$(16)=(3)-(7) \qquad (17)=(4)-(8)$$

（16）为黑面所计算的高差，（17）为红面所计算的高差。由于两根尺子红黑面零点差不同，所以（16）并不等于（17）而相差 0.1。因此（11）尚可做一次检核计算，即

$$(11)=(16)\pm 0.1-(17)$$

7. 迁至第二站继续观测。

8. 计算。

高差部分：

$$\sum(3)-\sum(7)=\sum(16)=h_{黑} \qquad \sum(3)-\sum(4)=\sum(9)$$
$$\sum(4)-\sum(8)=\sum(17)=h_{红} \qquad \sum(7)-\sum(8)=\sum(10)$$
$$h_{中}=(h_{黑}+h_{红})/2$$

$h_{黑}$、$h_{红}$ 为一测段黑面、红面所得高差。$h_{中}$ 为高差中数。

视距部分：

$$\text{末站}(15)=\sum(12)-\sum(13)$$
$$\text{总视距}=\sum(12)+\sum(13)$$

【实训记录表】

三等、四等水准观测手簿

测自　　　　至　　　　　　　　　　　　　　　　　　　年　　月　　日

时刻始　　时　　分　　　　　　　　　　　　　　　　　天气：

　　末　　时　　分　　　　　　　　　　　　　　　　　成像：

<table>
<tr><td rowspan="4">测站编号</td><td rowspan="2">后尺</td><td>下丝</td><td rowspan="2">前尺</td><td>下丝</td><td rowspan="4">方向及尺号</td><td colspan="2" rowspan="2">标尺读数</td><td rowspan="4">K+黑−红</td><td rowspan="4">高差中数</td><td rowspan="4">备注</td></tr>
<tr><td>上丝</td><td>上丝</td></tr>
<tr><td colspan="2">后距</td><td colspan="2">前距</td><td rowspan="2">黑面</td><td rowspan="2">红面</td></tr>
<tr><td colspan="2">视距差 d</td><td colspan="2">Σd</td></tr>
<tr><td rowspan="2"></td><td colspan="2">(1)</td><td colspan="2">(5)</td><td>后</td><td>(3)</td><td>(4)</td><td>(9)</td><td rowspan="2"></td><td rowspan="2"></td></tr>
<tr><td colspan="2">(2)</td><td colspan="2">(6)</td><td>前</td><td>(7)</td><td>(8)</td><td>(10)</td></tr>
</table>

续表

测站编号	后尺 下丝/上丝	前尺 下丝/上丝	方向及尺号	标尺读数		K+黑−红	高差中数	备注
	后距	前距		黑面	红面			
	视距差 d	$\sum d$						
	(12)	(13)	后-前	(16)	(17)	(11)		
	(14)	(15)						
1			后5					
			前6					
			后-前					
2			后5					
			前6					
			后-前					
3			后5					
			前6					
			后-前					
4			后5					
			前6					
			后-前					

第　　组　　　　　　　　　　观测员：________　记录员：________

单元2

单元测试题

一、多项选择题（下列每题的选项中，至少有两个是正确的，请将正确答案的代号填在横线空白处）

1. 精密水准仪具有________特点。

A. 较高灵敏度的水准器，管状水准器格值为 10″/2 mm

B. 装有光学测微器，精确地在水准标尺上进行读数，可精确到 0.1 mm

C. 有良好性能的望远镜，十字丝横丝制成楔形，便于精确照准

D. 具有坚固的结构，视准轴与水准轴间的关系相对稳定，受外界条件的影响较小

2. 精密水准标尺必须满足________条件。

A. 标尺长度受外界温度、湿度的影响应很小

B. 标尺刻划必须精密，其分格值与仪器相配

C. 尺面必须平直

D. 标尺上应附有足够精度的圆水准器气泡，以便控制标尺的铅垂位置，标尺的底面应有坚固耐磨的金属板

3. 精密水准仪的使用方法有________。

A. 测量前按需达到的精度，结合采用的仪器和水准标尺进行全面的检验

B. 安置的仪器满足有关对视线长度、前后视距差、前后视距累计差、视线离地面距离等规范的相应要求

C. 在高精度观测中，在两相邻测站上，应按奇、偶数测站的观测程序进行观测。在一测段的水准路线上，测站数宜安排成偶数

D. 高精度的观测，应进行往、返观测，对基本分划与辅助分划的读数差和所测高差的差，一般应分别小于 0.5 mm 与 0.7 mm

4. 四等水准观测中的技术要求，当采用 S3 型精密水准仪、双面水准标尺进行观测，i 角不得超过±20″，还要求________。

A. 视线长度不得超过 100 m

B. 每个测站的前、后视距差均不得大于 5 m

C. 所有测站前、后视距差的代数和，称为累积差不得大于 10 m

D. 视线离地面最低高度为 0.2 m，以减少大气折光的影响

5. 四等水准测量采用双面标尺，用“后—前—前—后”观测顺序，在一个测站上的观测程序是________。记录者需及时进行各项限差的计算、校核，合格后才完成一个测站的观测，方可迁站。

A. 在测站上安置水准仪，将望远镜对准后视标尺黑面，用上、下视距丝读数，转动微倾螺旋，使符合水准气泡精确居中，用中丝精确读数至毫米，记入手簿

B. 照准前视水准标尺的黑面，同 A 读数

C. 前视水准标尺的立尺者，调转尺面将红面转向观测者，同 A 操作、读数

D. 观测者转向后视，照准后视水准标尺，立尺者将红面转向观测者，同 A 操作、读数

6. 四等水准测量的成果整理包括________。

A. 对记录、计算的复核　　B. 高差闭合差的计算

C. 高差闭合差的分配　　D. 高程计算

7. 四等水准测量质量通病的防治措施为____。

A. 明确建立高程控制测量的目的，事先有详尽的计划，防止随意性

B. 对仪器、工具进行全面检校

C. 观测资料字迹清楚、填写齐全，确保真实、可靠，只有各项限差都符合的资料，才能用于计算成果

D. 闭合差是精度评定的依据，优良成果应在限差的 1/2 之内。对超限成果应经分析后重测，最后作出技术小结和评价

二、判断题（下列判断正确的请打“√”，错误的请打“×”）

1. 精密水准仪主要用于高精度的国家一等、二等水准测量和精密工程测量中，如对沉降观测、大型机械安装中的水平基准测量等。 （ ）

2. 精密水准标尺又称铟瓦水准标尺，是进行精密水准测量时与精密水准仪配合使用的一种水准标尺。 （ ）

3. 精密水准标尺一般是线条式分划，分划线划在铟瓦合金带上。分格值只有 10 mm 一种。 （ ）

4. 精密水准测量在操作时，应在视线长度、前后视距差等满足限差的地点架设仪器；用圆水准器整平仪器时，要求望远镜在任何方向时，符合水准气泡两端影像的分离值不超过 1 cm，才允许使用微倾螺旋。 （ ）

5. 三等、四等水准路线直接提供各种工程建设所必须的高程控制点。 （ ）

6. “1985 国家高程基准”与 1956 年黄海平均海水面没有什么区别。 （ ）

7. 四等水准主要技术要求规定路线长度环线或附合于高级点间水准路线的最大长度为 20 km。每千米高差全中误差为±10 mm。 （ ）

三、简答题

1. 精密水准仪上的倾斜螺旋装置有什么作用？为了水准测量精度，强调使用倾斜螺旋的前提是水准仪的概略整平需有一定的精度，这是为什么？

2. 试述精密水准仪、水准尺与普通水准仪、水准尺的异同点。

3. 试述精密水准仪及水准尺的结构特点。

4. 水准测量在作业前和作业期间按规范要求应对水准仪和水准尺进行哪些内容的检验？其目的是什么？

单元测试题答案

一、多项选择题

1. ABCD 2. ABCD 3. ABCD 4. ABCD 5. ABCD 6. ABCD 7. ABCD

二、判断题

1. √ 2. √ 3. × 4. √ 5. √ 6. × 7. ×

三、简答题

答案略。

第3单元

角度测量和距离测量

第一节　精密角度测量

→ 熟悉精密经纬仪的结构和操作的方法
→ 掌握全圆方向观测法测水平角的步骤
→ 掌握精密测设水平角的方法
→ 熟悉高精度全站仪，自动导向全站仪的结构和操作的方法
→ 能测设倾斜平面

经纬仪是按照所能达到的测角精度来分类的，凡适用于国家各等级三角、导线测量的光学经纬仪，通称为精密光学经纬仪，其系列分为 J_{07}，J_1，J_2；用于地形及工程测量的光学经纬仪称为普通光学经纬仪或工程光学经纬仪。普通光学经纬仪分为 J_6 和 J_{30}。“J”为“经纬仪”汉语拼音的第一个字母；数标为该级仪器能达到的测角精度指标。

常用精密光学经纬仪系列中的威特 T_3、威特 T_2、蔡司 010、苏光 J_2 经纬仪的外形和主要部件名称如图 3—1、图 3—2、图 3—3、图 3—4 所示，主要技术参数见表 3—1。

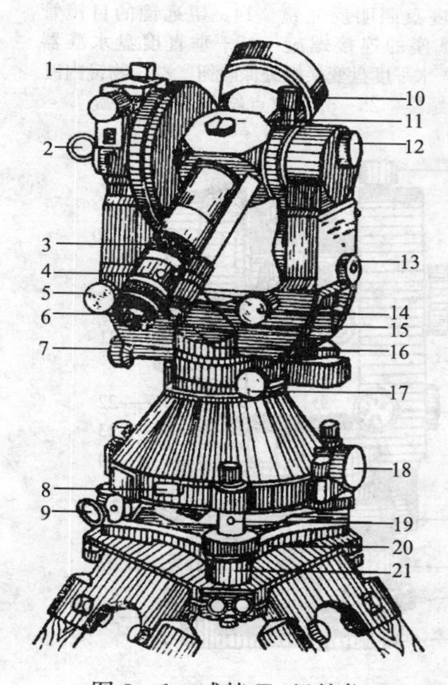

图 3—1　威特 T_3 经纬仪

1—垂直水准器观测棱镜　2—垂直度盘照明反光镜　3—望远镜调焦螺旋　4—十字丝校正螺钉　5—垂直度盘水准器微动螺旋　6—望远镜目镜　7—照准部制动螺旋　8—仪器装箱扣压垛　9—水平度盘照明反光镜　10—望远镜制动螺旋　11—十字丝照明转轮　12—测微螺旋　13—换像螺旋　14—望远镜微动螺旋　15—照准部水准器　16—测微器读数目镜　17—照准部微动螺旋　18—水平度盘变位螺旋的护盖　19—脚螺旋调节螺钉　20—脚螺旋　21—基座底板

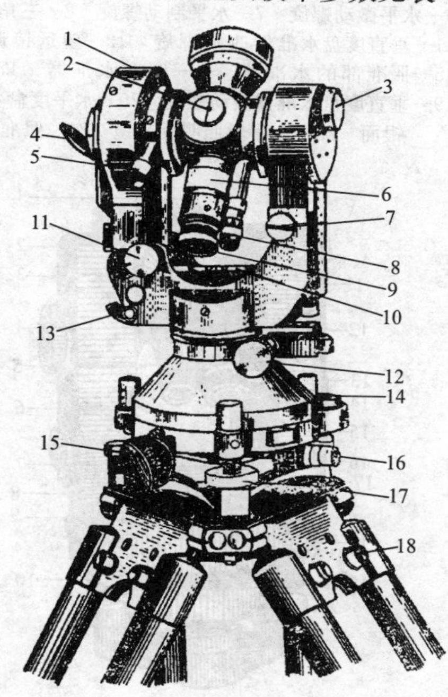

图 3—2　威特 T_2 经纬仪

1—垂直度盘外盒　2—视场照明钮及准星　3—测微轮　4—垂直度盘照明反光镜　5—垂直制动螺旋　6—望远镜调焦环　7—度盘影像变换钮　8—读数显微镜　9—望远镜目镜　10—照准部水准器　11—垂直微动螺旋　12—水平微动螺旋　13—垂直度盘水准器反光板　14—圆盒水准器　15—水平度盘照明反光镜　16—光学对点器　17—脚螺旋　18—脚架腿活动调节螺钉

单元 3

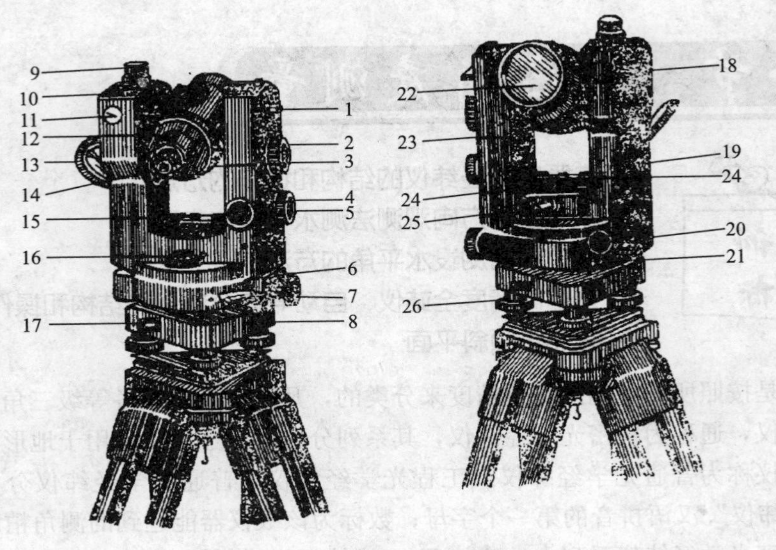

图 3—3　蔡司 010 经纬仪

1—垂直制动螺旋　2—测微轮　3—读数显微镜的目镜管　4—垂直微动螺旋　5—度盘影像变换钮　6—水平微动螺旋　7—水平制动螺旋　8—三角基座　9—垂直度盘符合水准器反射棱镜　10—瞄准器　11—垂直度盘水准器改正螺旋　12—望远镜调焦环　13—度盘照明反光镜　14—望远镜的目镜管　15—照准部的水准器　16—圆盒水准器　17—照准部与基座的连接螺旋　18—垂直度盘水准器　19—垂直度盘水准器微动螺旋　20—水平度盘变换螺旋　21—水平度盘变换螺旋保险钮　22—物镜内镀银面　23—十字丝照明反光镜　24—照准部水准器改正螺旋　25—光学对点器　26—脚螺旋

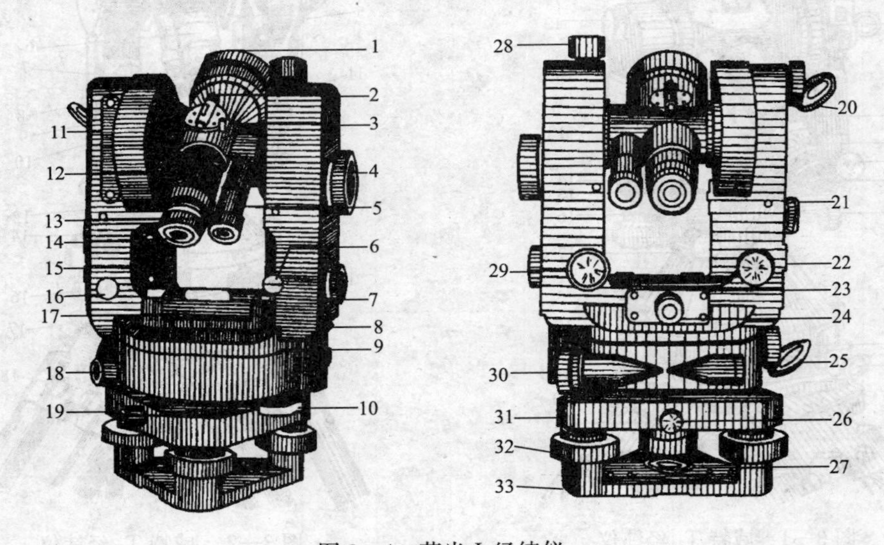

图 3—4　苏光 J_2 经纬仪

1—望远镜物镜　2—光学瞄准器　3—十字丝照明反光板螺旋　4—测微轮　5—读数显微镜管　6—垂直微动螺旋弹簧套　7—度盘影像变换螺旋　8—照准部水准器校正螺钉　9—水平度盘物镜组盖板　10—水平度盘变换螺旋护盖　11—垂直度盘转像透镜组盖板　12—望远镜调焦环　13—读数显微镜目镜　14—望远镜目镜　15—垂直度盘物镜组盖板　16—垂直度盘指标水准器护盖　17—照准部水准器　18—水平制动螺旋　19—水平度盘变换螺旋　20—垂直度盘照明反光镜　21—垂直度盘指标水准器观察棱镜　22—垂直度盘指标水准器微动螺旋　23—水平度盘转像透镜组盖板　24—光学对点器　25—水平度盘照明反光镜　26—照准部与基座的连接螺旋　27—固紧螺母　28—垂直制动螺旋　29—垂直微动螺旋　30—水平微动螺旋　31—三角基座　32—脚螺旋　33—三角底板

表 3—1　常用经纬仪参数表

等级	仪器名称	厂名	望远镜								水平度盘			垂直度盘			水准器		仪器质量	
			放大倍率（X）	孔径（mm）	焦距（mm）	长度（mm）	最短视距（m）	测微器格值（″）	视距常数：乘常数	视距常数：加常数	直径（mm）	格值（′）	测微器格值（″）	直径（mm）	格值（′）	测微器格值	照准部水准器（″/2mm）	指标水准器（″/2mm）	仪器（kg）	仪器箱（kg）
J_{07}	J_{07}经纬仪	北京光学仪器厂	56、45、30（30）（3）	65（35）	429.6（429.6）		3.5	1（1）			158	4	0.2	88	（1）8	0.2	4	15	（2）18	
J_{07}	TT2/6 经纬仪	苏联	65、52（30）	65（36）	520（360）	623（380）	5	1（1.4）	—	—	220	5	2	160	10	10	2～3	6～7	44	
J_1	T_3 经纬仪	瑞士　威特厂	40、30、24	60		265	3.6	—	—	—	135	4	0.2	90	（1）8	0.2	6～7	12	11.2	3.75
J_1	DKM3 及 DKM－3A 经纬仪	瑞士　克恩厂	45、27（11.6）	72（12）	510	140	19（1.8）	—			100	10	0.5	100	10	0.5	10	10	12.2	3.1
J_1	0T－02 经纬仪	前苏联	40、30、24	60	350	265	5	—			135	4	0.2	90	（1）8	0.2	6～7	12	11	4.2
J_2	J_2 经纬仪	苏州第一光学仪器厂	30	45		172	2	—	100	0	90	20	1	70	20	1	20	20	5.5	3
J_2	010 经纬仪	东德　蔡司厂（耶拿）	31	53		135	2	—	100	0	84	20	1	60	20	1	20	20	5.3	5
J_2	T_2 经纬仪	瑞士　威特厂	28	40		150	1.5	—	100	0	90	20	1	70	20	1	20	30	5.6	2
J_2	DKM2 经纬仪	瑞士　克恩厂	30	45		170	1.7	—	100	0	75	10	1	70	10	1	20	20	3.6	1.8
J_2	T_c-B_2 经纬仪	匈牙利　蒙厂	30	40		175	2.5	—	100	0	78	20	1	66	20	1	20	指标自平	5.5	2.8
J_2	Th_2 经纬仪	德国　蔡司厂（奥伯）	30	40		155	1.6	—	100	0	100	10	1	85	10	1	20	指标自平	5.2	4.8

一、精密光学经纬仪的构造及使用方法

精密光学经纬仪的结构和普通光学经纬仪一样均由照准部、读数设备、基座组成，这里针对主要不同点——读数设备进行学习。

1. 水平度盘和测微器

经纬仪的水平度盘和测微器是用以量度水平角的重要部件，它们两者之间以一定的关系结合起来，就能读出照准目标后的水平角或水平方向值。

（1）水平度盘。光学经纬仪的水平度盘都是用玻璃制成的，安置在仪器基座的垂直轴套上，当仪器照准部转动时，要求水平度盘不得转动和移动。在水平度盘圆周边上精细地刻有等间隔分划线，全周刻 360°，每度一个标记，按顺时针方向增值，每度间隔内再等间隔刻有若干个小分划，相邻小分划的间隔值就是该水平度盘的最小分格值。如威特 T_3 经纬仪，在每度间隔内刻有十五个分格，显然，每个分格值为 4′。由于水平度盘的周长有限，所以度盘的分格很小，只有借助显微镜才能看清分划线。即使这样，也只能估读到 1/10 格，这远不能满足精确测角的要求。因此，需要安置光学测微器，以精确量取不足一格的值。

（2）光学测微器及测微原理。为了便于理解光学测微器的测微原理，下面首先介绍显微镜的成像光路。

1）度盘成像光路。目前光学经纬仪的度盘成像光路可分为两类：第一类，光线能透过度盘，称为透射式度盘，以蔡司 010 经纬仪为代表；另一类在度盘分划面上镀一层银，光线射到度盘分划面上，照亮分划面后又被反射回来，称为反射式度盘，此类经纬仪以威特经纬仪为代表。

①反射式度盘成像光路。图 3—5 为反射式度盘成像光路。它与普通显微镜的共同之处在于都有物镜和目镜。但是，它的作用是精确测定不足一个分格的微小量，因此其结构有如下特性。

第一，为了使度盘对径两端的分划同时成像，来自反光镜的一束光线在度盘下面的长棱镜的下部被分为两束射入度盘读数相差 180°的两端。然后，带有度盘两端分划的光线又由长棱镜的上部各经两次反射，同时进入物镜，因而，它们能同时成像于一个平面上，又能上下分开。

第二，双菱形棱镜的两个上斜面是显微镜的成像面，在其上有指标线和度盘读数窗的框子，两个棱镜上斜面的交线就是目镜中见到的度盘上、下影像之间的水平线。

第三，测微器由光路中的两块平行玻璃板及测微盘组成。

垂直度盘的光路如图 3—5 所示，不再赘述。

②透射式度盘成像光路。图 3—6 为透射式度盘成像光路，它的成像过程与反射式度盘成像过程大体相同。不同点之一是度盘的照明方式不同于反射式度盘。如图 3—6 所示，光线自反光镜射入后，经棱镜折射透过度盘的左端，再由透镜组将度盘左端的分划成像于度盘右端分划面上，且保持原有的分划宽度，只是将像旋转 180°。不同点之二是度盘分划成像于直角棱镜的垂直面上，在其上刻有度盘窗口。不同点之三是在物镜与成像面之间放置了两对光楔来构成测微器。

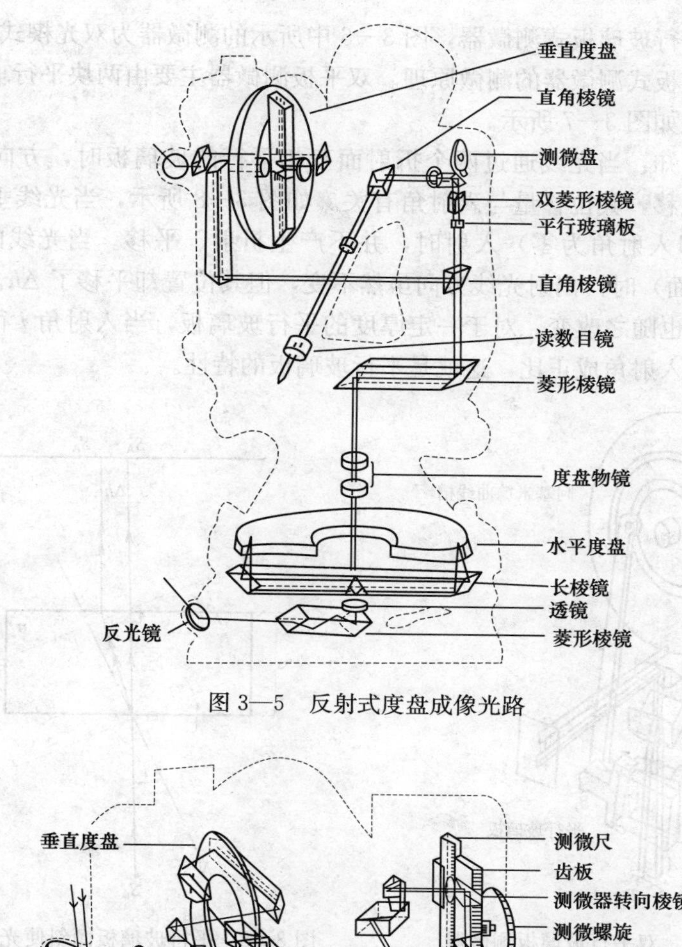

图 3—5　反射式度盘成像光路

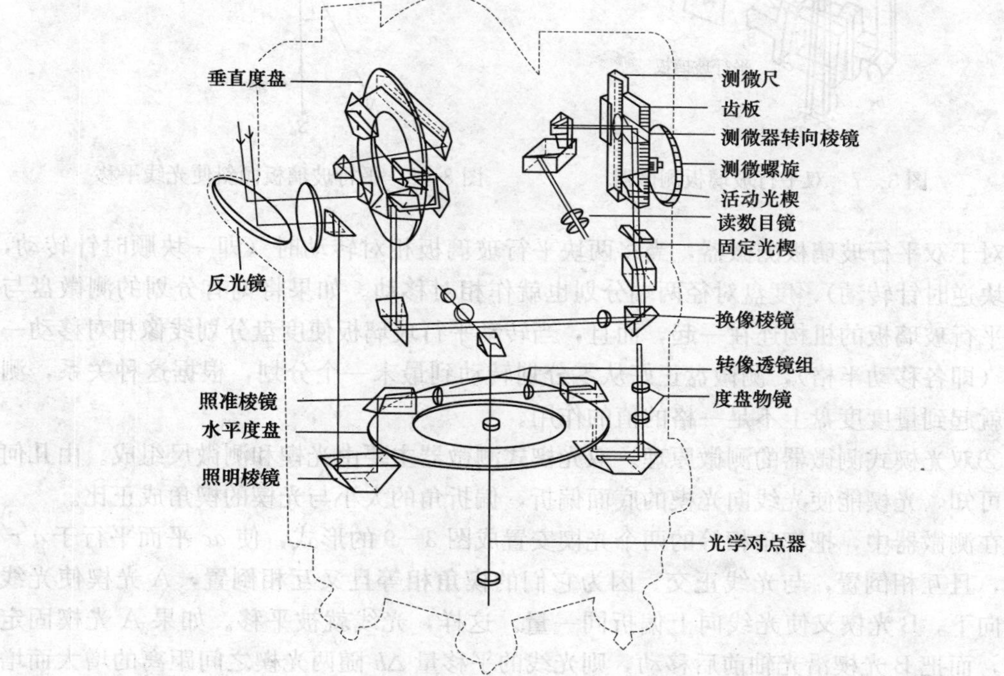

图 3—6　透射式度盘成像光路

2）测微器的基本结构和测微原理。由图 3—5 和图 3—6 可以看出，图 3—5 中所示的测微器属于双平行玻璃板式测微器，图3—6中所示的测微器为双光楔式测微器。

①双平行玻璃板式测微器的测微原理。双平板测微器主要由两块平行玻璃板、测微盘及其他部件构成如图3—7所示。

由几何光学可知：当光线通过两个折射面互相平行的玻璃板时，方向不会产生变化，仅产生平行位移，其位移量与入射角有关。如图3—8所示，当光线垂直于平行玻璃板的折射面（即入射角为零）入射时，并不产生折射、平移。当光线的入射角为 i（即不垂直于折射面）时，出射光线方向虽然不变，但其位置却平移了 Δh。入射角 i 改变时，平移量 Δh 也随之改变。对于一定厚度的平行玻璃板，当入射角 i 很小时，光线的平移量 Δh 与其入射角成正比，这就是平行玻璃板的特性。

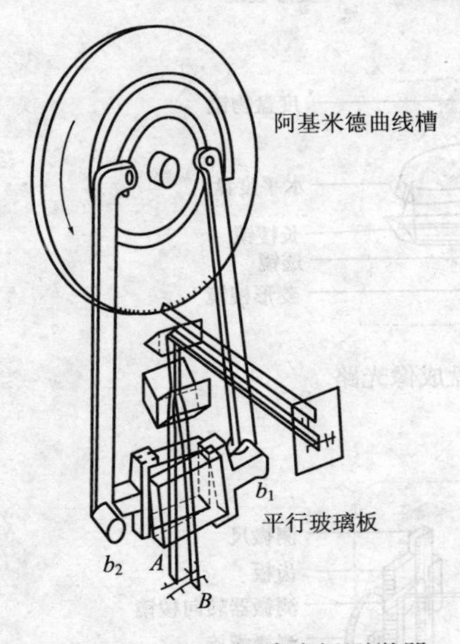

图3—7　双平行玻璃板测微器

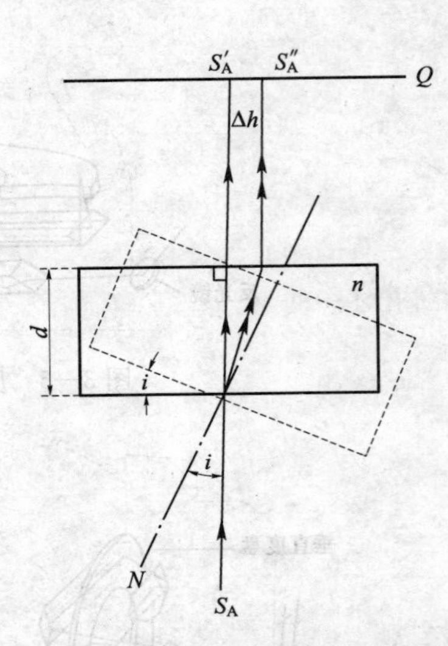

图3—8　平行玻璃板倾斜使光线平移

对于双平行玻璃板测微器，当将两块平行玻璃板相对转动时（即一块顺时针转动，另一块逆时针转动），度盘对径两端分划也就作相对移动。如果将刻有分划的测微盘与转动平行玻璃板的机构连在一起，而且，当转动平行玻璃板使度盘分划线像相对移动一格时（即各移动半格），测微盘正好从零分划转动到最末一个分划，根据这种关系，测微器就起到量度度盘上不足一格的值的作用。

②双光楔式测微器的测微原理。双光楔式测微器主要由光楔和测微尺组成。由几何光学可知，光楔能使光线向光楔的底面偏折，偏折角的大小与光楔的楔角成正比。

在测微器中，把楔角相等的两个光楔安置成图3—9的形式，使 ac 平面平行于 $a'c'$ 平面，且互相倒置，与光线正交。因为它们的楔角相等且又互相倒置，A光楔使光线偏折向下，B光楔又使光线向上偏折同一量。这样，光线就被平移。如果A光楔固定不动，而把B光楔沿光轴前后移动，则光线的平移量 Δh 随两光楔之间距离的增大而增大。当两光楔贴合在一起时，它就成了一块平行玻璃板，对垂直于入射面入射的光线不产生移动。这就说明在一定条件下，双光楔可以起到平行玻璃板的作用。但是，两种光学零件的运动方式不同。平行玻璃板是由于其倾斜使光线产生平移，双光楔则是由于其中一个光楔的直线运动产生平移。

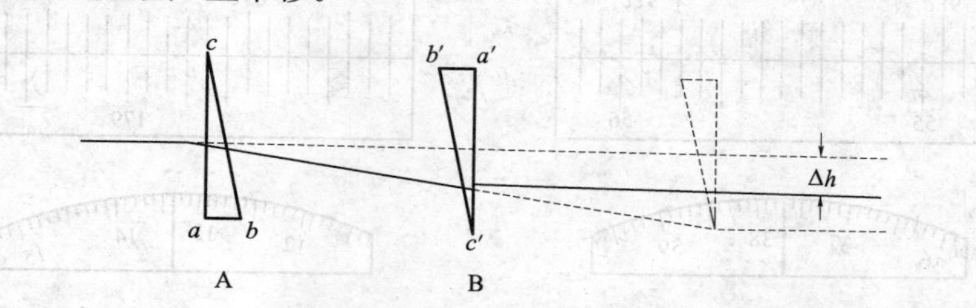

图 3—9　双光楔对光线的平移

2. **读数方法**

如前所述，使用经纬仪进行角度测量，读数是三个环节之一。由测微器和度盘的作用可知，经纬仪照准目标之后，其读数就是度盘读数和测微器读数之和。那么，只要会读取度盘读数和测微器读数，即可掌握经纬仪的读数方法。

由光学经纬仪光路和测微器结构原理可知，现代精密光学经纬仪一般都采用对径分划同时成像，通过测微器使度盘对径分划线作相向移动并作精确重合，用测微盘量取对径分划像的相对移动量，这种读数方法称为重合读数法。

重合读数法的基本步骤如下。

(1) 先从读数窗中了解度盘和测微盘的刻度与注记，确定度盘的最小格值。

$$\text{度盘对径最小分格值 } G=\frac{1^\circ}{2\times\text{度盘上 }1^\circ\text{的总格数}}$$

$$\text{测微盘的格值}\qquad T=\frac{\text{度盘对径最小分格值 }G}{\text{测微盘总格数}}$$

(2) 转动测微螺旋，使度盘正倒像分划线精确重合。读取靠近度盘指标线左侧正像分划线的度数 N°。

(3) 读取正像分划线 N°到其右侧对径 180°的倒像分划线（即 $N^\circ\pm180^\circ$）之间的分格数 n。

(4) 读取测微盘上的读数 c，c 等于测微盘零分划线到测微盘指标线的总格数乘测微盘格值 T。

综上所述，可得如下的读数公式：

$$M=N^\circ+n\times G+c$$

综合读数公式，举例进一步说明读数方法。

威特 T_3 经纬仪水平度盘读数方法如图 3—10 所示。

威特 T_2 读数、蔡司 010 经纬仪水平度盘读数方法如图 3—11 所示。

另外，有些类型的经纬仪，虽然仍采用重合法读数，但读数窗中视场有所更新。图 3—12 就是新威特 T_2 经纬仪度盘读数窗的视场。一看便知，读数应为 94°12′46″。

二、方向观测法测量水平角

根据水平角观测操作基本规则，可制定出不同的观测方法，不论用哪种观测方法均应能有效地减弱各种误差影响，保证观测结果的必要精度；操作程序要尽可能简单、有

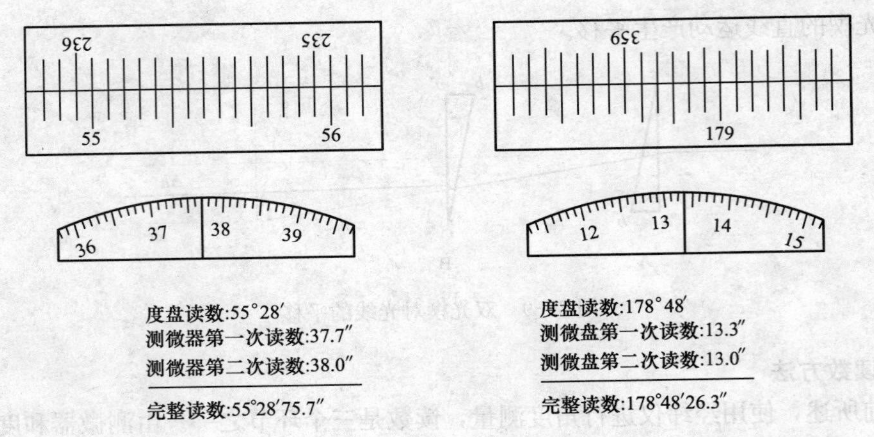

图 3—10　威特 T_3 经纬仪水平度盘读数

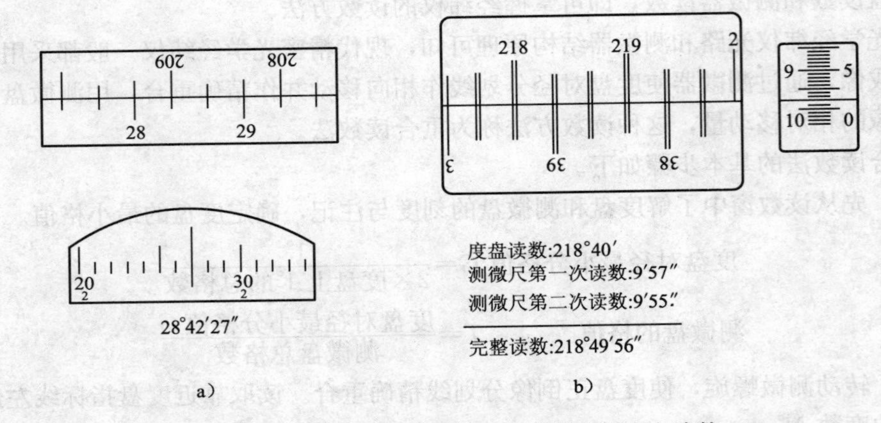

图 3—11　威特 T_2、蔡司 010 经纬仪水平度盘读数

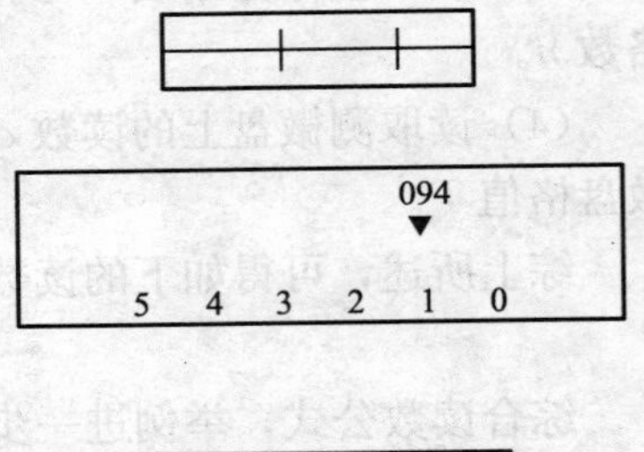

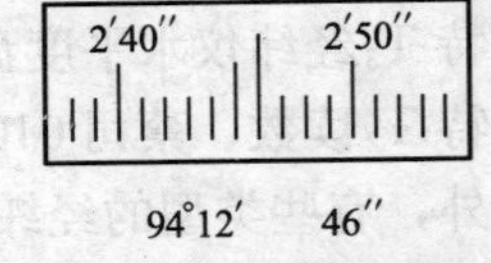

图 3—12　新威特 T_2 读数窗

规律，以适应野外作业。不同等级的水平角观测的精度要求不同，其观测方法也不同。当前三等、四等以下的水平角观测采用“方向观测法”。有时，二等三角观测也使用方向观测法。

1. 方向观测法

如图 3—13 所示，若测站上有 5 个待测方向：*A*、*B*、*C*、*D*、*E*，选择其中的一个方向（如 *A*）作为起始方向（也称零方向），在盘左位置，从起始方向 *A* 开始，按顺时针方向依次照准 *A*、*B*、*C*、*D*、*E*，并读取度盘读数，称为上半测回；然后纵转望远镜，在盘右位置按逆时针方向旋转照准部，从最后一个方向 *E* 开始，依次照准 *E*、*D*、*C*、*B*、*A* 并读数，称为下半测回。上、下半测回加起来为一测回。这种观测方法称为方向观测法（又称方向法）。

如果在上半测回照准最后一个方向 *E* 之后继续按顺时针方向旋转照准部，重新照

准零方向 A 并读数；下半测回也从零方向 A 开始，依次照准 A、E、D、C、B、A，并进行读数。这样，在每半测回中都从零方向开始照准部旋转一整周，再闭合到零方向上的操作称为“归零”。通常把这种“归零”的方向观测法称为全圆方向法。习惯上把方向观测法和全圆方向法统称为方向观测法或方向法。当观测方向多于 3 个时，采用全圆方向法。

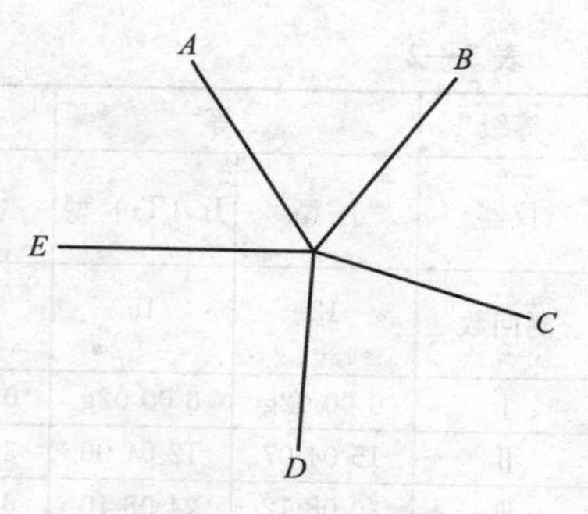

图 3—13　方向观测法

“归零”的作用是：当应观测的方向较多时，半测回的观测时间也较长，这样在半测回中很难保持仪器底座及仪器本身不发生变动。由于“归零”，便可以从零方向的两次方向值之差（即归零差）的大小，判明这种变动对观测精度影响的程度以及观测结果是否可以采用。

采用方向观测法时，选择理想的方向作为零方向是最重要的。如果零方向选择得不理想，不仅观测工作无法顺利进行，而且还会影响方向值的精度。选择的零方向应满足以下的条件。

第一，边长适中。与本点其他方向比较，其边长既不是太长，又不是最短。

第二，成像清晰，目标背景最好是天空。若本点所有目标的背景均不是天空，可选择背景为远山的目标作为零方向。另外，零方向的相位差影响要小。

第三，视线超越或离障碍物较远，不易受水平折光影响，视线最好从觇标的两橹柱中间通过。

有些方向虽能满足上述要求，但经常处在云雾中，也不宜选为零方向。

当需要分组观测时，选择零方向更要慎重，以保证各组均使用同一个零方向。

2. 观测方法

（1）观测度盘表。为了减弱度盘和测微盘分划误差影响，应在开始观测前编出观测度盘表。零方向各测回度盘位置按下式计算：

J_{07}、J_1 型仪器　$$\frac{180^\circ}{m}(j-1)+4'(j-1)+\frac{120''}{m}(j-\frac{1}{2}) \quad (3-1)$$

J_2 型仪器　$$\frac{180^\circ}{m}(j-1)+10'(j-1)+\frac{600''}{m}(j-\frac{1}{2}) \quad (3-2)$$

式中　m——测回数；

j——测回序号（$j=1$，2，3，…，m）。

按上式计算得的零方向，各测回度盘表见表 3—2。

采用方向观测法时，可根据测站点的等级和仪器类型，遵守表列测回数规定，并按表 3—2 配置各测回零方向的度盘和测微器位置，不需要重新编制观测度盘表。

（2）一测回操作程序

1）如图 3—13 所示，照准零方向目标 A，按观测度盘表配置测微盘和度盘。

2）按顺时针方向旋转照准部 1～2 周后，精确照准零方向目标，读取水平度盘和测微盘读数（重合对径分划线两次，读取水平度盘读数一次，读取测微盘读数两次）。

表3—2　　方向观测度盘

等级	二等		三等			四等		
仪器	J_{07}型	J_1（T_3）型	J_{07}型	J_1（T_3）型	J_2（T_2、010）型	J_{07}型	J_1（T_3）型	J_2（T_2、010）型
测回数	12 ° ′ ″	15 ° ′ ″	6 ° ′ ″	9 ° ′ ″	12 ° ′ ″	4 ° ′ ″	6 ° ′ ″	9 ° ′ ″
Ⅰ	0 00 02g	0 00 02g	0 00 05g	0 00 03g	0 00 25	0 00 08g	0 00 05g	0 00 33
Ⅱ	15 04 07	12 04 06	30 04 15	20 04 10	15 11 15	45 04 23	30 04 15	20 11 40
Ⅲ	30 08 12	24 08 10	60 08 25	40 08 17	30 22 05	90 08 38	60 08 25	40 22 47
Ⅳ	45 12 17	36 12 14	90 12 35	60 12 23	45 32 55	135 12 53	90 12 35	60 33 53
Ⅴ	60 16 22	48 16 18	120 16 45	80 16 30	60 43 45		120 16 45	80 45 00
Ⅵ	75 20 27	60 20 22	150 20 55	100 20 37	75 54 35		150 20 55	100 56 07
Ⅶ	90 24 32	72 24 26		120 24 43	90 05 25			120 07 13
Ⅷ	105 28 37	84 28 30		140 28 50	105 16 15			140 18 20
Ⅸ	120 32 42	96 32 34		160 32 57	120 27 05			160 29 27
Ⅹ	135 36 47	108 36 38			135 37 55			
Ⅺ	150 40 52	120 40 42			150 48 45			
Ⅻ	165 44 57	132 44 46			165 59 35			
XⅢ		144 48 50						
XⅣ		156 52 54						
XⅤ		168 56 58						

3）顺时针方向旋转照准部，精确照准方向目标 *B*，按步骤2）中的方法进行读数，继续按顺时针方向旋转照准部，依次精确照准 *C*、*D*、*E* 方向目标并读数，最后闭合至零方向（当观测的方向数小于3时，可以不“归零”）。

4）纵转望远镜，按逆时针方向旋转照准部1～2周后，依次精确照准 *A*、*E*、*D*、*C*、*B*、*A* 方向目标，并按上述读数方法进行读数。

以上操作为一测回，方向观测测回数见表3—3。

表3—3　　方向观测的测回数

仪器类型	等级		
	二等	三等	四等
J_1型	15	9	6
J_2型		12	9

（3）观测手簿的记录与计算。表3—4所列结果是使用 J_2（T_2，010）型经纬仪进行二等方向观测一测回的手簿记录、计算示例。因为观测顺序是：上半测回为1，2，3，4，1，下半测回为1，4，3，2，1，所以手簿“读数”栏中两个半测回的记录也必须与之相应，即上半测回由上往下，下半测回由下往上记录。每照准一次，重合读数两次，取两次测微盘读数的平均值作为这次照准的秒读数。再取盘左盘右观测的平均值。然后将各方向的观测值减去1号方向的观测值，得到归零之后的方向值。例如3号方向值为：$272°07'31.0''-140°18'24.2''=131°49'06.8''$

用 J_1（T_3）型经纬仪进行四等方向观测一测回的手簿记录、计算见表3—5。与表

3—4 有两点不同：一是小数位规定不同；二是测微盘两次读数的结果不是取平均值，而是取其和作为此次照准的秒读数。

表 3—4　　二等方向观测一测回手簿记录

第Ⅰ测回

天气：晴，南风一级　　点名　尖山　　等级：二　　日期：6 月 14 日

开始：　时　分

成像：清晰　　Y=B≠T　归心用纸 No：11407　　结束：　时　分

方向号数名称及照准目标	读数 盘左 °	′	″	″	盘右 °	′	″	″	左−右 (2C)	$\frac{左+右}{2}$ ″	方向值 °	′	″	附注
										10.65				
1 杜鹃山 T	0	00	03.4	06.6	180	00	06.4	12.8	−6.2	09.70	0	00	00.00	
			03.2				06.4							
2 摩天岭 T	45	10	22.1	44.1	225	10	25.7	51.7	−7.6	47.90	45	10	37.25	
			22.0				26.0							
3 玉泉峰 T	87	42	17.6	34.9	267	42	20.5	41.0	−6.1	37.95	87	42	27.30	
			17.3				20.5							
4 泰　山 T	124	44	53.2	106.1	304	44	57.0	113.9	−7.8	110.00	124	45	39.35	
			52.9				56.9							
1 杜鹃山 T	0	00	04.1	08.1	180	00	07.5	15.1	−7.0	11.60				
			04.0				07.6							

表 3—5　　四等方向观测一测回手簿记录

第Ⅷ测回

天气：晴，东风一级　　点名　岭西村　　等级：四　　日期：7 月 10 日

开始：　时　分

成像：清晰　　Y=B≠T　归心用纸 No：42004　　结束：　时　分

方向号数名称及照准目标	读数 盘左 °	′	″	″	盘右 °	′	″	″	左−右 (2C) ″	$\frac{左+右}{2}$ ″	方向值 (2) °	′	″	附注
										24.2 (1)				(1) 24.2 为上下两个 1 号方向数值的平均值
1 小　山 T	140	18	25	26	320	18	21	22	+04	24.0	0	00	00.00	
			26				22							
2 大　岭 T	200	29	10	10	20	29	05	04	+06	07.0	60	10	42.8	(2) 方向值一栏各数由各方向观测值减去 1 号方向观测值获得
			10				04							
3 大岭西 T	272	07	32	32	92	07	30	30	+02	31.0	131	49	06.8	
			31				30							
4 青　山 T	307	52	17	18	127	52	10	10	+08	14.0	167	33	49.8	
			18				11							
1 小　山 T	140	18	27	28	320	18	21	21	+07	24.5				
			28				21							

3. 观测结果的选择

（1）观测限差。观测结果中，有一些数值在理论上应该满足一定的关系。例如，同一个方向各测回的方向值应相同，归零差应为零等。由于各种误差的影响，实际上是不可能的。为了保证观测结果的精度，利用它们理论上存在的关系，通过大量的实践验证，对其差异规定出一定的界限，称为限差。在作业中用这些限差检核观测质量，决定成果的取舍。在限差以内的结果，认为合格；超限成果则不合格，应舍去重新观测。

方向观测法中的限差规定见表3—6。表3—6中的限差规定是经过长期作业实践和周密理论分析而总结出来的，只要作业人员严格按照作业规则操作，在正常的外界条件下，这些限差指标是完全能够满足的。另外限差是对观测质量的最低要求，作业人员不应满足于观测成果不超限，而应努力提高技术水平，严格遵守操作规则，认真分析误差影响（尤其是系统误差）的因素，采取相应的措施，在不增加作业时间的前提下，最大限度地消除或减弱其影响，尽可能提高观测成果质量。

表3—6　　方向观测法限差规定

序号	项目	二等		三等			四等		
		J_{07}型 ″	J_1 型 ″	J_{07}型 ″	J_1 型 ″	J_2 型 ″	J_{07}型 ″	J_1 型 ″	J_2 型 ″
1	光学测微器两次重合读数之差	1	1	1	1	3	1	1	3
2	半测回归零差	5	6	5	6	8	5	6	8
3	一测回内2C互差	9	9	9	9	13	9	9	13
4	不纵转望远镜时，同一方向值在一测回中上、下半测回之差	6	—	6	—	—	6	—	—
5	化归同一起始方向后，同一方向值各测回互差	5	6	5	6	9	5	6	9
6	三角形最大闭合差	3.5″		7.0″			9.0″		

（2）观测结果的取舍。为了保证观测成果质量，凡是超限成果都必须重测。但超限的具体情况比较复杂，究竟应该重测哪个，要根据观测的实际情况仔细地分析，合理地确定其取舍。任何主观臆断或盲目重测都可能造成观测结果的混乱，影响成果质量。判定重测时注意以下事项。

第一，超限现象是有其规律可循的。观测结果中的主要误差是偶然误差，它是按其自身的规律性出现的，因此在成果取舍时，要根据偶然误差的特性加以判断。同时也要根据观测时的具体条件，注意分析系统误差的影响，合理地确定取舍。

第二，在判断重测时应仔细分析造成超限的真正原因。客观原因，如仪器、目标成像、水平折光等；主观原因，如操作、照准、观测时间的选择等。假如判定有错误，将会直接影响成果质量，甚至会造成全部重测。

（3）重测、补测的有关规定

1）凡因对错度盘、测错方向、上半测回归零差超限、读记错误和中途发现观测条件不佳等原因放弃的非完整测回，再进行的观测通称为补测。补测可随时进行。

因超出限差规定而重新观测的完整测回，称为重测。重测应在基本测回全部完成之后进行，以便对成果综合分析、比较，正确地判定原因之后再进行重测。

2）采用方向观测法时，在1份成果中，基本测回重测的方向测回数超过方向测回总数的1/3时，应重测整份成果。

重测数的计算：在基本测回观测结果中，重测1个方向算1个方向测回；一测回中有2个方向重测，算2个方向测回。1份成果的方向测回总数（按基本测回计算）等于方向数减1乘以测回数，即 $(n-1)m$。

3）一测回中，若重测的方向数超过本测回全部方向数的1/3，该测回全部重测。观测3个方向时，即使有1个方向超限，也应将该测回重测。计算重测数时，仍按超限方向数计算。

4）当某一方向的观测结果因测回互差超限，经重测仍不在限差范围内时，要在分析原因后再重测，以避免不合理的多余重测。

5）进行重测时，只连测零方向。

6）基本测回的结果与其重测结果一律记于手簿中。每一测回只采用一个合限结果。

7）零方向超限，全测回重测。

8）中途放弃的方向，最后补测。放弃方向数不超过全部方向数的1/3。

9）因三角形闭合差、基线条件和方位角条件闭合差超限而重测时，应重测整份成果。

三、测设倾斜平面及精密测设水平角

1. 原理

当倾斜平面的坡度较小时，可用水准仪按水准测量测法施测，当倾斜平面的坡度较大时，可用经纬仪施测，如图3—14所示，OP 为欲测设的倾斜平面，其坡度 $i=h/d=\tan\theta_i$ 为已知，水平角 $\angle HOP=\beta$ 和竖直角 $\angle P'OP=\theta$ 为经纬仪实测值，由图中可看出：

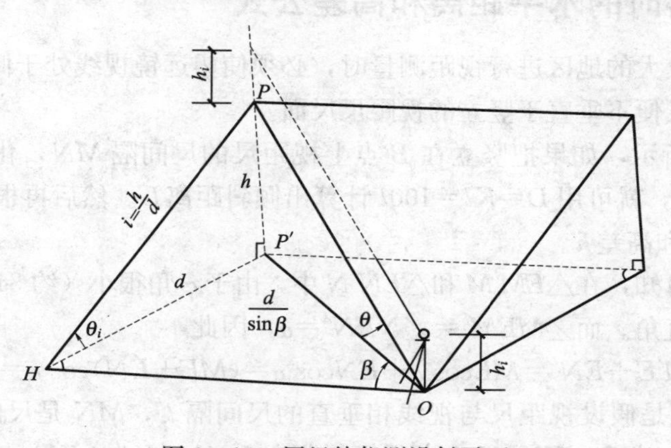

图3—14 用经纬仪测设斜平面

在 $\mathrm{Rt}\triangle P'HO$ 中，$OP'=d/\sin\beta$ (3-3)

在 Rt△$PP'O$ 中，$\tan\theta=h/(d/\sin\beta)=(h/d)\sin\beta$ (3-4)

在 Rt△$HP'P$ 中，$i=\tan\theta_i=h/d$ (3-5)

将式（3-5）代入式（3-4），得到：

$$\tan\theta=i\cdot\sin\beta \quad (3-6)$$

2. 测法

按式（3-6）测设倾斜平面的步骤如下。

（1）在倾斜平面的底边上 O 点安置经纬仪，量出仪器高 h_i。

（2）用 0°00′00″后视倾斜平面的底边方向 OH，前视倾斜平面上任意点 P，测出水平角 β。

（3）根据倾斜平面的坡度 i 和所测得的 β 值，算出 P 点处的仰角 $\theta=\arctan(i\cdot\sin\beta)$。

（4）将望远镜仰角置于 θ 处，此时若望远镜十字横线正对准 P 点的 h_i 处，则该 P 点正在所要测设的倾斜平面上。

【例 3—1】 已知设计倾斜平面的坡度 $i=25\%$，$\beta=32°35'00''$，求 θ。

解：$\theta=\arctan(i\cdot\sin\beta)=\arctan(25\%\times\sin32°35'00'')=7°40'04''$

第二节 距离测量

单元 3

→ 掌握倾斜视距测量的方法

一、视线倾斜时的水平距离和高差公式

在地面起伏较大的地区进行视距测量时，必须使望远镜视线处于倾斜位置才能瞄准尺子。此时，视线便不垂直于竖立的视距尺尺面。

如图 3—15 所示，如果把竖立在 B 点上视距尺的尺间隔 MN，化算成与视线相垂直的尺间隔 $M'N'$，就可用 $D=Kl=100l$ 计算出倾斜距离 L。然后再根据 L 和垂直角 α，算出水平距离 D 和高差 h。

从图 3—15 可知，在△$EM'M$ 和△$EN'N$ 中，由于 φ 角很小（约 34′），可把∠$EM'M$ 和∠$EN'N$ 视为直角。而∠MEM'=∠NEN'=α，因此

$$M'N'=M'E+EN'=ME\cos\alpha+EN\cos\alpha=(ME+EN)\cos\alpha=MN\cos\alpha$$

式中 $M'N'$ 就是假设视距尺与视线相垂直的尺间隔 l'，MN 是尺间隔 l，所以 $l'=l\cos\alpha$。将上式代入式 $D=Kl=100l$，得倾斜距离 L，$L=Kl'=Kl\cos\alpha$

因此，A、B 两点间的水平距离为：

$$D=L\cos\alpha=Kl\cos^2\alpha$$

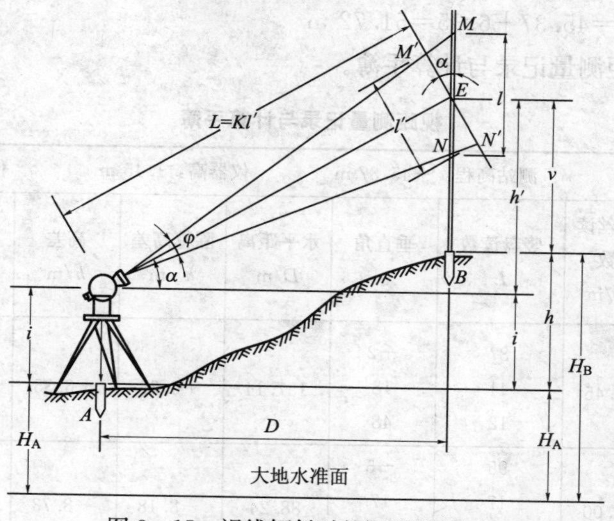

图 3—15　视线倾斜时的视距测量原理

此式即为视线倾斜时水平距离的计算公式。

由图 3—15 可以看出，A、B 两点间的高差 h 为：

$$h=h'+i-v$$

式中　h'——高差主值（也称初算高差）。

$$h'=L\sin\alpha=Kl\cos\alpha\sin\alpha=\frac{1}{2}Kl\sin 2\alpha$$

所以视线倾斜时高差的计算公式为

$$h=\frac{1}{2}Kl\sin 2\alpha+i-v$$

二、视距测量的施测与计算

1. 视距测量的施测

（1）如图 3—15 所示，在 A 点安置经纬仪，量取仪器高 i，在 B 点竖立视距尺。

（2）盘左（或盘右）位置，转动照准部瞄准 B 点视距尺，分别读取上丝、下丝、中丝读数，并算出尺间隔 l。

（3）转动竖盘指标水准管微动螺旋，使竖盘指标水准管气泡居中，读取竖盘读数，并计算垂直角 α。

（4）根据尺间隔 l、垂直角 α、仪器高 i 及中丝读数 v，计算水平距离 D 和高差 h。

2. 视距测量的计算

【例 3—2】　以表 3—7 中的已知数据和测点 1 的观测数据为例，计算 A、1 两点间的水平距离和 1 点的高程。

解：$D_{A1}=Kl\cos^2\alpha=100\times1.574\times[\cos(+2°18'48'')]^2=157.14$ mm

$$h_{A1}=\frac{1}{2}Kl\sin 2\alpha+i-v$$

$$=\frac{1}{2}\times100\times1.574\times\sin(2\times2°18'48'')+1.45-1.45=6.35\text{ m}$$

单元 3

$H_1 = H_A + h_{A1} = 45.37 + 6.35 = 51.72$ m

表 3—7 为视距测量记录与计算手簿。

表 3—7　　视距测量记录与计算手簿

测站：A　　测站高程：+45.37 m　　仪器高：1.45 m　　仪器：DJ_6

测点	下丝读数 上丝读数 尺间隔 l/m	中丝读数 v/m	竖盘读数 L	垂直角 α	水平距离 D/m	除算高差 h'/m	高差 h/m	高程 H/m	备注
1	2.237 0.663 1.574	1.45	87 41 12	+2 18 48	157.14	+6.35	+6.35	+51.72	盘左位置
2	2.445 1.555 0.890	2.00	95 17 36	−5 17 36	88.24	−8.18	−8.73	+36.64	

三、视距测量的误差来源及消减方法

1. 用视距丝读取尺间隔的误差

用视距丝读取尺间隔的误差是视距测量误差的主要来源，因为视距尺间隔乘以常数，其误差也随之扩大 100 倍。因此，读数时注意消除视差，认真读取视距尺间隔。另外，对于一定的仪器来讲，应尽可能缩短视距长度。

2. 垂直角测定误差

从视距测量原理可知，垂直角误差对于水平距离影响不显著，而对高差影响较大，故用视距测量方法测定高差时应注意准确测定垂直角。读取竖盘读数时，应严格令竖盘指标水准管气泡居中。对于竖盘指标差的影响，可采用盘左、盘右观测取垂直角平均值的方法来消除。

3. 标尺倾斜误差

标尺立不直，前后倾斜时将给视距测量带来较大误差，其影响随着尺子倾斜度和地面坡度的增加而增加。因此标尺必须严格铅直（尺上应有水准器），特别是在山区作业时。

4. 外界条件的影响

（1）大气垂直折光影响。由于视线通过的大气密度不同而产生垂直折光差，而且视线越接近地面垂直折光差的影响也越大，因此观测时应使视线离开地面至少 1 m 以上（上丝读数不得小于 0.3 m）。

（2）空气对流使成像不稳定产生的影响。这种现象在视线通过水面和接近地表时较为突出，特别在烈日下更为严重。因此应选择合适的观测时间，尽可能避开大面积水域。

此外，视距乘常数 K 的误差、视距尺分划误差等都将影响视距测量的精度。

第三节 角度测量和距离测量技能训练实例

实训1 高精度经纬仪的认识实训

【实训目的】

了解 DJ_2 型光学经纬仪的基本结构及各螺旋的作用，学会读数的方法。

【实训要求】

1. 将 DJ_2 型光学经纬仪与相应图进行对照，了解仪器各部分的名称及其作用。
2. 提高整平仪器的熟练程度。
3. 观察了解制动、微动机构的关系、构造和原理。
4. 在读数显微镜中观察度盘及测微器成像情况，学会重合读数方法。

【仪器及工具】

每组领用一台 DJ_2 型光学经纬仪（带脚架），一块记录板。

【实验步骤】

1. 将经纬仪由箱中取出，双手握住仪器的支架；或一手握住支架，另一手握住基座，严禁单手提取望远镜部分。

2. 整平仪器，整平方法同普通经纬仪一样，要体会精密光学经纬仪长水准气泡的灵敏性，反复整平，直至仪器转到任何位置时气泡都居中，或者离开中心位置不超过一格。

3. 熟悉各螺旋的用途，练习使用。

4. 练习用望远镜精确瞄准远处的目标，检查有无视差，如有视差，则转动对光螺旋消除误差。

5. 练习水平度盘的读数。读数举例如图 3—16 所示。

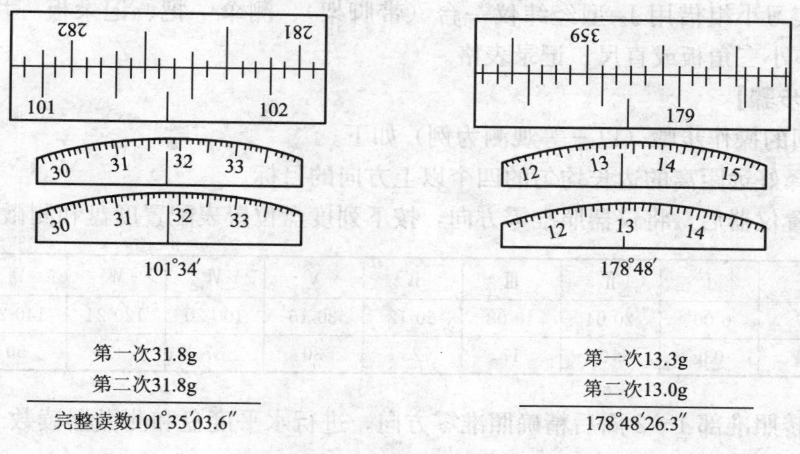

图 3—16 读数举例

说明：水平度盘每度间隔刻有 15 个分格，每格格值为 4′；测微盘一周相当于 2′，共刻 60 大格，600 小格，即每大格的值为 2″，每小格的值为 0.2″。因此，T_3 经纬仪可直接读至 0.2″（若以大格为单位，则为 0.1 格，一般写成 0.1 g）。

6. 练习配置水平度盘的方法。

【注意事项】

1. 实习前要复习课本上有关内容，了解实习的内容及要求。

2. 严格遵守测量仪器的使用规则。

3. DJ_2 型光学经纬仪是精密测角仪器，在使用过程中必须倍加爱护。除了在思想上重视外，在工作过程中还要采取有效措施，以确保仪器正常工作，杜绝损坏仪器的事故发生。

实训 2　全圆方向法测水平角实训

【实训目的】

1. 用 J_2 经纬仪按方向法进行观测练习，以掌握用方向观测法进行三等、四等水平方向观测与记录的方法和操作步骤。

2. 领会规范中对方向观测所制定的各项规定。

3. 了解测站各项限差要求，学会对方向观测的成果质量进行判别及处理的方法。

【实训要求】

1. 预习方向观测法的观测程序。

2. 弄清方向观测法记录表格的填写次序和方法。

3. 每人至少观测 1～2 个合格测回，全组完成一套 9 个测回合格成果。

4. 限差要求（对 J_2 经纬仪而言）

两次重合读数差 3″；半测回归零差 8″；一测回 2C 互差 13″；各方向归零后的测回互差 9″。

5. 对不合格的成果返工重测。

【仪器与工具】

每个实习小组借用 J_2 型经纬仪一台（带脚架）、测伞一把、记录板一块。自备铅笔、小刀、小三角板或直尺、记录表格。

【实训步骤】

一测回的操作步骤（以三等观测为例）如下。

1. 选择好远距离的边长均匀的四个以上方向的目标。

2. 安置仪器后，将仪器照准零方向，按下列度盘位置表配置度盘和测微器：

测回数	Ⅰ	Ⅱ	Ⅲ	Ⅳ	Ⅴ	Ⅵ	Ⅶ	Ⅷ	Ⅸ
度盘位置	0°00′	20 04	40 08	60 12	80 16	100 20	120 24	140 28	160 32
测微器位置	03g	10	17	23	30	37	43	50	57

3. 顺转照准部 1～2 周后精确照准零方向，进行水平度盘和测微器读数（重合对径分划两次）。

单元 3

4. 顺转照准部，精确照准 2 方向，仍按上述方法读数；顺转照准部依次进行 3，4，…，n 方向的观测，最后闭合至零方向（当观测方向数≤3 时，可不必闭合至零方向），以上构成上半测回。

5. 纵转望远镜，逆转照准部 1～2 周后，精确照准零方向，按上法读数。

6. 逆转照准部，按上半测回的相反次序依次观测 n，$n-1$，…，3，2 直至零方向。构成下半测回。

上、下半测回构成一个测回。

【注意事项】

1. 观测程序及记录要严守操作规程。
2. 观测中要注意消除视差。
3. 记录者向观测者回报后再记，记录中的计算部分应训练用心算进行。
4. 测微器读数不许涂改。

【实训成果】

每组上交一份大于 4 个方向 9 个测回的合格成果（所有原始记录一律上交）。

【观测手簿】

水平角观测记录

第____测回 仪器______ №________点名_______等级________日期：____月____日

天　气：________观测者：__________ Y=B　　觇标类型：______开始：____时____分

成　像：________记簿者：____________　　归心用纸№__________结束：____时____分

方向号数名称及照准目标	读数						左−右 (2C)	$\frac{左+右}{2}$	方向值	备注
	盘　左			盘　右						
	(°) (′)	(″)	(″)	(°) (′)	(″)	(″)	(″)	(″)	(°) (′) (″)	

归零差　　　$\Delta_{左}=$　　　　$\Delta_{右}=$

单元 3

实训3　视距测量实训

【实训目的】

掌握视距测量的观测方法，学会用计算器进行视距计算。

【仪器和工具】

DJ_6 经纬仪一台，视距尺一把，小钢尺一把，记录板一块。

【实训步骤】

（1）在测站点 A 安置经纬仪，用小钢尺量取仪器高 i（测站点至经纬仪横轴的高度），并假定测站点的高程 $H_A=10.00$ m。

（2）视距测量一般以经纬仪的盘左位置进行观测，视距尺立于若干待测定的地物点上（设为 B 点）。瞄准直立的视距尺，转动望远镜微动螺旋，以十字丝的上丝对准尺上某一整分米数，读取下丝读数 a、上丝读数 b、中丝读数 v。下丝读数减上丝读数，即得视距间隔。然后，将竖盘指标水准管气泡居中，读取竖盘读数，立即算出竖直角 α。

（3）按测得的 i、l、v 和 α 用公式计算出 A、B 两点间水平距离及 B 点高程。

$$D=Kl\cos^2\alpha$$

$$h=\frac{1}{2}Kl\sin2\alpha+i-v$$

$$H_B=H_A+h$$

【注意事项】

单元 3

（1）视距测量观测前应对竖盘指标差进行检验校正，使指标差在±60″以内。

（2）观测时视距尺应竖直并保持稳定。

【实训成果】

经过视距计算后填写视距测量记录。

视距测量记录

组别：　　　仪器号码：　　　　　　　　年　　月　　日

测站（高程）仪器高	目标	下丝读数 上丝读数 视距间隔	中丝读数	竖盘读数	垂直角	水平距离	高差	高程

单元测试题

一、单项选择题（下列每题的选项中，只有1个是正确的，请将正确答案的代号填在横线空白处）

1. 经纬仪测角时水平度盘各测回拨动 $180°/n$ 是为了________。

A. 防止错误　　B. 提高精度

C. 减小归零差　　D. 减小度盘刻划不均匀误差

2. 水平角要求观测四个测回，第四测回度盘应配置________。

A. 45°　　B. 90°　　C. 135°　　D. 180°

3. 全圆测回法若规定 $2C$ 的变动范围为18″，实测的 $2C$ 值为：−25″，−10″，−15″，−12″，则 $2C$ 变动范围________。

A. 部分超限　　B. −25″超限　　C. 超限　　D. 没超限

二、判断题（下列判断正确的请打"√"，错误的请打"×"）

1. 观测水平角时，为了提高精度需观测多个测回，则各测回的度盘配置应按 $360°/n$ 的值递增。　（　）

2. 观测水平角时，各测回改变起始读数（对零值），递增值为 $180°/n$，这样做是为了消除度盘分划不均匀误差。　（　）

3. 全圆测回法观测水平角时，须计算半测回归零差、一测回 $2C$ 的变动范围、同一方向值各测回互差，它们都满足限差要求时，观测值才是合格的。　（　）

三、简答题

1. 为什么规定分组观测时各组之间需包括两个共同的方向？其间有何限差规定？

2. 重测的含义是什么？国家规范对一个测站上的重测有哪些规定？重测和补测在程序和方法上有何区别？

3. 以 J_2 经纬仪作水平方向观测为例，试说明规定下列各项限差的依据：（1）半测回归零差8″；（2）一测回内 $2C$ 互差13″；（3）各测回间互差9″。

单元测试题答案

一、单项选择题

1. D　2. C　3. D

二、判断题

1. ×　2. √　3. √

三、简答题

答案略。

第4单元

测量误差的基本理论知识和应用

第一节 测量误差的传播定律

→ 了解测量误差传播定律的概念
→ 了解观测值函数、算术平均值的中误差

一、观测值函数的中误差

在测量工作中有些所求量往往不能直接观测出来，而需由别的直接观测结果计算得出。如导线测量中方位角不能直接测出，而根据各导线点左角的观测值β_1、…、β_n推算而得。显然，这些直接观测值是互相独立的、互不影响的，而所要求的方位角则是各独立观测值的函数；在这种情况下，如各个独立观测值的误差已知时，它对各观测值的函数是有影响的，这称为误差的传播。为了研究观测值函数中误差与独立观测值中误差之间的规律性，这里介绍常用的两种观测值函数的中误差。

1. 和差函数的中误差

和差函数$z=x+y$。式中x、y为独立观测值，在观测一次时，各独立观测值及总和的真误差分别为Δx、Δy、Δz，则前式变为：

$$z+\Delta z=(x+\Delta x)\pm(y+\Delta y)$$

以上两式相减得：

$$\Delta z=\Delta x\pm\Delta y$$

如x、y均观测了n次，即可得n个与上式相同的式子，再将各式平方展开如下：

$$\Delta z_1^2=\Delta x_1^2+\Delta y_1^2\pm2\Delta x_1\Delta y_1$$
$$\Delta z_2^2=\Delta x_2^2+\Delta y_2^2\pm2\Delta x_2\Delta y_2$$
$$\cdots\cdots$$

上式相加并除n得：

$$\Delta z_n^2=\Delta x_n^2+\Delta y_n^2\pm2\Delta x_n\Delta y_n$$
$$\frac{[\Delta z^2]}{n}=\frac{[\Delta x^2]}{n}+\frac{[\Delta y^2]}{n}\pm2\frac{[\Delta x\Delta y]}{n}$$

由于中误差$m^2=\frac{[\Delta\Delta]}{n}$，并设$x$、$y$、$z$的中误差分别为$m_x$、$m_y$、$m_z$；而上式$[\Delta x\Delta y]$为随机误差乘积之和，按随机误差特性，$n$越大，$\frac{[\Delta x\Delta y]}{n}$越趋近于零，即上式可写成：

$$m_z^2=m_x^2+m_y^2 \tag{4-1}$$

即和差函数中误差的平方，等于各独立观测值中误差的平方和。当$m_x=m_y=m$

单元 4

时，上式可写为：

$$m_z = m\sqrt{2} \tag{4-2}$$

即两个同精度观测值代数和的中误差，等于其中一个独立观测值中误差的$\sqrt{2}$倍。

同理亦可证出，当 $z=x_1+x_2+x_3+\cdots+x_n$ 时，其中误差关系是：

$$m_z^2 = m_1^2 + m_2^2 + m_3^2 + \cdots + m_n^2 \tag{4-3}$$

当 $m_1=m_2=\cdots=m_n=m$ 时，上式又可写为：

$$m_z = m\sqrt{n} \tag{4-4}$$

例如：一个角度两方向读数的中误差均为$\pm 6''$，根据式(4－2)，可知该角度的中误差是$\pm 6''\sqrt{2}=\pm 8.5''$。

例如：测角中误差是$\pm 8.5''$，则五边形内角和的中误差是$\pm 8.5''\sqrt{5}=\pm 19.1''$。

2. 线性函数的中误差

线性函数 $z=K_1X_1\pm K_2X_2\pm\cdots\pm K_nX_n$。式中 x_1、x_2、…、x_n 为直接观测值，K_1、K_2、…、K_n 为常数，则可按和差函数式(4－3)和倍数函数式(4－4)关系推导出：

$$m_z^2 = (K_1m_1)^2 + (K_2m_2)^2 + \cdots + (K_nm_n)^2 \tag{4-5}$$

$$m_z = \pm\sqrt{K_1^2m_1^2 + K_2^2m_2^2 + \cdots + K_n^2m_n^2} \tag{4-6}$$

即直线函数中误差的平方等于各个常数与相应观测值的中误差乘积的平方和。若各常数 K 相等，各 m 也相等时，则：

$$m_z = \pm Km\sqrt{n} \tag{4-7}$$

单元 4

二、算术平均值及其中误差

1. 算术平均值

对于一个量进行了 n 次等精度的观测，得出了不同的结果 l_1、l_2、…、l_n。怎样来确定它的最后成果呢？

设真值为 X，Δ_1、Δ_2、…、Δ_n 为真误差，则：

$$\Delta_1 = X - l_1$$

$$\Delta_2 = X - l_2$$

$$\cdots\cdots$$

$$+\ \Delta_n = X - l_n$$

相加得

$$[\Delta] = nX - [l]$$

除以 n 得

$$\frac{[\Delta]}{n} = X - \frac{[l]}{n}$$

$$X = \frac{[\Delta]}{n} + \frac{[l]}{n}$$

根据随机误差的特性知道 $\lim\limits_{n\to\infty}\frac{[\Delta]}{n}=0$。又算术平均值$\overline{x}=\frac{l_1+l_2+\cdots+l_n}{n}=\frac{[l]}{n}$

将此两式分别代入上式得：

$$X=\bar{x}=\frac{[l]}{n} \tag{4-8}$$

即当 n 无限增加时，$\bar{x}$即为真值 X。实际上观测次数 n 是有限的，观测值的算术平均值$\bar{x}$接近于真值，也称最或是值。这就是对于观测值取平均数的基本道理。

$$v_1=\bar{x}-l_1$$
$$v_2=\bar{x}-l_2$$
$$\cdots\cdots$$
$$v_n=\bar{x}-l_n$$

相加：$$[v]=n\bar{x}-[l_1]$$

因为 $$\bar{x}=\frac{[l]}{n}$$

所以 $$[v]=n\frac{[l]}{n}-[l]$$

得 $$[v]=0 \tag{4-9}$$

式(4－9）是计算算术平均值的校核公式。

2. 算术平均值的中误差

算术平均值 $\bar{x}=\frac{[l]}{n}=\frac{1}{n}l_1+\frac{1}{n}l_2+\frac{1}{n}l_3+\cdots+\frac{1}{n}l_n$

式中 n——观测次数；

l_1、l_2、…、l_n——互相独立的观测值。

设$\bar{x}$的中误差为M，则按式(4－5）得：

$$M^2=\left(\frac{1}{n}m_1\right)^2+\left(\frac{1}{n}m_2\right)^2+\cdots+\left(\frac{1}{n}m_n\right)^2$$

由于 l_1、l_2、…、l_n 为同精度，即 $m_1=\cdots=m_2=m$ 则：

$$M^2=n\left(\frac{1}{n}m\right)^2$$

$$M=\sqrt{n}\left(\frac{1}{n}m\right)$$

$$M=\frac{m}{\sqrt{n}} \tag{4-10}$$

这就是算术平均值的中误差 M 比各直接观测值的中误差 m 小$\sqrt{n}$倍的道理。

例如：一个角共测四个测回，每个测回的测角中误差 $m=\pm 10''$，则四个测回平均值的中误差 $M=\frac{m}{\sqrt{n}}=\frac{\pm 10''}{\sqrt{4}}=\pm 5''$。

三、等精度观测值的中误差

1. 算术平均值和观测值的中误差

设在相同的观测条件下对某量进行了 n 次等精度观测，观测值为 L_1、L_2、…、L_n，

其真值为 X，真误差为 Δ_1、Δ_2、…、Δ_n。观测值的真误差公式为

$$\Delta_i=L_i-X \quad (i=1,2,\cdots,n)$$

将上式相加后，得

$$[\Delta]=[L]-nX$$

故

$$X=\frac{[L]}{n}-\frac{[\Delta]}{n}$$

若以 x 表示上式中右边第一项的观测值的算术平均值，即

$$x=\frac{[L]}{n}$$

则

$$X=x-\frac{[\Delta]}{n}$$

上式右边第二项是真误差的算术平均值。由偶然误差的第四特性可知，当观测次数 n 无限增多时，$\frac{[\Delta]}{n}\to 0$，则 $x\to X$，即算术平均值就是观测量的真值。

在实际测量中，观测次数总是有限的。根据有限个观测值求出的算术平均值 x 与其真值 X 仅差一微小量 $\frac{[\Delta]}{n}$。故算术平均值是观测量的最可靠值，通常也称为最或是值。

由于观测值的真值 X 一般无法知道，故真误差 Δ 也无法求得，所以不能直接求观测值的中误差，而是利用观测值的最或是值 x 与各观测值之差 V 来计算中误差，V 被称为改正数，即

$$V=x-L$$

实际工作中利用改正数计算观测值中误差的实用公式称为白塞尔公式。即

$$m=\pm\sqrt{\frac{[VV]}{n-1}}$$

2. 算术平均值中误差的计算公式

在求出观测值的中误差 m 后，就可应用误差传播定律求观测值算术平均值的中误差 M，推导如下：

$$x=\frac{[L]}{n}=\frac{L_1}{n}+\frac{L_2}{n}+V+\frac{L_n}{n}$$

应用误差传播定律有

$$M_x^2=\left(\frac{1}{n}\right)^2 m^2+\left(\frac{1}{n}\right)^2 m^2+V+\left(\frac{1}{n}\right)^2 m^2=\frac{1}{n}m^2$$

$$M_x=\pm\frac{m}{\sqrt{n}}$$

由上式可知，增加观测次数能削弱偶然误差对算术平均值的影响，提高其精度。但因观测次数与算术平均值中误差并不是线性比例关系，所以，当观测次数达到一定数目后，即使再增加观测次数，精度也不会有大幅提高。因此，除适当增加观测次数外，还应选用适当的观测仪器和观测方法，选择良好的外界环境，才能有效地提高精度。

第二节　测量误差理论的应用

→ 了解水准测量、水平角测量允许误差的计算公式

一、水准测量允许误差的公式

1. 水准测量的精度

在两点间进行水准测量，其总高差 h 是 n 个测站高差的总和，即：

$$h=h_1+h_2+\cdots+h_n$$

由式(4－3) 得：

$$m_h^2=m_1^2+m_2^2+\cdots+m_n^2$$

因所测各站高差是同精度，即 $m_1=m_2=\cdots=m_n=m_{站}$，则：

$$m_h^2=nm_{站}^2$$

$$m_h=m_{站}\sqrt{n} \tag{4-11}$$

式(4－11) 说明水准测量高差的中误差，与测站数的平方根成正比。设 L 是水准线长，以 km 为单位；l 是每站平均距离，则每千米的测站数 $n=L/l$ 代入式(4－11)，得：

$$m_h=m_{站}\sqrt{\frac{L}{l}}=\frac{m_{站}}{\sqrt{l}}\sqrt{L}$$

如 $L=1$ km，则 $m_h=\frac{m_{站}}{\sqrt{l}}=\mu$

式中　μ——水准测量每千米高差的中误差。

则：

$$m_h=\mu\sqrt{L} \tag{4-12}$$

上式说明水准测量总高差的中误差与水准线长的平方根成正比。

2. 水准测量每千米高差的中误差 μ

水准测量每次读尺的中误差 m_t，包括以下几个方面：

(1) 照准误差 m_1。设 V 是望远镜的放大率，若 $V=25$，根据经验得：

$$m_1=\pm\frac{60''}{V}=\pm\frac{60''}{25}=\pm2.4''$$

(2) 水准管定平误差 m_2。设 τ''是水准管分划值，若 $\tau''=30''$，根据经验得：

$$m_2=\pm0.15\tau''$$

$$m_2=\pm0.15\times30''=\pm4.5''$$

设平均视线长度 $l=50$ m，则：

$$m_1=\pm\frac{2.4''}{\rho''}\times50\times1\ 000=\pm0.6\ \text{mm}$$

$$m_2=\pm\frac{4.5''}{\rho''}\times50\times1\ 000=\pm1.1\ \text{mm}$$

（3）读尺凑整误差 m_3。按一般经验 m_3 取 ±0.5 mm。

（4）水准尺刻划误差 m_4。由于要求水准尺刻划的最大误差是 ±1 mm，则：

$$m_4=\pm0.5\ \text{mm}$$

因此，一次读尺的总误差 m_t 是：

$$m_t=\pm\sqrt{m_1^2+m_2^2+m_3^2+m_4^2}$$

$$m_t=\pm\sqrt{(0.6)^2+(1.1)^2+(0.5)^2+(0.5)^2}=\pm1.4\ \text{mm}$$

由于每站有后视、前视两个读数，即：

$$m_{站}=m_t\sqrt{2}=\pm2\ \text{mm}$$

若每千米水准站数 $n=10$，则每千米水准测量的中误差 μ 为：

$$\mu=m_t\cdot\sqrt{2}\cdot\sqrt{10}=\pm8.9\ \text{mm}\approx\pm10\ \text{mm}$$

3. 水准测量的允许误差

设以两倍中误差作为允许误差，则：

$$f_{h允}\leqslant20\ \text{mm}\sqrt{L} \tag{4-13}$$

式中　L——水准线长度，km。

式(4－13）即一般工程水准的允许误差公式（见 DBJ 01－21－1995 中表 5.2.2 四等水准）。

单元 4

二、测回法测量允许误差的公式

1. 各测回角值互差的允许误差

以 J_6 经纬仪为例，其精度是一测回的方向中误差 $m=\pm6''$，以一个测回角度 β 的中误差 $m_\beta=m_{方}\cdot\sqrt{2}=\pm6''\times\sqrt{2}=\pm8.5''$。这样各测回之间互差的中误差 $m_{\beta互}=m_\beta\cdot\sqrt{2}=\pm8.5''\times\sqrt{2}=\pm12''$。取 2 倍中误差为允许误差，则各测回值互差的允许误差 $\Delta_{允互}=m_{\beta互}\times2=\pm24''$。

2. 两半测回角值互差的允许误差

仍以 J_6 经纬仪为例，两半测回角值互差的中误差 $m_{\Delta半}=m_\beta\cdot\sqrt{2}=\pm17''$。仍取 2 倍中误差为允许误差，则两半测回角值互差的允许误差 $\Delta_{允半}=m_{\Delta半}\times2=\pm34''$，一般放宽至 $\pm40''$。

单元测试题

一、多项选择题（下列每题的选项中，至少有两个是正确的，请将正确答案的代号填在横线空白处）

1. 偶然误差具有________特性。

A. 在一定的观测条件下，偶然误差的绝对值，不会超过一定的限度，说明误差的范围

B. 绝对值较小的误差比绝对值较大的误差出现的机会多，说明误差值大小的规律

C. 绝对值相等的正误差与负误差出现的机会相同

D. 当观测次数无限增多时，偶然误差的算术平均值趋近于零

2. 评定误差通常的标准有________。

A. 中误差　　B. 极限误差　　C. 相对误差　　D. 容许误差

3. 学习误差理论知识后________。

A. 有助于提高分析和解决问题的能力

B. 偶然误差的四条特性有助于鉴别成果的优劣，符合这些特性再进行计算

C. 弄清测量精度的评定标准，弄清点误差与极限误差的关系以及相对误差所适用的情况

D. 算术平均值比任何一个观测值都要接近于真值，由改正数计算算术平均值中误差的公式是最常用的

二、判断题（下列判断正确的请打“√”，错误的请打“×”）

1. 误差理论对分析、评价测量工作是否合乎要求和帮助改进工作是十分有用的。（　）

2. 系统误差的产生具有一定的规律性和积累性，对观测结果的危害性是一般的。（　）

3. 学习误差知识有两个基本要求：首先要了解这项观测有哪些主要误差来源，如何对其中的系统误差采取措施进行消减，使结果小于相应的限差规定；其次是必须有多余观测值来评定其观测精度，需掌握评定方法。（　）

4. 算术平均值的中误差公式是 $m_x=\pm m/n$。（　）

5. 倍数函数的中误差公式为 $m_x=km_x$。（　）

6. 和或差的函数中误差公式为 $m_x=m_x+m_y$。（　）

单元测试题答案

一、多项选择题

1. ABCD　　2. ABC　　3. ABCD

二、判断题

1. √　　2. ×　　3. √　　4. ×　　5. √　　6. ×

第5单元

建筑工程施工测量

第一节 建筑施工场地控制网测设

→ 掌握一般场地控制测量的布设和测设的方法
→ 掌握大型场地控制测量的布设和测设的方法

一、一般场地控制测量

1. 一般场地控制网的作用

一般场地是指中小型民用建筑场地，根据先整体后局部、高精度控制低精度的工作程序，准确地测定并保护好场地平面控制网和高程控制网的桩位，是整个场地内各栋建筑物、构筑物定位和确定高程的依据，是保证整个施工测量精度与分区、分期施工相互衔接顺利进行工作的基础。因此，控制网的选择、测定及桩位的保护等项工作，应与施工方案、场地布置统一考虑确定。

2. 一般场地平面控制网的布网原则、精度、网形及基本测设方法

(1) 布网原则。场地平面控制网应根据设计定位依据、定位条件、建筑物形状与轴线尺寸以及施工方案、现场情况等全面考虑后确定，一般布网原则如下：

1) 控制网应匀布全区，控制线的间距以 30～50 m 为宜，网中应包括作为场地定位依据的起始点与起始边、建筑物主点、主轴线；弧形建筑物的圆心点（或其他几何中心点）和直径方向（或切线方向）。

2) 为便于使用（平面定位及高层竖向控制），要尽量组成与建筑物外廓平行的闭合图形，以便于控制网自身闭合检核。

3) 控制桩之间应通视、易量，其顶面应略低于场地设计高程，桩底低于冰冻层，以便长期保留。

(2) 精度。根据《工程测量规范》(GB 50026—2007) 规定，一般场地控制网主要技术指标见表 5—1。

表 5—1　一般场地控制网主要技术指标

控制网类型	等级	平均边长(m)	测角中误差(″)	测距相对中误差	测回数	
					2″级	6″级
导线测量	二级	100～200	8	≤1/14 000	2	4
三角测量	二级	100～300	8	≤1/10 000	2	4

(3) 网形。场地平面控制网的网形，主要应适合和满足整个场地建筑物测设的需要。常用的网形有以下三种：

1）矩形网。这是建筑场地中最常用的网形，称为建筑方格网。它适用于按方形或矩形布置的建筑群或大型、高层建筑。图5—1所示为北京国际饭店的场地平面控制网，$ABCD$为建筑红线，$\angle A=90°00'00''$，建筑物定位条件是以A点点位与AB、AD方向为准，按图示尺寸定位。

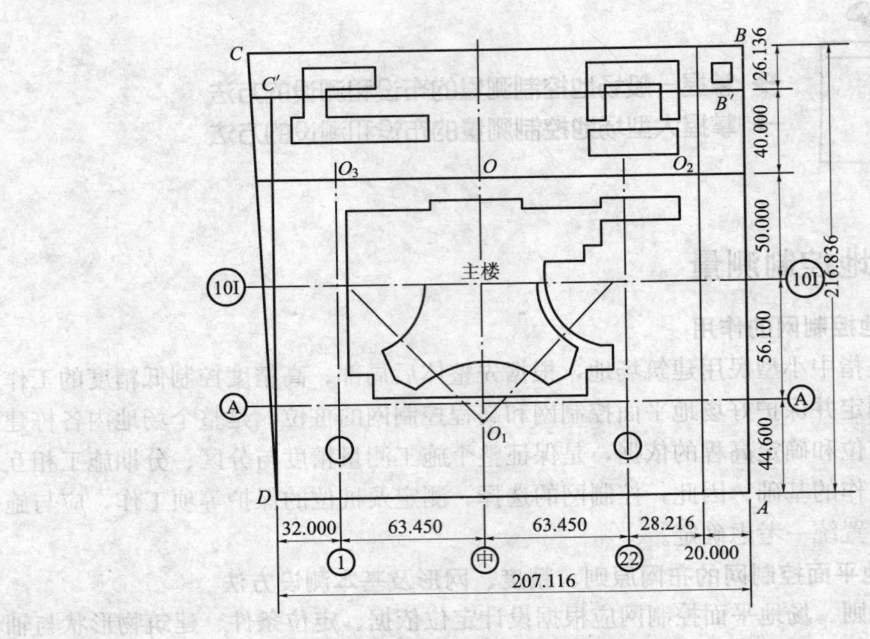

图5—1 北京国际饭店场地平面控制网

2）多边形网。对于三角形、梯形或六边形等非矩形布置的建筑场地，可按其主轴线的情况，测设多边形平面控制网。图5—2所示为北京昆仑饭店的平面控制网，它是根据60°的柱网轴线与近于矩形的场地情况综合考虑确定的。

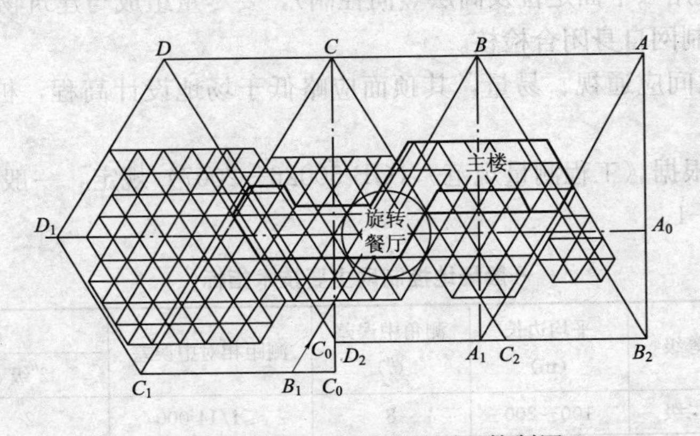

图5—2 北京昆仑饭店的平面控制网

3）主轴线网。用于不便于组成闭合网形的场地。可只测定十字（或井字）主轴线或平行于建筑物的折线形的主轴线。但在测设中要有严格的测设校核。图5—3所示为某文化交流中心的十字主轴线控制网，AA 轴为对称轴，BB 轴垂直 AA 轴。定位条件是已知 O 点坐标及 AA 轴方位。

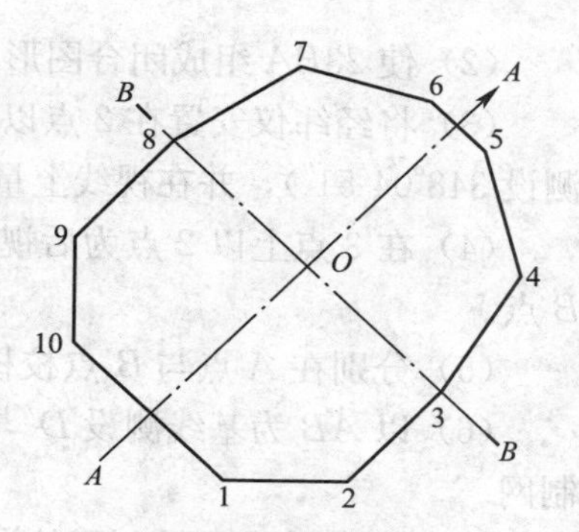

图 5—3　某文化交流中心的十字主轴线控制网

（4）基本测设方法。平面控制网应以设计指定的一个定位依据点与一条定位边的方向为准进行测设。根据场地、网形的不同，一般采用以下三种测法：

1）先测定控制网的中心十字主轴线，经校核后，再向四周扩展成整个场地的闭合网形。如图 5—1 所示控制网，即先以 A 点点位和 AB、AD 方向为准，测设出 101 轴与中轴。在 O 点闭合校核后，再向外扩展成 $AB'C'D$ 矩形网。这种一步一校核的测法，保证了主体建筑物轴线的定位精度，也使整个施测工作简便易行。

2）当场地四廓红线桩精度较高、场地较大时，可根据红线桩（或城市精密导线点）先测定场地控制网的四廓边界，闭合校核后再向内加密成网形。

3）如图 5—3 所示，只测定十字主轴线时，先根据 O 点与周围三个红线桩的坐标，反算边长及夹角。然后在三个红线桩上用角度交会法，定出 O 点位置。

对于工期较长的工程，场地平面控制网每年应至少在雨季前后各校测 1 次。

3. 根据城市导线点测设一般场地平面控制网

如图 5—4 所示，$ABCDEF$ 为距建筑物各边均为 10 m 的场地平面控制网，2、3 为城市导线点，经校测其点位与坐标均可靠。

单元 5

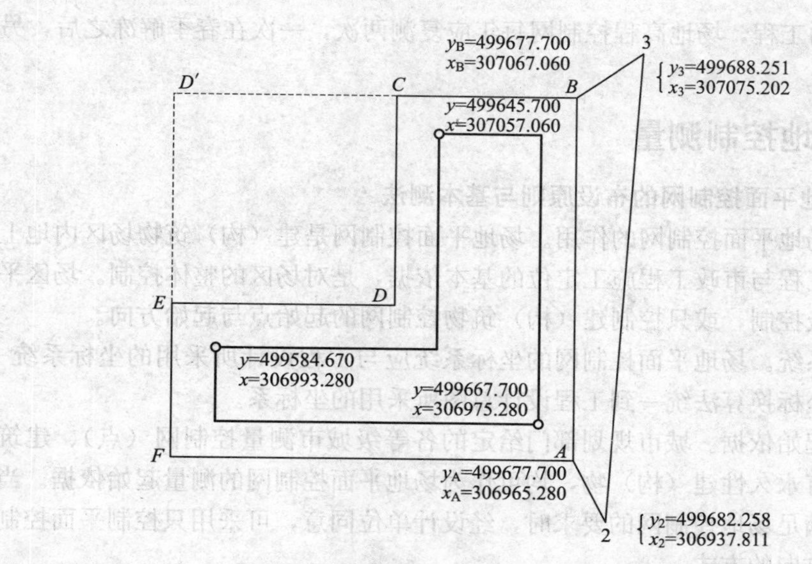

图 5—4　根据城市导线点测设场地平面控制网

（1）根据建筑物的设计坐标推算出 A、B 点坐标。

（2）使 23BA 组成闭合图形，用坐标反算表格计算各边长与左夹角。

（3）将经纬仪安置在 2 点以 3 点为后视，逆时针测设 $11°55'09''$（实际上是顺时针测设 $348°04'51''$），并在视线上量 27.845 m 定出 A 点。

（4）在 3 点上以 2 点为后视，顺时针测设 $49°50'44''$，并在视线上量 13.327 m 定出 B 点。

（5）分别在 A 点与 B 点校核其左角与间距。

（6）以 AB 为基线测设 D' 与 F 组成的闭合图形，再加密成 $ABCDEF$ 场地平面控制网。

4. 一般场地高程控制网的布网原则、精度与基本测设方法

（1）布网原则

1）在整个场地内各主要桩号附近设置 2～3 个高程控制点，或±0.000 水平线。

2）相邻点间距 100 m 左右。

3）构成闭合的控制网。

（2）精度。闭合差在 $\pm 6\sqrt{n}$ mm 或 $\pm 20\sqrt{L}$ mm 之内（n 为测站数，L 为测线长度，以 km 为单位）。

（3）测设方法。根据设计指定的水准点，用附合测设方法将已知高程引测至场地内，连测各桩号高程控制点或±0.000 水平线后，附合到另一指定水准点。当精度合格后，应按测站数成正比分配误差。

若建设单位只提供一个水准点（应尽量避免这种情况），则应用往返测设方法或闭合测设方法做校核，且施测前应请建设单位对水准点点位和高程数据做严格审核并出示书面资料。

工期较长的工程，场地高程控制网每年应复测两次，一次在春季解冻之后，另一次在雨季之后。

二、大型场地控制测量

1. 大型场地平面控制网的布设原则与基本测法

（1）大型场地平面控制网的作用。场地平面控制网是建（构）筑物场区内地上、地下建（构）筑工程与市政工程施工定位的基本依据，是对场区的整体控制。场区平面控制网可作为首级控制，或只控制建（构）筑物控制网的起始点与起始方向。

（2）坐标系统。场地平面控制网的坐标系统应与工程设计所采用的坐标系统一致。不一致的应用坐标换算法统一到工程设计总图所采用的坐标系。

（3）测量起始依据。城市规划部门给定的各等级城市测量控制网（点）、建筑红线点或指定的原有永久性建（构）物，均可作为场地平面控制网的测量起始依据。当上述起始依据不能满足场地控制网的要求时，经设计单位同意，可采用只控制平面控制网的起始点和起始方向的方式。

（4）网形与控制点位。场地平面控制网应根据设计总平面图与施工现场总平面布置图综合考虑网形与控制点位的布设。网形一般采用方格网、导线网和三角网形。控制点应选在通视良好、土质坚实、便于施测又能长期（至少是施工期间）保留的地方。

(5) 测设的基本方法。一般多采取归化法测设：第一，按设计布置；在现场进行初步定位；第二，按正式精度要求测出各点精确位置；第三，埋设永久桩位，并精确定出正式点位；第四，对正式点位进行检测做必要改正。

2. 大型场地方格控制网的测设

(1) 适用场地与精度要求。方格控制网适用于地势平坦、建（构）筑物为矩形布置的场地，根据《工程测量规范》(GB 50025—2007) 规定，大型场地控制网主要技术指标见表 5—2。

表 5—2　大型场地控制网的主要技术指标

控制网类型	等级	平均边长 (m)	测角中误差 (″)	测距相对中误差	测回数	
					2″级	6″级
导线测量	一级	100～300	5	≤1/30 000	3	–
三角测量	一级	300～500	5	≤1/20 000	3	–

(2) 测设步骤

1) 初步定位。按场地设计要求，在现场以一般精度（±5 cm）测设出与正式方格控制网相平行 2 m 的初步点位。一般有一字形、十字形和 L 字形，如图 5—5 所示。

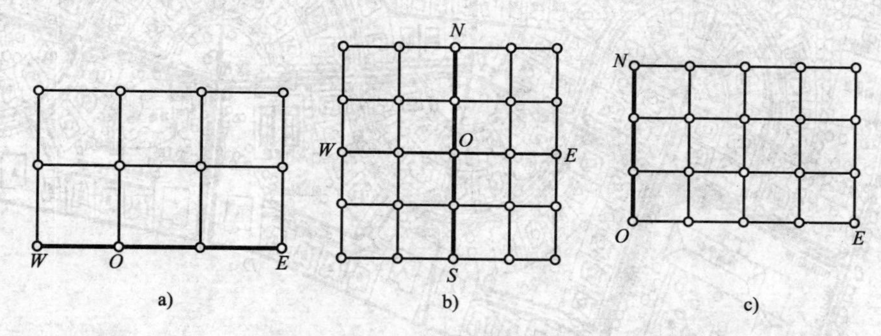

图 5—5　大型场地方格控制网

a) 一字形网　b) 十字形网　c) L 字形网

2) 精测初步点位。按正式要求的精度对初步所定点位进行精测和平差算出各点点位的实际坐标。

3) 埋设永久桩位并定出正式点位。按设计要求埋设方格网的正式点位（一般是基础埋深在 1 m 以下的混凝土桩，桩顶埋设 200 mm ×200 mm×6 mm 的钢板）。当点位下沉稳定后，根据初测点位与实测的精确坐标值。在永久点位的钢板上定出正式点位，画出十字线，并在中心点镶入铜丝以防锈蚀。

4) 对永久点位进行检测。首先对主轴线 *WOE* 是否为直线在 *O* 点上检测∠*WOE* 是否为 180°，若误差超过规程规定，应进行必要的调整。

3. 大型场地导线控制网的测设

(1) 适用场地与精度要求。导线控制网适用于通视条件较差，现场建（构）筑物设计位置不规划或现场尚未拆迁完的场地。其精度按《工程测量规范》(GB 50025—2007)

要求见表 5—3。

表 5—3　　大型场地导线控制网的主要技术指标

等级	导线长度（km）	平均边长（m）	测角中误差（″）	边长相对中误差	导线全长相对闭合误差	方位角闭合差（″）
一级	2	100～300	±5	1/30 000	1/15 000	$\pm10\sqrt{n}$
二级	1	100～200	±10	1/14 000	1/10 000	$\pm16\sqrt{n}$

（2）测设步骤

1）布设控制导线分为两种情况。第一种情况是直接用于测设建（构）筑物用的场地控制导线网，图 5—6 所示为某别墅小区，呈曲线型或零散式布置。每栋住宅楼均为坐标控制，故根据现场情况和设计总平面图，在现场直接进行选点埋桩，然后按《工程测量规范》要求进行测量、计算得到各导线点的坐标，即可用导线直接对各栋楼进行定位放线。

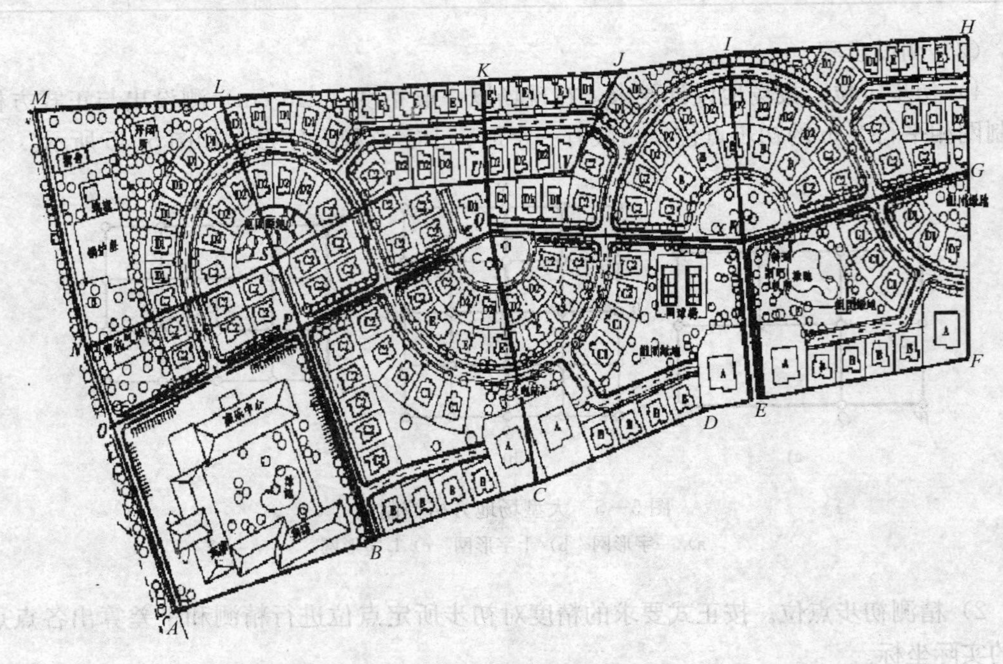

图 5—6　某别墅小区

第二种情况是由于场地条件限制，只能先布设导线，然后根据导线测设场地方格控制网。图 5—7 所示为某闹市占地 110 m×270 m 的商贸××中心，在拆迁未完、工程没有正式定位就破土挖槽 5～6 m 深。A、B、C、D 红线桩全部落在基坑内并设有钉桩，给建筑物定位造成很大困难。为此以现场附近的城市导线（$B[33]_1$—$B[45]_2$—$B[45]_3$）为起始依据，在场地四周布设了闭合导线（1 2…9），按一级导线精度进行观测并计算。

2）测设场地矩形控制网。由于红线 $ABCD$ 四边形中只有 $\angle B=90°00'00''$，而且建筑物的布置是平行 AB 和 BC 两边，故此两边是建筑物定位的基本依据。但是红线 A、B、C、D 四点均在基础坑边无法保留。为了对建筑物整体进行控制，根据现场情况，

单元 5

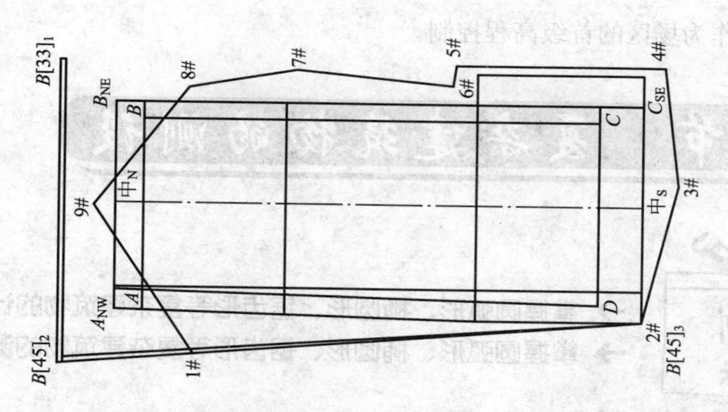

图 5—7　商贸××中心场地导线方格网

选定平行于 AB 往北 12.000 m 和平行 BC 往东 8.500 m 两条线为基准线，又为了提高定位精度，将城市导线点 $B[45]_3$（即导线 2＃点）纳入场地控制网。通过数学直线方程的计算，建立 $B[45]_3$，(2＃)—C_{SE}—B_{NE}—A_{NW}场地矩形控制网，并根据 $B[45]_3$ 点已知坐标和 AB 边、BC 边的已知方位角计算出 C_{SE}、B_{NE}、A_{NW} 三点设计坐标值。

①根据导线点 3＃与 4＃点位，用坐标反算的方法测设出 C_{SE}，用同样的方法根据导线点 8＃—9＃—1＃测设出 B_{NE} 与 A_{NW}。这样就测设了场地四周矩形控制网。

②在 $B[45]_3$，C_{SE}、B_{NE}、A_{NW} 各点上，对矩形网各边各角进行检测，角度误差均小于 5″，边长误差均小于 5 mm（即 1/26 000～1/60 000）。

③加密矩形网，测设红线桩。在矩形网各边上加密间距小于 40 m 的方格网（建筑物轴线间距为 8.000 m）并测设出红线桩 A、B、C、D，经规划部门验线，红线桩点位最大误差为 7 mm，远低于《城市测量规范》(CJJ8－1999) 规定的 50 mm 的限差规定。

4. 大型场地高程控制网的布网原则、精度与基本测设方法

(1) 大型场地高程控制网的作用。场地高程控制网是建（构）筑物场区内地上、地下建（构）筑物工程与市政工程高程测设的基本依据，是对场区高程的整体控制。

(2) 高程系统。场地高程控制网的高程系统必须与工程设计所指定的高程系统一致。

(3) 测量起始依据。测量起始依据包括城市规划部门给定的各等级的水准点或已知高程的导线点 2～3 个。若只给一个起始高程点，则应请设计单位或建设单位对其点位及高程数据给以文字说明，以保证其正确性。若借用附近原有建（构）筑物上的高程点，除应有文字说明外，还应留有照片存查。

(4) 网形与控制点位。场地高程控制网应根据设计总平面图与施工现场总平面布置图综合考虑网形与高程控制点位的布设。场地内每一工程桩号附近设 2 个，主要建（构）筑物附近不少于 3 个高程控制点。当场地较大时，控制点间距不应大于 100 m 并组成网形。控制点应选在土质坚实、便于施测又能长期（至少是施工期间）保留的地方埋点或借用附近原有建（构）筑物的基石，一般距新建建（构）筑物不小于 25 m，距基坑或回填土边线不小于 2 倍基坑深或 15 m 以上。

(5) 测设的基本方法。高程控制测量应采用附合测设方法或节点测设方法。一般均采用水准测设方法，也可用光电三角高程测设方法。控制测量的等级为国家水准三等或四等水准测量作为场区的首级高程控制。

第二节　复杂建筑物的测设

→ 掌握圆弧形、椭圆形、锯齿形等复杂建筑物的计算

→ 掌握圆弧形、椭圆形、锯齿形等复杂建筑物的测设方法

一、圆弧形平面曲线建筑物测设

1. 圆弧形平面曲线计算

根据圆的定义，确定圆弧形曲线的圆心坐标（x_0，y_0），半径 R，如图5—8所示。在直角三角形 OAB 中，$OB=y-y_0$，$AB=x-x_0$，$OA=R$，O 为圆心，则：

$$R=OA=\sqrt{(OB^2+AB^2)}=\sqrt{(y-y_0)^2+(x-x_0)^2}$$

当 O 与 O' 重合时，则：

$$R^2=x^2+y^2$$

2. 圆弧形平面曲线建筑物定位

圆弧形平面曲线定位有拉线法、坐标法、偏角法等。

（1）拉线法。根据建筑红线确定圆心 O 后，先在实地用测设一点的方法，定出 O 点的位置，用半径 R 在实地用拉线法画弧。

图5—9所示为圆弧形平面曲线建筑物平面图，O 为圆心，已知前沿墙的半径 $R_1=8.400$ m，柱廊半径 $R_2=11.400$ m，后沿墙的半径 $R_3=18.000$ m，半圆中柱廊六等分。其定位操作如下：

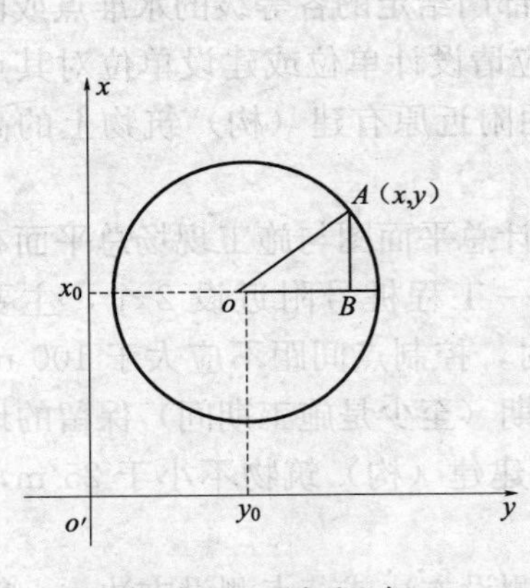

图5—8　圆弧坐标

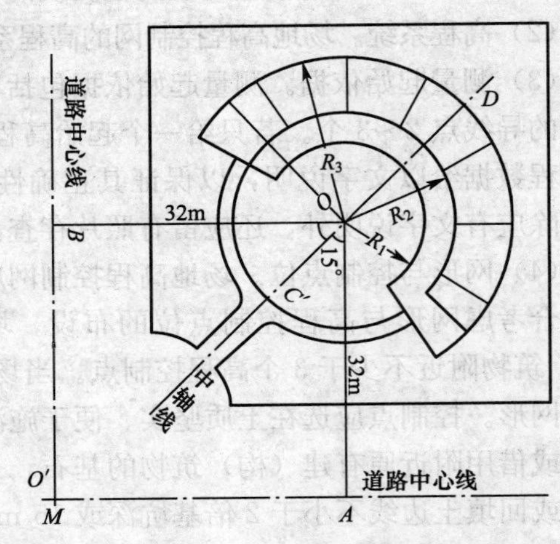

图5—9　圆弧形平面曲线建筑物平面图

1）找出两道路中心线交点 M，从 M 点沿道路中心线分别量取水平距离 32 m，得 A、B 点。

2）在 A、B 点安置经纬仪，测设 O 点。

3）在 O 点安置经纬仪，后视 A 点（或 B 点），顺时针转 45°，确定建筑物中轴线 CD 上的 M 点。则 $M>0=\sqrt{(32^2+32^2)}=45.25$ m。

4）从 O 点量取 R_1、R_2、R_3，用拉线法定出建筑柱廊、前沿墙和后沿墙的轴线尺寸。

5）将钢尺零点套在 O 点中心桩上，分别用 R_1、R_2、R_3 画圆，所画三道圆弧即为柱廊、前沿墙和后沿墙的轴线位置。

6）在中心轴线的内外设置龙门板，再根据中心轴线弹线，细部定位。

（2）坐标法。如图 5—10 所示，已知弧半径为 15 m，弦长 AB 为 10 m，求出弦上各点矢高值，然后将各点连线进行画弧。

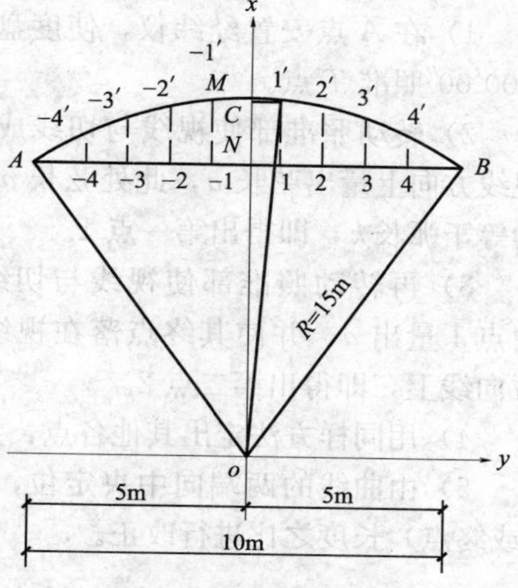

图 5—10　圆弧曲线坐标法定位

其定位工艺如下：

1）首先确定 A、B 两点。将 AB 弦平分成 10 等分，其平分点分别为 1、2、3、4、B 和 −1、−2、−3、−4、A。

2）从各平分点作弦 AB 的垂线。

3）计算弦上各点矢高值。在直角三角形 ONA 中，得

$$NO=\sqrt{(OA)^2-(NA)^2}=\sqrt{15^2-5^2}=14.14\ \text{m}$$

$$MN=MO-NO=15.00-14.14=0.86\ \text{m}$$

在△$OC1'$中，根据直角三角形的勾股定理：

$$OC=\sqrt{(O1')^2-(C1')^2}=\sqrt{15^2-1^2}=14.97\ \text{m}$$

因为 $11'=NC=OC=ON=14.97-14.14=0.83$ m

同样方法求得：

$$22'=0.73\ \text{m}\qquad 33'=0.56\ \text{m}\qquad 44'=0.82\ \text{m}$$

又因为 MN 为中心，两边对称，左边各点矢高对应于右边各点矢高，见表 5—4。

表 5—4　　　　**坐标法定位数据**

等分点	A	−4	−3	−2	−1	0	1	2	3	4	B
矢高（m）	0	0.32	0.56	0.73	0.83	0.88	0.83	0.73	0.56	0.32	0

4）在各等分点截取矢高，分别得 $1'$、$2'$、$3'$、$4'$、M、$-1'$、$-2'$、$-3'$、$-4'$。将各点连成圆滑曲线，即为所要定位的弧线。

（3）偏角法。过圆曲线上某点作一弦，该弦与该点切线的夹角称为偏角。根据几何定理可知，偏角等于该弦所对圆心角的一半，用偏角法定位圆曲线。如图 5—11 所示，

k 为弧长，R 为半径，则圆心角 φ 及偏角 δ 可由以下公式求得。

$$\varphi=\frac{k}{R}\frac{180°}{\pi}，\delta=\frac{1}{2}\varphi=\frac{k}{R}\frac{180°}{\pi}$$

圆曲线偏角法定位工艺程序如下：

1）在 A 点安置经纬仪，使度盘读数对 0°00′00″照准 T 点。

2）转动照准部使视线与切线成 δ_1，在视线方向上量出弦长 a，此处弦长 a 可以认为等于弧长 k，即得出第一点 1。

3）再转动照准部使视线与切线成 δ_2，由点 1 量出 a，并使其终点落在视线 $A2$ 的方向线上，即得出第二点 2。

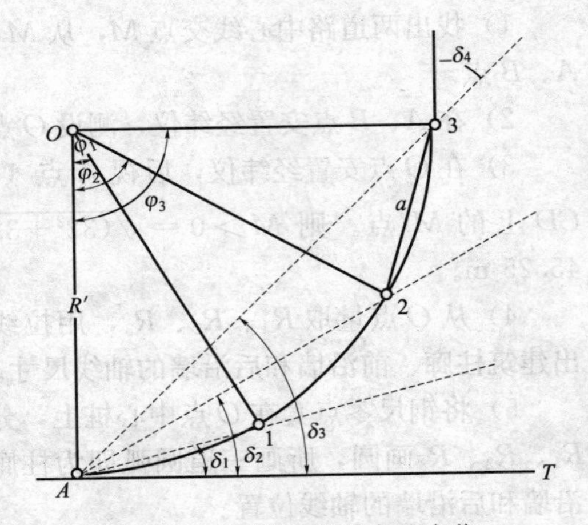

图 5—11　圆弧曲线偏角法定位

4）用同样方法定出其他各点，量此点至最后点长度作校核。

5）由曲线的两端向中央定位，当曲线中点不闭合时，曲线上各点按离曲线起点（或终点）长度之比进行改正。

二、椭圆形平面曲线建筑物测设

椭圆形平面曲线较多应用于公共建筑，尤其在体育场馆中使用较多，这种曲线能使观众获得良好的视觉效果，各个方向的席位都具有良好的清晰度，能获得比较均匀的深度感和高度感。图 5—12 所示为某地体育馆的平面和立面示意图。

1. 椭圆形平面曲线的计算

如图 5—13 所示，如果平面内一个动点到两个定点的距离之和等于定长，这个动点的轨迹称为椭圆。图中 F_1、F_2 称为焦点，F_1、F_2 之间的距离称为焦距。设 $F_1F_2=2c$，$MF_1+MF_2=2a$，则：

$$\frac{x^2}{a^2}+\frac{y^2}{b^2}=1 \quad (c^2=a^2-b^2)$$

椭圆对称于 x 轴、y 轴。x 轴称为长轴，其值为 $2a$；y 轴称为短轴，其值为 $2b$。在椭圆方程式中，当 a、b 值一定时，只要知道变量 x，便可求得椭圆曲线上另一个数值，即：

$$y=\pm\frac{b}{a}\sqrt{a^2-x^2} \quad 或 \quad x=\pm\frac{a}{b}\sqrt{b^2-y^2}$$

【例 5—1】 已知椭圆曲线方程为 $\frac{x^2}{10^2}+\frac{y^2}{8^2}=1$，求作椭圆的几何图形。

解：根据已知方程得 $a=10$，$b=8$。

则 $$c=\sqrt{a^2-b^2}=\sqrt{10^2-8^2}=6$$

如图 5—14 所示，该椭圆的有关参数为长轴 $2a=20$，短轴 $2b=16$，焦距 $2c=12$，两焦点坐标分别为 $F_1(-6，0)$ 和 $F_2(6，0)$，则椭圆的四个顶点坐标为：$A_1(-10，0)$，$A_2(10，0)$，$B_1(0，-8)$，$B_2(0，8)$。

a）

b）

图 5—12　某体育馆

a）立面图　b）平面图

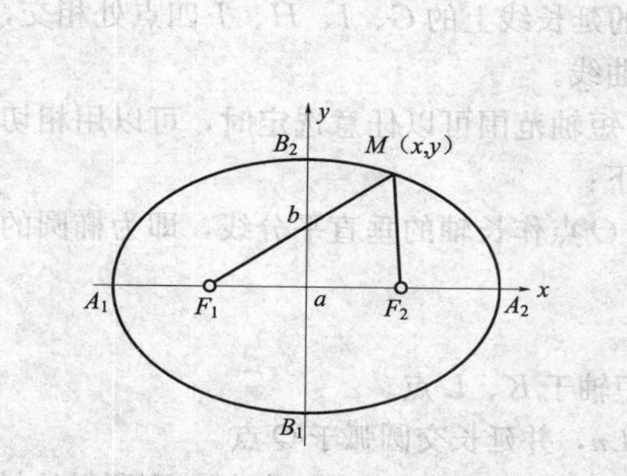

图 5—13　椭圆形平面曲线

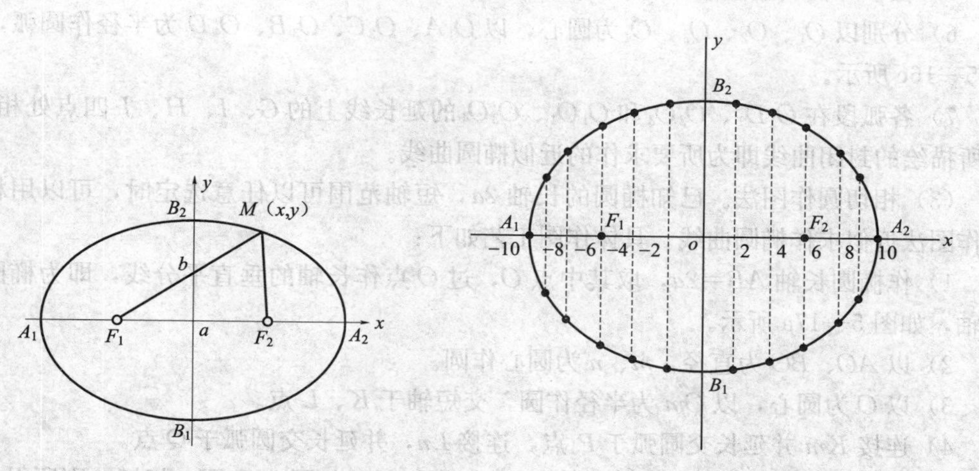

图 5—14　椭圆曲线

按标准方程，在直角坐标的第一象限 $x \leqslant 10$ 的范围内，可计算出若干点的坐标值（x，y），见表5—5。

表5—5 各点坐标

x	0	1	2	3	4	5	6	7	8	9	10
y	8	7.96	7.84	7.63	7.33	6.93	6.4	5.71	4.80	3.49	0

根据表5—5中 x、y 值，点画出第一象限的椭圆图形，利用椭圆的特性画出整个椭圆图形，如图5—14所示计算出的点数越多，描绘出的椭圆图形就越精确。

2. 椭圆形平面曲线作图方法

当椭圆 a、b 值较小时，可以用以下几种作图法求得椭圆：

（1）同心圆作图法。已知椭圆 a、b 值，具体作图工艺如下：

1）作椭圆长轴，$AB=2a$ 及垂直等分线 $CD=2b$，如图5—15a所示。

2）分别以 O 为同心圆圆心，AO、CO 为半径作同心圆，如图5—15b所示。

3）等分同心圆为若干等分，如十二等分。

4）从大圆各等分点作竖向直线，从小圆各对应等分点作水平线，两线相交点即为椭圆曲线上各点。

5）光滑连接各点，即为所求作的椭圆曲线。

（2）四心圆法作椭圆。已知椭圆 a、b 值，具体作图工艺如下：

1）作椭圆长轴 $AB=2a$，短轴 $CD=2b$，如图5—16a所示。

2）连接 AC，以 O 为圆心，OA 为半径作圆弧交 CD 延长线于 E 点，如图5—16b所示。

3）以 C 为圆心，CE 为半径作圆弧，交 AC 于 F 点。

4）作 AF 的垂直平分线，交长轴于 O_1，交短轴于 O_2。

5）在 OB 轴线上截取 $OO_1=OO_3$；在 OC 轴上截取 $OO_2=OO_4$。

6）分别以 O_1、O_2、O_3、O_4 为圆心，以 O_1A、O_2C、O_3B、O_4D 为半径作圆弧，如图5—16c所示。

7）各弧段在 O_1D_1、O_2O_3 和 O_1O_4、O_3O_4 的延长线上的 G、I、H、J 四点处相交，则所描绘的封闭曲线即为所要求作的近似椭圆曲线。

（3）相切圆作图法。已知椭圆的长轴 $2a$，短轴范围可以任意选定时，可以用相切圆作图法近似求作椭圆曲线。具体作图工艺如下：

1）作椭圆长轴 $AB=2a$，取其中点 O，过 O 点作长轴的垂直平分线，即为椭圆的短轴，如图5—17a所示。

2）以 AO、BO 为直径，m、n 为圆心作圆。

3）以 O 为圆心，以 Om 为半径作圆，交短轴于 K、L 点。

4）连接 Km 并延长交圆弧于 P 点，连接 Ln，并延长交圆弧于 Q 点。

5）以 K、L 为圆心，以 KP、LQ 为半径作圆弧，与圆 m 和圆 n 相切，则所得的封闭曲线即为所要作的椭圆形曲线，如图5—17c所示。

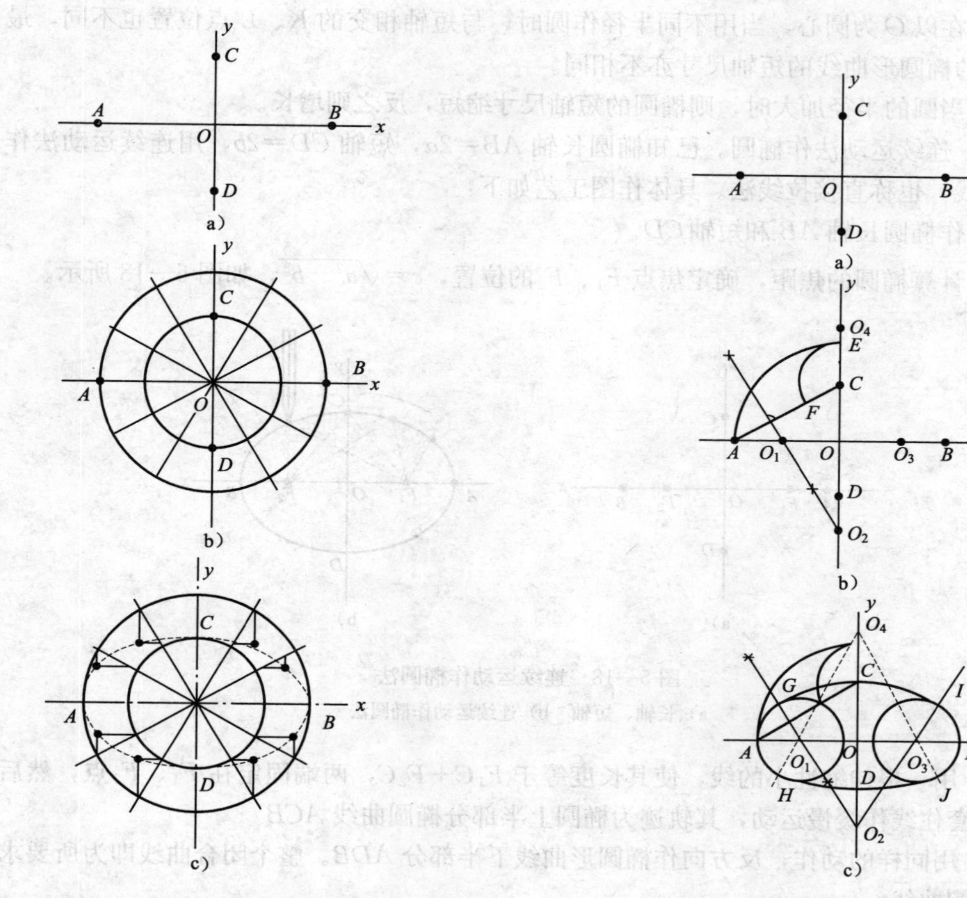

图 5—15　用同心圆法作椭圆

a）长轴、短轴　b）同心圆　c）等分同心圆

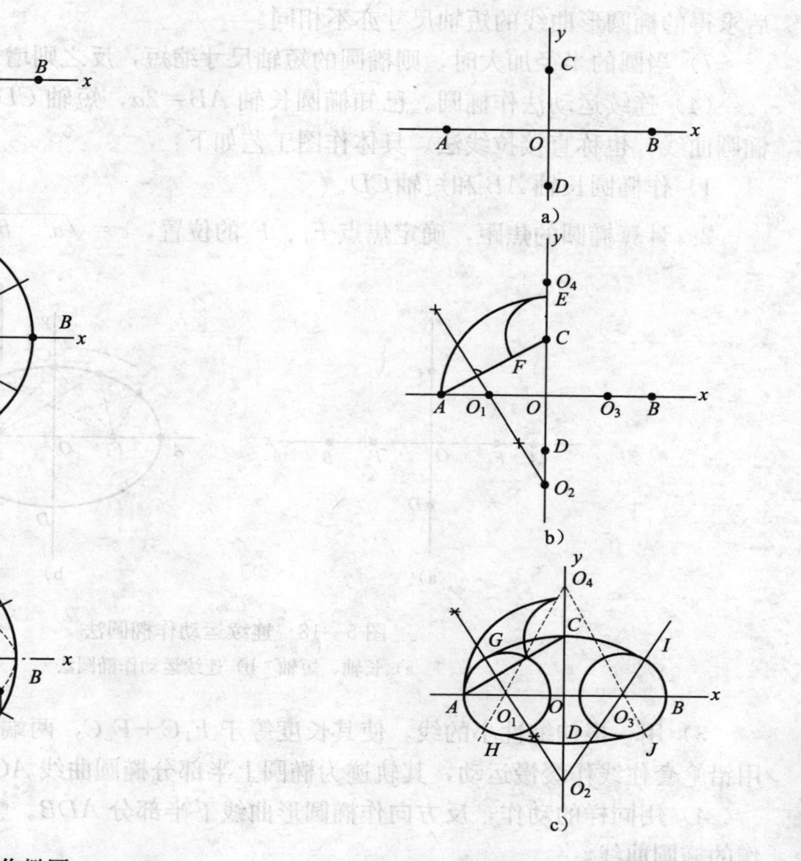

图 5—16　用四心圆法作近似椭圆

a）长轴、短轴　b）四心圆　c）近似椭圆

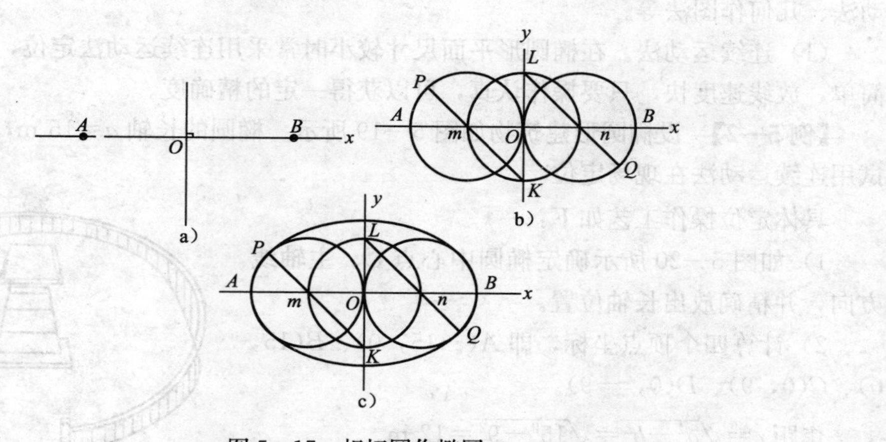

图 5—17　相切圆作椭圆

a）长轴 AB　b）作以 AO 为直径圆　c）以 K 为圆心，KP 为半径作圆

6）在以O为圆心，当用不同半径作圆时，与短轴相交的K、L点位置也不同，最后求得的椭圆形曲线的短轴尺寸亦不相同。

7）当圆的半径加大时，则椭圆的短轴尺寸缩短，反之则增长。

（4）连续运动法作椭圆。已知椭圆长轴$AB=2a$，短轴$CD=2b$，用连续运动法作椭圆曲线，也称直接拉线法。具体作图工艺如下：

1）作椭圆长轴AB和短轴CD。

2）计算椭圆的焦距，确定焦点F_1、F_2的位置，$c=\sqrt{a^2-b^2}$，如图5—18所示。

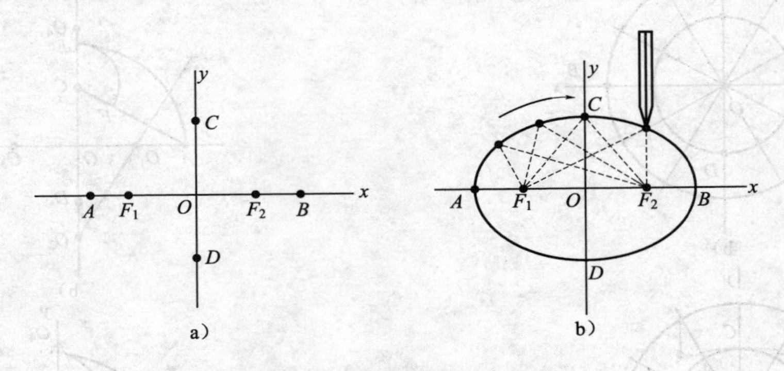

图5—18　连续运动作椭圆法

a）长轴、短轴　b）连续运动作椭圆法

3）用一根伸缩性小的线，使其长度等于F_1C+F_2C，两端固定在F_1、F_2点，然后用铅笔套住线作缓慢运动，其轨迹为椭圆上半部分椭圆曲线ACB。

4）用同样的动作，反方向作椭圆形曲线下半部分ADB。整个闭合曲线即为所要求作的椭圆曲线。

3. 椭圆形平面曲线建筑物的定位

现场测设椭圆形平面曲线建筑物的方案较多，通常用的方法有直接拉线法即连续运动法、几何作图法等。

（1）连续运动法。在椭圆形平面尺寸较小时常采用连续运动法定位，这种方法比较简单，放线速度快。只要操作认真，可以获得一定的精确度。

【例5—2】 设椭圆形建筑物如图5—19所示。椭圆的长轴$a=15$ m，短轴$b=9$ m，试用连续运动法在现场定位。

具体定位操作工艺如下：

1）如图5—20所示确定椭圆中心点O、主轴线方向，并精确放出长轴位置。

2）计算四个顶点坐标，即$A(-15, 0)$、$B(15, 0)$、$C(0, 9)$、$D(0, -9)$。

焦距$c=\sqrt{a^2-b^2}=\sqrt{15^2-9^2}=12$ m。

3）在F_1、F_2点埋设固定标志。

4）用伸缩性小的线，其长度等于F_1C+F_2C，

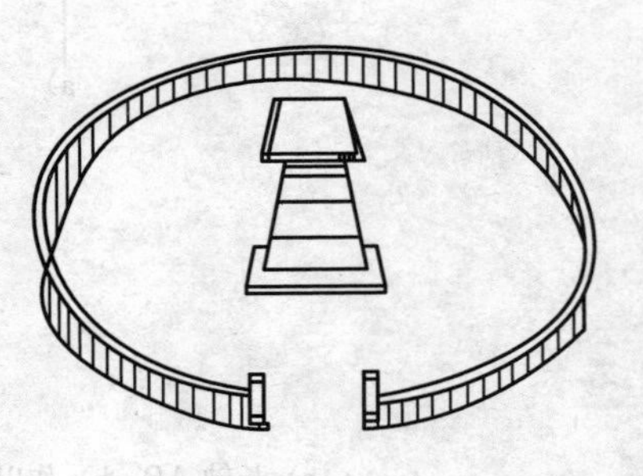

图5—19　椭圆形建筑物

两端固定在 F_1、F_2 上，用铁棍套细线在长轴两边画曲线，即得椭圆曲线。如图 5—21 所示。

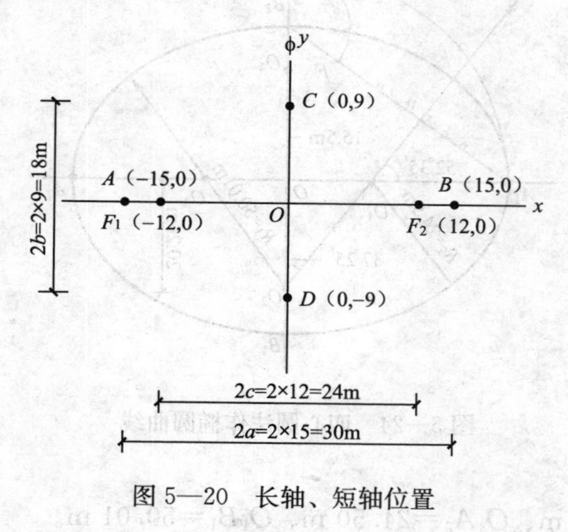

图 5—20　长轴、短轴位置

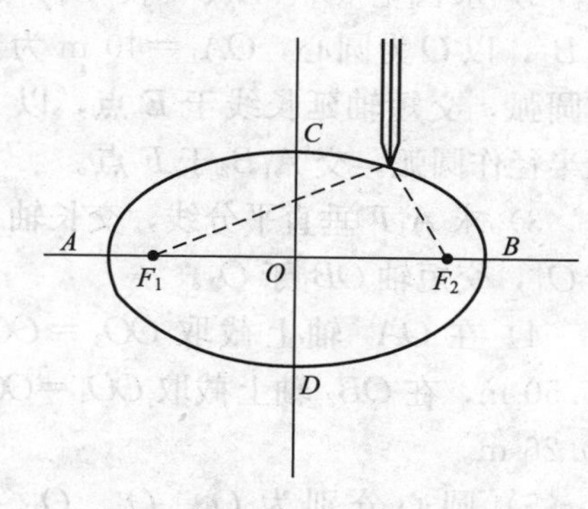

图 5—21　椭圆四顶点

5）注意事项

①焦点 F_1、F_2 上设置的标志要准确、稳固，施工中加以保护。

②用铁棍套细线描画曲线过程中，应始终拉紧，不能有时松有时紧的现象。

（2）几何作图法。当椭圆长轴在 80 m 以上时，可用几何作图法进行现场椭圆形曲线定位，大多采用四心圆法，还可用同心圆法、相切圆法等。

【例 5—3】 设有椭圆形建筑物，按设计提供的长短轴尺寸：长轴 $2a=80$ m，短轴 $2b=60$ m，周围设 44 根柱子，曲线平面形状参照图 5—22 和图 5—23 所示。

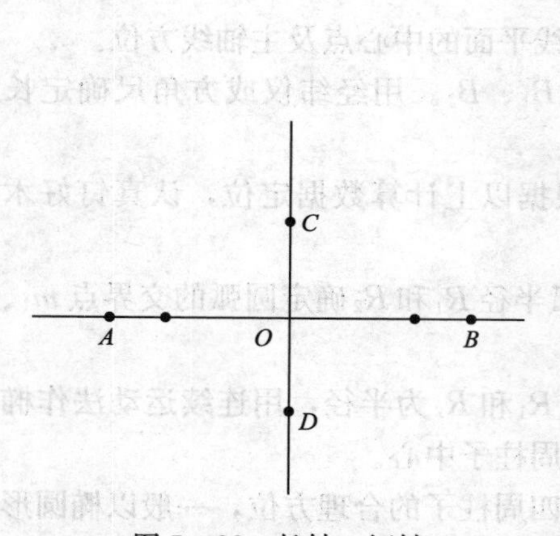

图 5—22　长轴、短轴

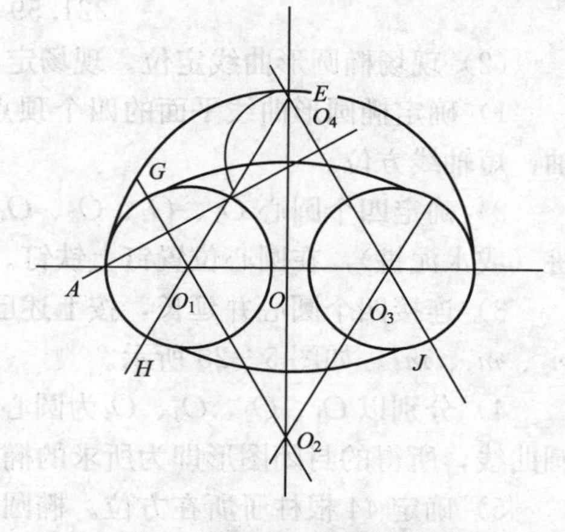

图 5—23　四心圆法作椭圆

现场具体定位工艺如下：

在图纸上用 1：100～1：200 比例，按 a、b 值用四心圆作图法作椭圆曲线。如图 5—24 所示。

（1）作图及计算定位数据

1）在直角坐标中确定长轴 $2a=80$ m，垂直平分 $2a$，得到 O 点，取 $2b=60$ m。

2）求圆心 O_1、O_2、O_3、O_4，连接 A_1B_2，以 O 为圆心，$OA_1=40$ m 为半径作圆弧，交短轴延长线于 E 点，以 B_2E 为半径作圆弧，交 A_1B_2 于 F 点。

3）求 A_1F 垂直平分线，交长轴 A_1O 于 O_1，交短轴 OB_1 于 O_2。

4）在 OA_2 轴上截取 $OO_3=OO_1=15.50$ m，在 OB_2 轴上截取 $OO_4=OO_2=20.26$ m。

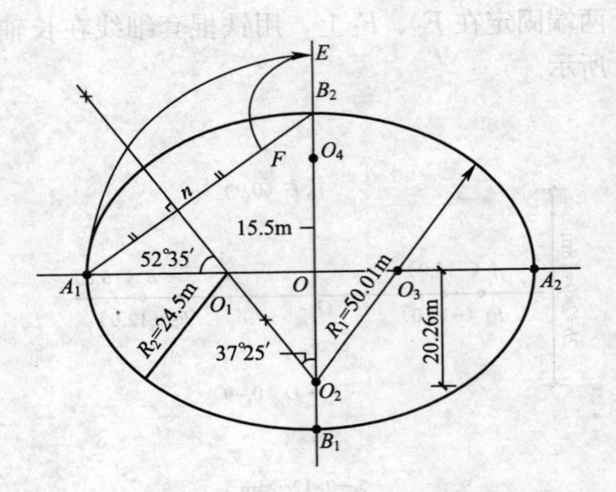

图 5—24　四心圆法作椭圆曲线

5）圆心分别为 O_1、O_2、O_3、O_4。半径分别为 $O_1A_1=24.50$ m，$O_2B_2=50.01$ m、$O_3A_2=24.50$ m、$O_4B_1=50.01$ m。

6）长轴方向圆弧半径 $R_1=50.01$ m，$R_2=24.50$ m，R_1 与短轴的夹角 $\alpha_1=37°25'$，R_2 与长轴的夹角 $\alpha_2=52°35'$。

7）计算椭圆线周长。

长轴方向圆弧：$\left(50.01\times2\times\pi\times\dfrac{37°25'\times2}{360°}\right)\times2=131.65$ m

短轴方向圆弧：$\left(24.50\times2\times\pi\times\dfrac{52°35'\times2}{360°}\right)\times2=89.94$ m

椭圆曲线周长 44 根柱子的柱距为：

$$221.59\text{ m}/44=5.036\text{ m}$$

（2）现场椭圆形曲线定位。现场定出椭圆形曲线平面的中心点及主轴线方位。

1）确定椭圆形曲线平面的四个顶点 A_1、A_2、B_1、B_2。用经纬仪或方角尺确定长轴、短轴线方位。

2）确定四个圆心 O_1、O_2、O_3、O_4 的位置。根据以上计算数据定位，认真钉好木桩（或水泥桩），在圆心位置钉上铁钉。

3）连接四个圆心并延长，按上述已求得的圆弧半径 R_1 和 R_2 确定圆弧的交界点 m_1、m_2、m_3、m_4。如图 5—25 所示。

4）分别以 O_1、O_2、O_3、O_4 为圆心，以相应的 R_1 和 R_2 为半径，用连续运动法作椭圆曲线，所得的封闭图形即为所求的椭圆平面的四周柱子中心。

5）确定 44 根柱子所在方位。椭圆形曲线平面四周柱子的合理方位，一般以椭圆形外圈离中心点最短距离（即短轴长度之半）与长轴的交点所作的连线方向为合理方向，如图 5—26 所示。假定从 OB_2 短轴的右侧开始向 1 点量得：

$$B_21=\frac{1}{2}\times5.013=2.506\,5\text{ m}=2.507\text{ m}$$

单元 5

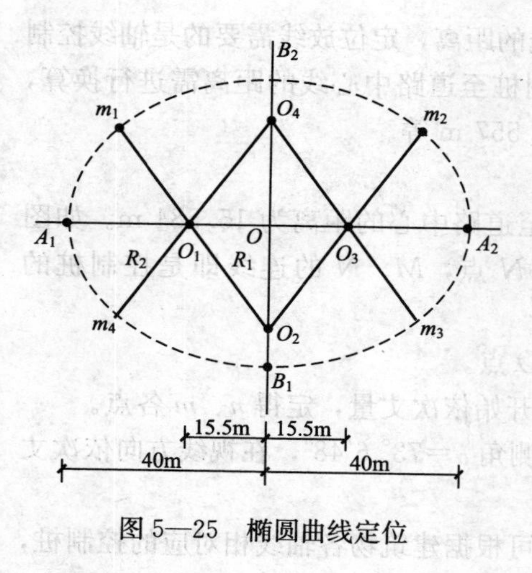

图 5—25　椭圆曲线定位

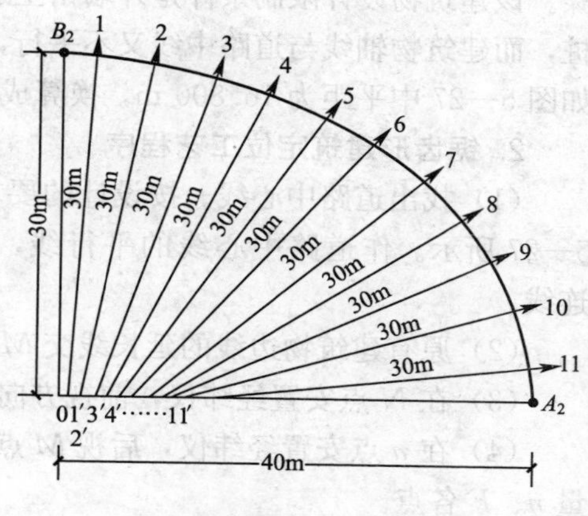

图 5—26　短轴一侧定柱方向

然后以 1 点为圆心，以短轴之半长（30 m）为半径，作弧交长轴于 1′点，连接 1—1′，则连线方向即为 1 点柱子的中心线方向。其余柱子方位的求法同上。

6）确定 44 根柱子的位置和中心方向后，可作基础尺寸定位。

7）设置基础龙门板。可分为内、外两部分。内部可以以中心点为中心，沿长轴方向设整体龙门板，外部则顺着椭圆形方向设置若干块龙门板。

三、锯齿形建筑物测设

如图 5—27 所示。住宅楼平面布置成锯齿形。建筑物边线平行于道路中心线，建筑边线距道路中心线 15 m，与原有建筑相距 20 m，外墙轴线至边线宽 370 mm。

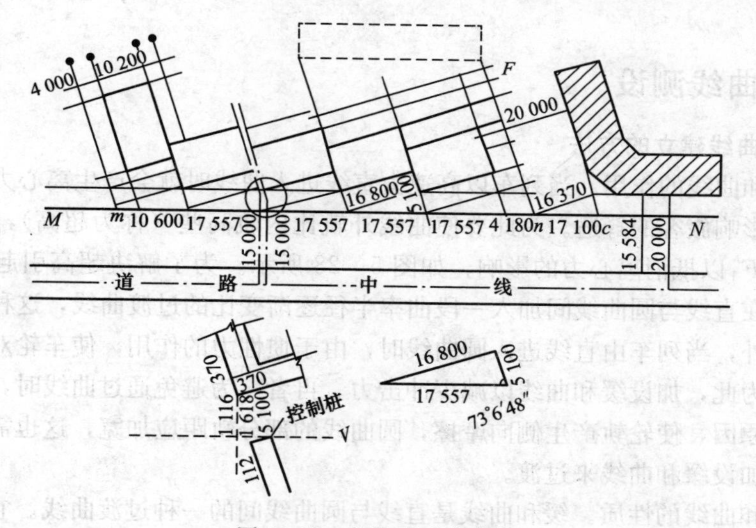

图 5—27　锯齿形建筑定位

1. 锯齿形建筑物定位方案

建筑物平面位置在建筑总平面图上标明各种尺寸关系。用给定的数据确定定位步骤。该建筑物设计限制条件是外墙角至道路中心线的距离，定位放线需要的是轴线控制桩，而建筑物轴线与道路中线又不平行，因而控制桩至道路中心线的距离需进行换算，如图 5—27 中平距为 16.800 m，换算成斜距为 17.557 m 等。

2. 锯齿形建筑定位工艺程序

（1）找出道路中心线。按设计的要求控制桩至道路中心的距离为 15.584 m。如图 5—27 所示。作道路中心线的平行线，定出 M、N 点，M、N 的连线即是控制桩的连线。

（2）原有建筑物边线的延长线交 MN 直线于 O 点。

（3）在 N 点安置经纬仪，前视方向线从 O 点开始依次丈量，定得 n、m 各点。

（4）在 n 点安置经纬仪，后视 M 点，顺时针测角 $\alpha=73°6'48''$，在视线方向依次丈量 n、F 各点。

（5）当 MN、nF 直线上的桩位定出来后，就可根据建筑物各轴线相对应的控制桩，用测直角的方法测设出其他轴线控制桩，定出平面控制网。

第三节　复杂曲线的测设

单元 5

→ 掌握缓和曲线、复曲线、回头曲线的测设方法
→ 掌握困难地段曲线测设的方法

一、缓和曲线测设

1. 缓和曲线建立的方法

（1）缓和曲线的作用。当列车以高速由直线进入曲线时就会产生离心力，危及列车运行安全和影响旅客的舒适。为此要使曲线外轨比内轨高些（称为超高），使列车产生一个内倾力 F'_1 以抵消离心力的影响，如图 5—28 所示。为了解决超高引起的外轨台阶式升降，需在直线与圆曲线间加入一段曲率半径逐渐变比的过渡曲线，这种曲线称为缓和曲线。另外，当列车由直线进入圆曲线时，由于惯性力的作用，使车轮对外轨内侧产生冲击力，为此，加设缓和曲线以减少冲击力。再者，为避免通过曲线时，由于机车车辆转向架的原因，使轮轨产生侧向摩擦，圆曲线的部分轨距应加宽，这也需要在直线和圆曲线之间加设缓和曲线来过渡。

（2）缓和曲线的性质。缓和曲线是直线与圆曲线间的一种过渡曲线。它与直线分界处的半径为∞，与圆曲线相连处的半径与圆曲线半径 R 相等。缓和曲线上任一点的曲率半径 ρ 与该点到曲线起点的长度成反比，如图 5—29 所示。

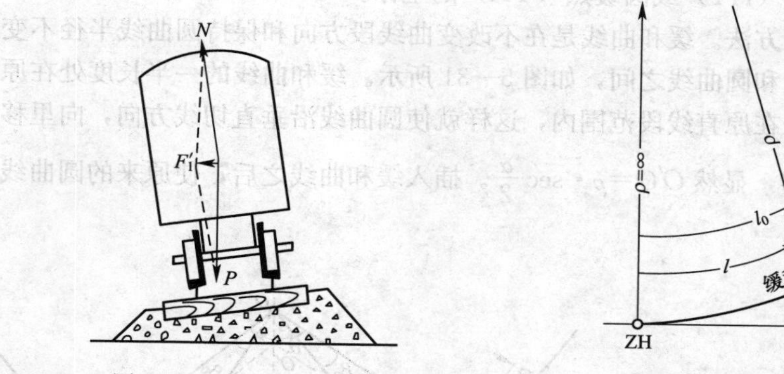

图 5—28　离心力示意图

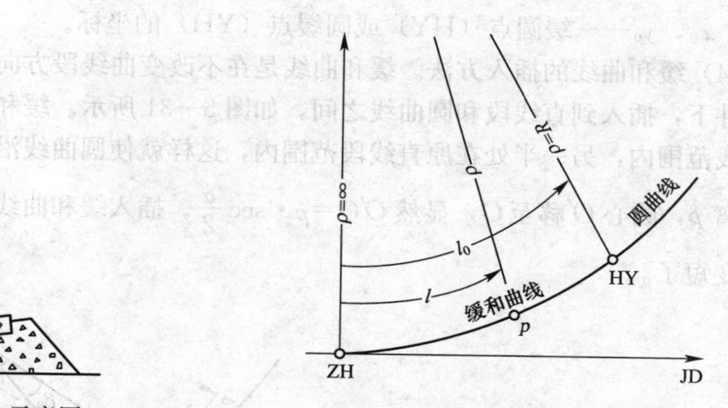

图 5—29　缓和曲线的性质

$$\rho \propto \frac{1}{l} \quad 或 \quad \rho l = C$$

式中，C 是一个常数，称为缓和曲线的半径变更率。

当 $l=l_0$ 时，$\rho=R$，所以：

$$Rl_0=C$$

式中　l_0——缓和曲线总长。

$\rho l=C$ 是缓和曲线的必要条件，实用中能满足这一条件的曲线可作为缓和曲线，如辐射螺旋线、三次抛物线等。我国的缓和曲线均采用辐射螺旋线。

（3）缓和曲线方程式。以 $\rho l=C$ 为必要条件导出的缓和曲线方程为：

$$\left.\begin{aligned} x&=l-\frac{l^5}{40C^2}+\frac{l^9}{3\,456C^4}+\cdots \\ y&=\frac{l^3}{6C}-\frac{l^7}{336C^3}+\frac{l^{11}}{42\,240C^5}+\cdots \end{aligned}\right\} \tag{5-1}$$

根据测设要求的精度，实际应用中可将高次项舍去，并顾及到 $C=Rl_0$，则上式变为：

$$\left.\begin{aligned} x&=l-\frac{l^5}{40R^2l_0^2} \\ y&=\frac{l^3}{6Rl_0} \end{aligned}\right\} \tag{5-2}$$

式中　x，y——缓和曲线上任一点的直角坐标，坐标原点为直缓点（ZH）或缓直点（HZ），通过该点的缓和曲线切线为 x 轴，如图 5—30 所示；

l——缓和曲线上任意一点 P 到 ZH（或 HZ）的曲线长；

l_0——缓和曲线总长度。

当 $l=l_0$ 时，则 $x=x_0$，$y=y_0$，代入上式得：

$$\left.\begin{aligned} x_0&=l_0-\frac{l_0^3}{40R^2} \\ y_0&=\frac{l_0^2}{6R} \end{aligned}\right\} \tag{5-3}$$

式中　x_0，y_0——缓圆点（HY）或圆缓点（YH）的坐标。

（4）缓和曲线的插入方法。缓和曲线是在不改变曲线段方向和保持圆曲线半径不变的条件下，插入到直线段和圆曲线之间，如图 5—31 所示。缓和曲线的一半长度处在原圆曲线范围内，另一半处在原直线段范围内，这样就使圆曲线沿垂直切线方向，向里移动距离 p，圆心 O' 移至 O，显然 $O'O=\rho\cdot\sec\frac{\alpha}{2}$。插入缓和曲线之后，使原来的圆曲线长度变短了。

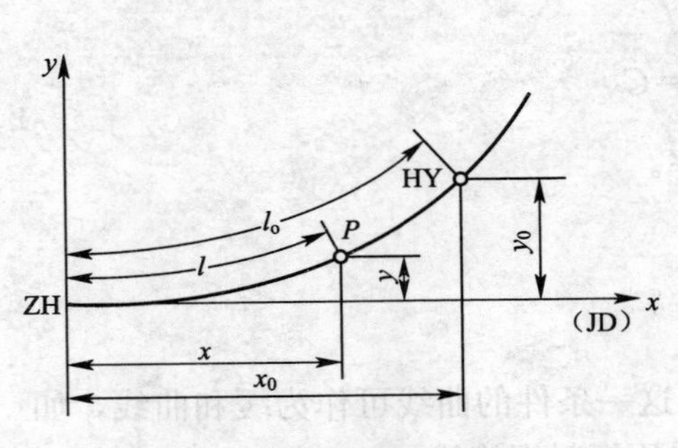

图 5—30　缓和曲线坐标

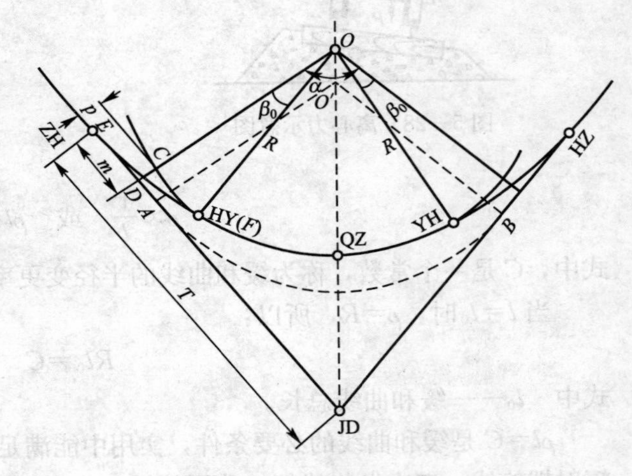

图 5—31　缓和曲线的插入

插入缓和曲线之后，曲线主点有 5 个，分别是直缓点 ZH、缓圆点 HY、曲中点 QZ、圆缓点 YH 及缓直点 HZ。

（5）缓和曲线常数的计算。β_0、δ_0、m、p、x_0、y_0 等称为缓和曲线常数，其物理含义及几何关系如图 5—32 所示。

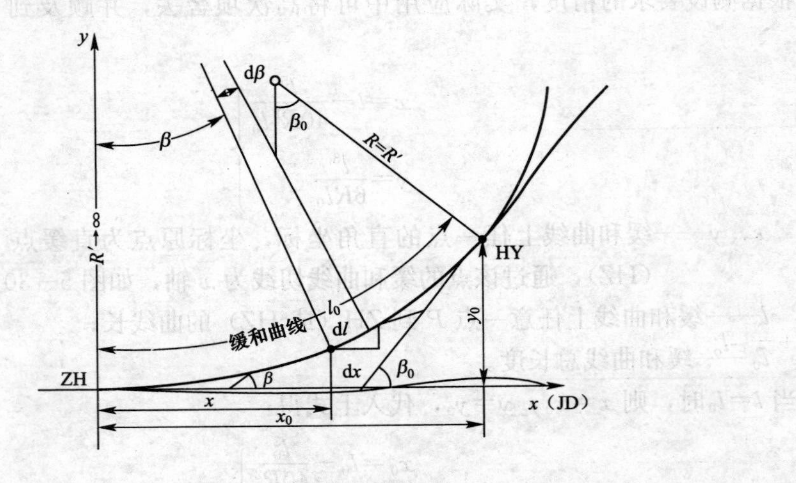

图 5—32　缓和曲线常数

β_0 是缓和曲线的切线角，即 HY（或 YH）点的切线角与 ZH（或 HZ）点切线的交角；亦即圆曲线一端延长部分所对应的圆心角。

δ_0 是缓和曲线的总偏角。

m 是切垂距，即 ZH（或 HZ）到圆心 O 向切线所作垂线垂足的距离。

p 是圆曲线的内移量，为垂线长与圆曲线半径 R 之差。

x_0、y_0 计算见式(5-3)，其他常数的计算公式如下：

$$\left.\begin{aligned}\beta_0&=\frac{l_0}{2R}\cdot\frac{180^\circ}{\pi}\\\delta_0&=\frac{1}{3}\beta_0=\frac{l_0}{6R}\cdot\frac{180^\circ}{\pi}\\m&=\frac{l_0}{2}-\frac{l_0^3}{240R^2}\\p&=\frac{l_0^2}{24R}-\frac{l_0^4}{2\,688R^3}\approx\frac{l_0^2}{24R}\end{aligned}\right\}\tag{5-4}$$

2. 有缓和曲线的圆曲线详细测设

（1）偏角法测设曲线

1）曲线综合要素计算。曲线综合要素计算公式如下：

$$\left.\begin{aligned}&\text{切线长}\quad T=m+(R+\rho)\cdot\tan\frac{\alpha}{2}\\&\text{曲线长}\quad L=2l_0+\frac{\pi R(\alpha-2\beta)}{180^\circ}=l_0+\frac{\pi R\alpha}{180^\circ}\\&\text{外矢距}\quad E_0=(R+\rho)\cdot\sec\frac{\alpha}{2}-R\\&\text{切曲差}\quad q=2T-L\end{aligned}\right\}\tag{5-5}$$

2）主点的里程计算与测设

①主点里程计算。已知 ZH 里程为 33+424.67，则主点里程为：

ZH	33+424.67
$+l_o$	60
HY	33+484.67
$+\frac{L}{2}-l_o$	94.82
QZ	33+579.49
$+\frac{L}{2}-l_o$	94.82
YH	33+674.31
$+l_o$	60
HZ	33+734.31

ZH	33+424.67
$+2T$	315.12
	33+739.79
$-q$	5.47
HZ	33+734.32 （校核）

②主点的侧设。主点 ZH、HZ、QZ 的测设方法与前述圆曲线主点测设方法相同，

而缓圆点 HY 和圆缓点 YH 的测设通常采用切线支距法。自 ZH（或 HZ）沿切线方向量取 x_0，打桩、钉小钉，然后将经纬仪架在该桩上，后视切线沿垂直方向量取 y_0，打桩、钉小钉，得 HY（或 YH）点。

为保证主点测设精度，角度要用测回法分中定点，距离应往返丈量，在限差以内取平均值。

3）缓和曲线的详细测设

①偏角计算。由图 5—33 得知，缓和曲线上任一点 A 的偏角为：

$$\delta \approx \sin\delta \approx \frac{y}{l}（因为 \delta 很小）$$

因为 $$y=\frac{l^3}{6Rl_0} \quad (5-6)$$

所以 $$\delta=\frac{l^2}{6Rl_0}\cdot\frac{180°}{\pi} \quad (5-7)$$

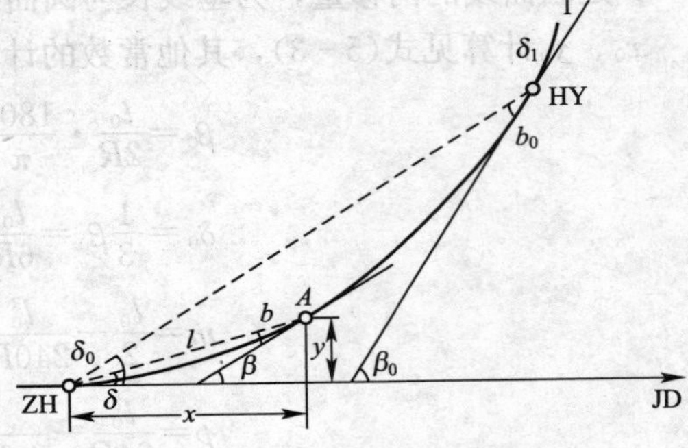

图 5—33　缓和曲线的详细测设

又因为 $$\beta=\frac{l^2}{2Rl_0}\cdot\frac{180°}{\pi}$$

所以 $$\delta=\frac{\beta}{3} \quad (5-8)$$

故 $$b=\beta-\delta=2\delta \quad (5-9)$$

式中　δ——缓和曲线上任一点的正偏角，b 为该点的反偏角。

同理可得， $$b_0=2\delta_0 \quad (5-10)$$

由式(5-9)、式(5-10) 得出结论（a）：缓和曲线上任一点后视起点的反偏角，等于由起点测设该点正偏角的两倍。若将缓和曲线等分为 N 段，则各分段点的俯角之间有如下关系：

设 δ_1 为第 1 点的偏角，δ_i 为第 i 点的偏角，则由式(5-7) 可知，$\delta_i=\frac{l_i^2}{6Rl_0}$

所以 $$\delta_1:\delta_2:\cdots:\delta_n=l_1^2:l_2^2:\cdots:l_n^2 \quad (5-11)$$

由式(5-11) 得出结论（b）：偏角与测点到缓和曲线起点的曲线长度的平方成正比。在等分的条件下，$l_2=2l_1$，$l_3=3l_1$，…，$l_n=Nl_1$，

故 $$\delta_2=2^2\cdot\delta_1, \delta_3=3^2\cdot\delta_1, \cdots, \delta_n=N^2\cdot\delta_1=\delta_0$$

所以 $$\delta_1=\frac{1}{N^2}\delta_0 \quad (5-12)$$

由式(5-12) 可得出结论（c）：由缓和曲线的总偏角 δ_0 可求得缓和曲线上任一点的偏角 δ_i。

②缓和曲线的测设方法。如图 5—34 所示，将经纬仪安置于 ZH 点，后视 JD，将水平度盘安置在 0°00′00″位置，转动照准部拨偏角 δ_0，校核 HY 点位，如在视线方向上，即可开始测设其他点。依次拨 δ_1、δ_2、…、δ_n，量出点与点之间的弦长与相应视线相交，即可定出曲线点 1、2 等。

在缓和曲线的测设中，还应注意偏角的正拨与反拨的度盘安置方法。

4）圆曲线的详细测设。加设缓和曲线之后圆曲线的测设，其关键是正确确定后视

方向及度盘安置值。如图 5—35 所示，经纬仪安置于 HY 点上，后视 ZH，并将度盘读数安置为反偏角 b_0 值（正拨），倒转望远镜反拨圆曲线上第 $1'$ 点的偏角 δ_1，得相应曲线点，直至 QZ 。另一半曲线则在 YH 点设站，以（$360°-b_0$）来后视 HZ，而倒镜后圆曲线为正拨偏角值来测设。

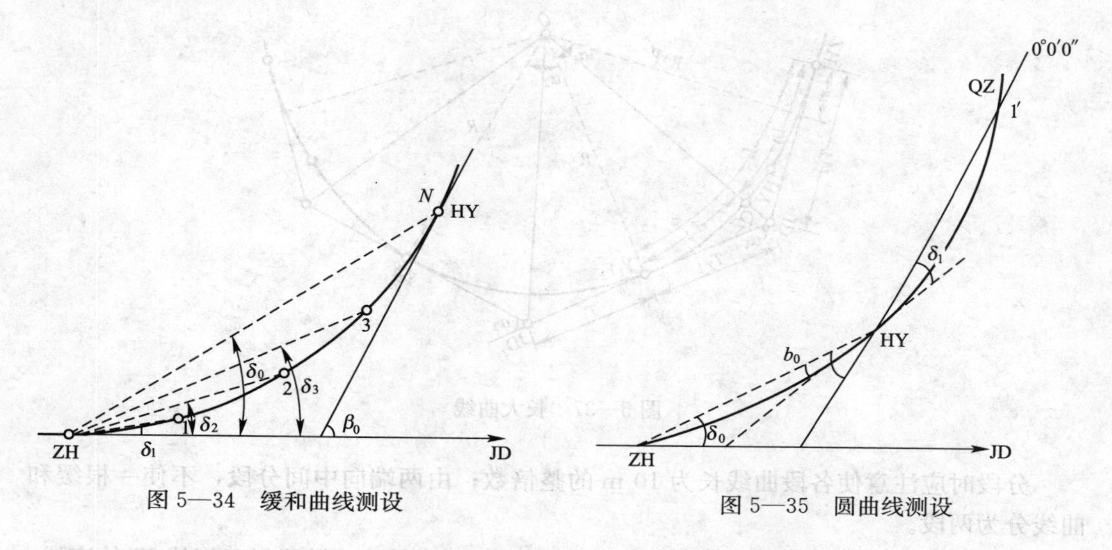

图 5—34　缓和曲线测设　　图 5—35　圆曲线测设

为避免仪器视准误差的影响，也可以以（$180°+b_0$）后视 ZH，平转照准部，当度盘读数为 0°00′00″时，即为 HY 点的切线方向。

（2）切线支距法测设曲线

1）坐标计算公式。如图 5—36 所示，它是以 ZH（或 HZ）为坐标原点，以切线为 x 轴，垂直切线方向为 y 轴。

①缓和曲线部分

$$\left.\begin{aligned} x&=l-\frac{l^5}{40R^2 l_0^2} \\ y&=\frac{l^3}{6Rl_0} \end{aligned}\right\} \quad (5-13)$$

②圆曲线部分

$$\left.\begin{aligned} x_i&=R\cdot\sin\alpha_i+m \\ y_i&=R(1-\cos\alpha_i)+p \end{aligned}\right\} \quad (5-14)$$

式中 $\alpha_i=\frac{l_i-i_0}{R}\cdot\frac{180°}{\pi}+\beta_0$

2）测设方法。与切线支距法测设圆曲线的方法相同。

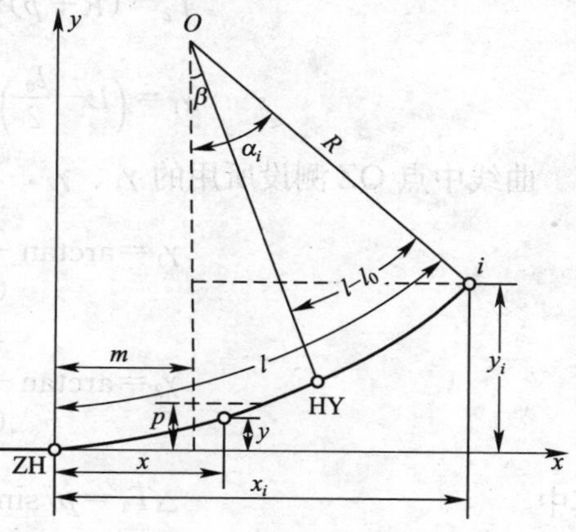

图 5—36　切线支距法测设曲线

二、长大曲线、回头曲线测设

1. 长大曲线测设

当转向角比较大时，曲线会很长，采用偏角法测设，若中间不增加控制点，则横向误差极易因超限而返工。通常是在圆曲线部分增加若干控制点，采用分段测设、分段闭合。如图 5—37 所示，将曲线分为三段，两端是缓和曲线加圆曲线，称为两端曲线；中间仅有圆曲线，称为中间曲线。

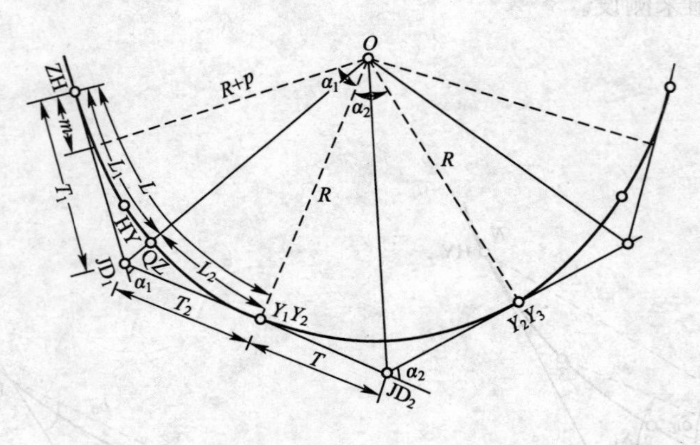

图 5—37　长大曲线

分段时应注意使各段曲线长为 10 m 的整倍数；由两端向中间分段，不使一根缓和曲线分为两段。

分段后曲线综合要素的计算略有变化，如图 5—38 所示，做平行于切线 T_2 的直线，交切线 T_1 于 JD'_1，使两平行线间的距离为 p，则

$$\left.\begin{aligned} T_1&=(R+p)\tan\frac{\alpha_1}{2}+m-p/\sin\alpha_1\\ T_2&=(R+p)\tan\frac{\alpha_1}{2}+p/\tan\alpha_1\\ \alpha_1&=\left(L-\frac{l_0}{2}\right)\cdot180^\circ/\pi R \end{aligned}\right\}\tag{5-15}$$

曲线中点 QZ 测设所用的 γ_1、γ_2，不再是 JD_1 内角的一半，而由下式计算：

$$\left.\begin{aligned} \gamma_1&=\arctan\frac{R+p}{(R+p)\tan\frac{\alpha_1}{2}-\Delta T_1}\\ \gamma_2&=\arctan\frac{R}{(R+p)\tan\frac{\alpha_1}{2}-\Delta T_2} \end{aligned}\right\}\tag{5-16}$$

其中　$\Delta T_1=p/\sin\alpha_1$，$\Delta T_2=p/\tan\alpha_1$，

$$E_0=\frac{R+p}{\sin\gamma_1}-R\tag{5-17}$$

测设时，由 ZH 点按起始切线方向量 T_1 得第 1 分段的交点 JD_1，拨第 1 分段的转向角 α_1，在这个方向上量 T_2，得圆曲线上的主点 y_1、y_2；不改变方向继续向前丈量中间圆曲线的切线 T，可得 JD_2；用 γ_1 或 γ_2 和 E_0 测设 QZ_1。再按同样方法继续测设各分段的控制桩。

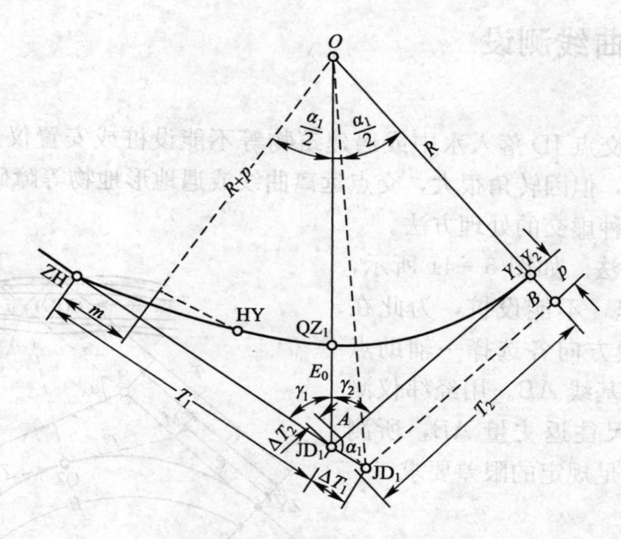

图 5—38 分段测设、分段闭合

2. 回头曲线

曲线总转向角 α 大于或接近 180°时为回头曲线，也称套线。切线长 T 的计算公式如下：

$$T=(R+p)\tan(180°-\alpha/2)-m \tag{5-18}$$

当 $180°<\alpha<360°$ 时，由 JD 沿切线方向丈量 T，可得 ZH 和 HZ；当按式(5－18)所得 T 为正值时，交点位于直线段内，自交点沿直线里程增加的方向量出 T 得 ZH 点，在另一方向得 HZ 点，如图 5—39 所示；当所得 T 为负值时，交点位于切线内，故自交点沿切线向里程减少的方向量出 T 得 ZH，在另一方向上得 HZ，如图 5—40 所示。

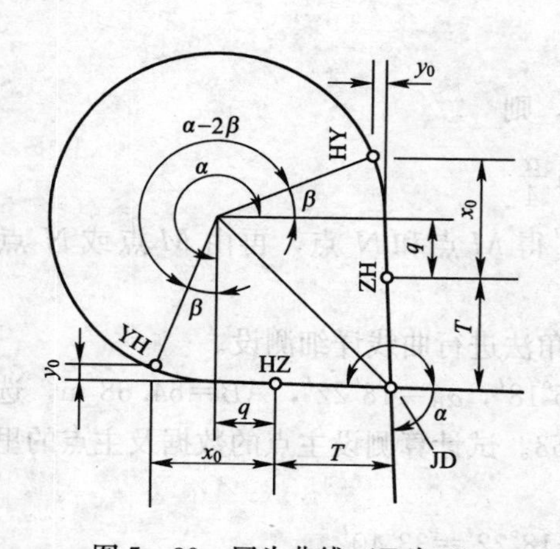

图 5—39 回头曲线（T 为正）

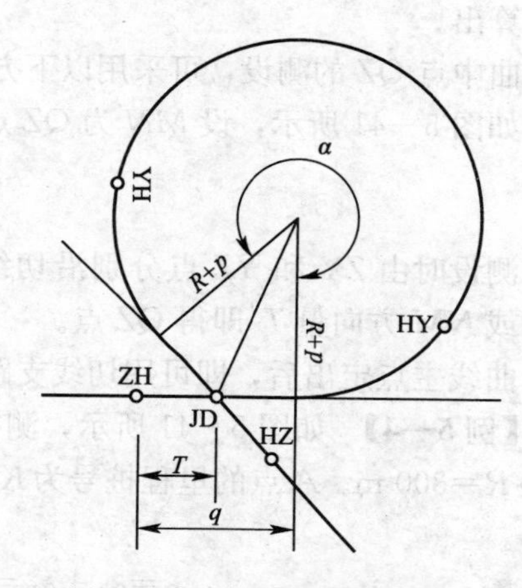

图 5—40 回头曲线（T 为负）

得出曲线的起终点后，按长大曲线的测设方法分段定点、分段测设。

三、困难地段曲线测设

1. 虚交

虚交是指路线交点 JD 落入水中或遇建筑物等不能设桩或安置仪器时的处理方法。有时交点虽可钉出，但因转角很大，交点远离曲线或遇地形地物等障碍，也可作为虚交处理。下面介绍两种虚交的处理方法。

（1）圆外基线法。如图 5—41 所示，路线交点落入河里，不能设桩，为此在曲线外侧沿两切线方向各选择一辅助点 A 和 B，构成圆外基线 AB。用经纬仪测出 α_A 和 α_B，用钢尺往返丈量 AB，所测角度和距离均应满足规定的限差要求。

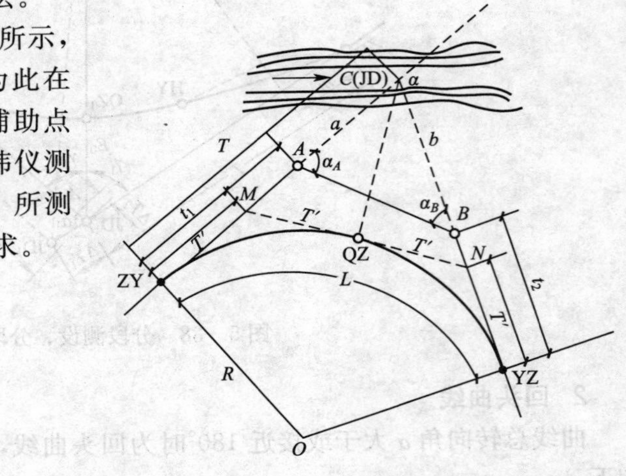

图 5—41　圆外基线法

由图可知：

$$\alpha=\alpha_A+\alpha_B$$

$$\left.\begin{aligned}a&=AB\,\frac{\sin\alpha_B}{\sin\alpha}\\ b&=AB\,\frac{\sin\alpha_A}{\sin\alpha}\end{aligned}\right\}$$

根据转角 α 和选定的半径 R，即可算得切线长 T 和曲线长 L。再由 a、b、T，计算辅助点 A、B 至曲线 ZY 点和 YZ 点的距离 t_1 和 t_2：

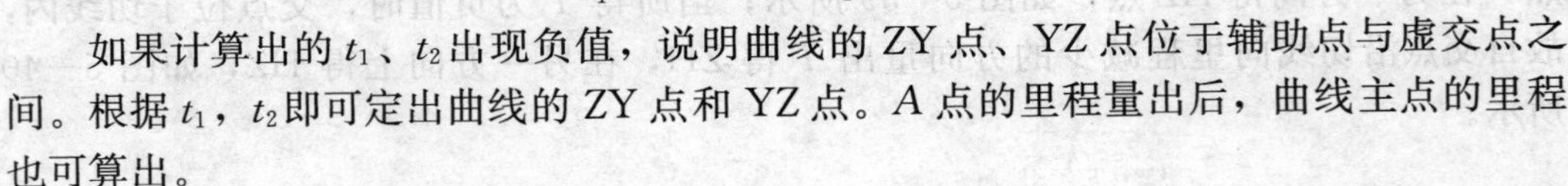
单元 5

$$t_1=T-a\qquad t_2=T-b$$

如果计算出的 t_1、t_2 出现负值，说明曲线的 ZY 点、YZ 点位于辅助点与虚交点之间。根据 t_1，t_2 即可定出曲线的 ZY 点和 YZ 点。A 点的里程量出后，曲线主点的里程也可算出。

曲中点 QZ 的测设，可采用以下方法：

如图 5—41 所示，设 MN 为 QZ 点的切线，则

$$T'=R\tan\frac{\alpha}{4}$$

测设时由 ZY 和 YZ 点分别沿切线量出 T' 得 M 点和 N 点，再由 M 点或 N 点沿 MN 或 NM 方向量 T' 即得 QZ 点。

曲线主点定出后，即可用切线支距法或偏角法进行曲线详细测设。

【例 5—4】 如图 5—41 所示，测得 $\alpha_A=15°18'$，$\alpha_B=18°22'$，$AB=54.68$ m，选定半径 $R=300$ m。A 点的里程桩号为 $K9+048.53$。试计算测设主点的数据及主点的里程桩号。

$$\alpha=\alpha_A+\alpha_B=15°18'+18°22'=33°40'$$

根据 $\alpha=33°40'$，$R=300$ m，计算 T 和 L：

$$T=T\tan\frac{\alpha}{2}=300\times\tan\frac{33°40'}{2}=90.77\text{ m}$$

$$L=R\alpha\frac{\pi}{180^\circ}=300\times33^\circ40'\times\frac{\pi}{180^\circ}=176.28\ \text{m}$$

又
$$a=AB\frac{\sin\alpha_B}{\sin\alpha}=54.68\times\frac{\sin18^\circ22'}{\sin33^\circ40'}=31.08\ \text{m}$$

$$b=AB\frac{\sin\alpha_A}{\sin\alpha}=54.68\times\frac{\sin15^\circ18'}{\sin33^\circ40'}=26.03\ \text{m}$$

因此
$$t_1=T-a=90.77-31.08=59.69\ \text{m}$$

$$t_2=T-a=90.77-26.03=64.74\ \text{m}$$

为测设 QZ 点，计算 T' 如下：

$$T'=R\tan\frac{\alpha}{4}=300\times\tan\frac{33^\circ40'}{4}=44.39\ \text{m}$$

计算主点里程如下：

A 点	$K9+0\ 48.53$
−) t_1	59.69
ZY	$K8+988.84$
+) L	176.28
YZ	$K9+165.12$
−) $L/2$	88.14
QZ	$K9+076.98$

（2）切基线法。与圆外基线法相比，切基线法计算简单，而且容易控制曲线的位置，是解决虚交问题的常用方法。

如图 5—42 所示，基线 AB 与圆曲线相切于一点，该点称为公切点，以 GQ 表示。以 GQ 点将曲线分为两个相同半径的圆曲线。AB 称为切基线，可以起到控制曲线位置的作用。用经纬仪测出 α_A 和 α_B，用钢尺往返丈量 AB。设两个同半径曲线的半径为 R，切线长分别为 T_1 和 T_2，则

$$AB=T_1+T_2=R\tan\frac{\alpha_A}{2}R\tan\frac{\alpha_B}{2}$$

$$=R\left(\tan\frac{\alpha_A}{2}+\tan\frac{\alpha_B}{2}\right)$$

$$R=\frac{AB}{\tan\frac{\alpha_A}{2}+\tan\frac{\alpha_B}{2}}$$

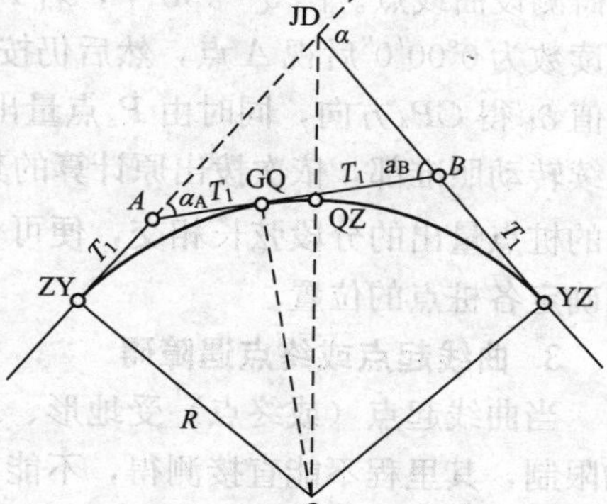

图 5—42　切基线法

半径 R 应算至厘米，R 算得后，根据 R、α_A、α_B 即可算出两个同半径曲线的测设元素 T_1、L_1 和 T_2、L_2。

单元 5

测设时，由 A 沿切线方向向后量 T_1，得 ZY 点。由 A 沿 AB 向前量 T_2 得 GQ 点，由 B 沿切线方向向前量 T_2 得 YZ 点。

QZ 点的测设也可按圆外基线法测设。或者以 GQ 点为坐标原点，用切线支距法设置。

2. 偏角法视线受阻

用偏角法测设圆曲线，遇有障碍，视线受阻时，可将仪器搬到能与待定点相通视的已定桩点上，运用同一圆弧段两端的弦切角（偏角）相等的原理，找出新测站点的切线方向，就可以继续施测。如图 5—43a 所示，仪器在 ZY 点与 P_3 不通视。可将经纬仪移至已测定的 P_2 点上，后视 ZY 点，使水平度盘读数为 0°00′0″，倒镜后再拨 P_3点的偏角 δ_3，则视线方向便是 P_2P_3方向。从 P_2点沿此方向量出分段弦长即可定出 P_3。以后仍可用测站在 ZY 时计算的偏角值测设其余各点，可不必再另算偏角。

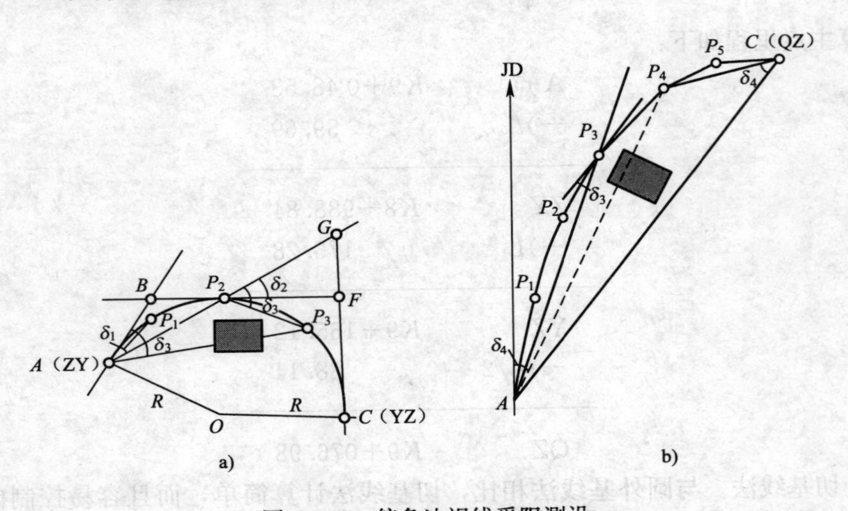

图 5—43　偏角法视线受阻测设

在实测中，有时还可运用圆曲线上同一弧段的圆周角和弦切角相等的原理，来克服障碍测设曲线点。图 5—43b 中，若 P_3点不便设站施测时，则可将仪器置于 C 点，使度盘读数为 0°00′0″后视 A 点，然后仍按测站在 A 点计算的数据转动照准部，拨出 P_4的偏角值 δ_4 得 CP_4方向，同时由 P_3点量出分段弦长与 CP_4 方向线交会，即得 P_4点。同理，继续转动照准部，依次拨出原计算的其余各点的偏角值，则望远镜视线方向同从邻近已测的桩点量出的分段弦长相交，便可分别确定各桩点的位置。

3. 曲线起点或终点遇障碍

当曲线起点（或终点）受地形、地物限制，其里程不能直接测得，不能在起点（或终点）进行曲线详细测设时，可用里程测设法进行。

如图 5—44 所示，A(ZY) 落在水中。测设时，先在 CA 方向线上选一点

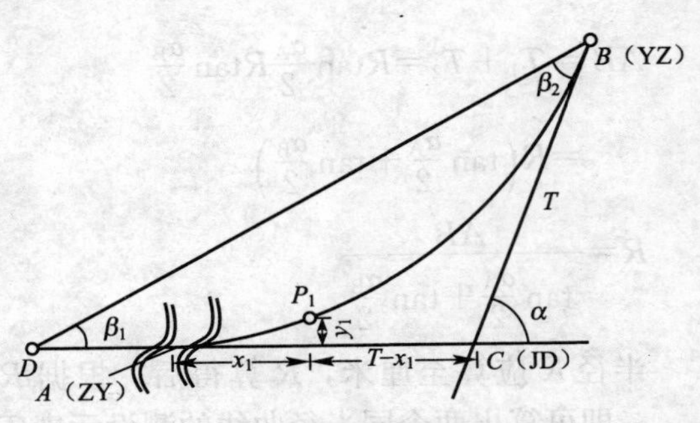

图 5—44　曲线起点或终点遇障碍

D，再在 C(JD) 点向前沿切线方向用钢尺量出 T 定下 B(YZ) 点。将经纬仪置于 B 点，测出 β_2，则在△BCD 中，有

$$\begin{cases}\beta_1=\alpha-\beta_2\\ CD=\dfrac{T\sin\beta_2}{\sin\beta_1}\\ AD=CD-T\end{cases}$$

在 D 点里程测定后，加上距离 AD，即得 ZY 里程。

如图 5—44 所示，曲线上任一点 P_i，其直角坐标为 x_i、y_i。用切线支距法测设 P_i 时，不能从 ZY 点量取 x_i，但可从 JD 点沿切线方向量取 $T-x_i$，从而定出曲线点在切线上的垂足 P_i'。再从垂足 P_i'定出垂线方向，沿此方向量取 y_i，即可定出曲线上 P_i点的位置。

4. 偏角法测设缓和曲线越过障碍方法

如图 5—45 所示，当自 ZH 点测设缓和曲线上各点时，若欲测点与 ZH 点不通视，可把仪器置于任一已测设点上（该点与欲测点彼此要通视）继续测设曲线。例如，ZH 点与点 3 不通视，则可把仪器搬至点 2 继续测设。点 2 的切线及前、后视偏角可以用缓和曲线的要素进行计算。

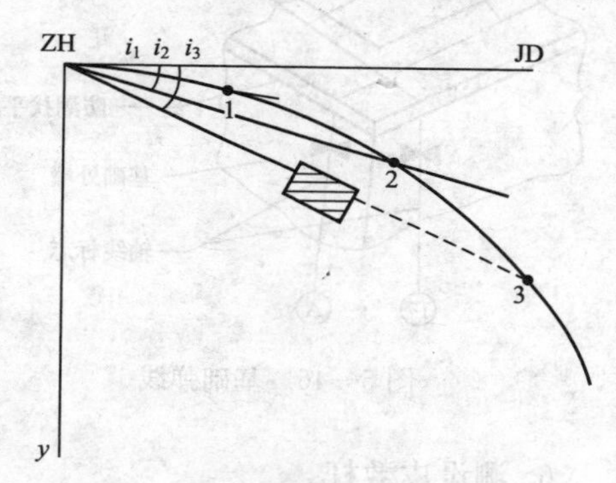

图 5—45 缓和曲线越过障碍

实际工作中，若在缓和曲线上某一已测设的点上置镜，欲后视的点的后视偏角测设的点上置镜，欲后视的点的后视偏角及欲测设的点的前视偏角均可通过计算得到。按常规的曲线细部测设的作业方法，需要在主要点 ZH、HZ、HY 及 YH 设站，进行缓和曲线与圆曲线的测设。当这些点位于特殊地段上而不能置镜时，采用极坐标法越过障碍进行细部测设是十分快速有效的。

单元 5

第四节 结构施工和安装测量

→ 掌握各种结构的施工放线的方法

→ 掌握厂房安装测量的方法

一、砖混结构的施工放线

在条形基础工程完成后，即可在防潮找平层上进行围护结构施工放线，主要内容

如下：

1. 校核轴线控制桩有无碰动，确保其位置准确。

2. 找平层上，弹轴线用经纬仪将建筑物四廓主轴线投测到防潮找平层上，弹出墨线，并进行闭合校测。

3. 弹竖向轴线，当确认主轴线间距与角度均符合规范要求时，将其引测至基础墙立面上，如图 5—46 所示。作为轴线竖向投测的依据。

4. 测设细部轴线，为了使各轴线间距精度均匀，应将钢尺拉平，使尺上 0 m 刻划线对准起始轴线，相应刻划线对准末端轴线，然后分别标出细部轴线点位。

5. 根据细部轴线弹出墙边线及门洞口位置线，横纵墙线应相互交接，门洞口线应延长出墙外 15～20 cm 的线头，作为以后检查的依据。如图 5—47 所示，将门口位置线弹在墙体外立面上。

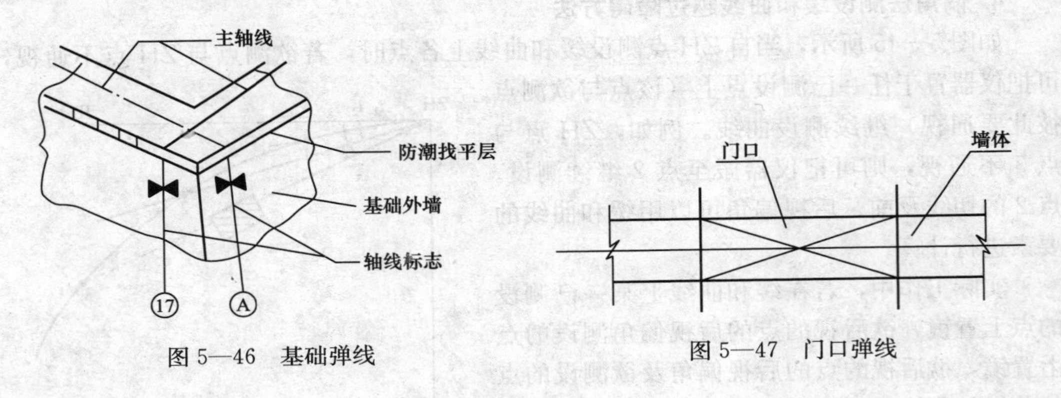

图 5—46　基础弹线　　图 5—47　门口弹线

6. 测设皮数杆。

7. 抄测“50”水平线墙体砌筑一步架后，用水准仪测设距地面 0.5 m 或 1 m 水平线。

二层以上放线时，先将主轴线及标高线投测至施工层，然后重复以上步骤。

二、现浇钢筋混凝土框架结构的施工放线

1. 钢筋混凝土框架结构的基础一般有两种形式。第一种是条形基础，首层柱线弹在基础梁上；第二种是筏式基础，首层柱线弹在棱台基础上。

2. 由于柱子主筋均设在轴线位置上，故直接测设轴线多不易通视。为此，框架结构轴线控制的设置与围护结构有所不同。若直接控制轴线，多不便使用。在建筑物定位时，需考虑平行借线控制。借线尺寸根据工程设计情况及施工现场条件而定，可控制柱边线，或平移一整尺寸，但各条控制线的平移尺寸与方向应尽量一致，以免用错。所有南北向轴线（①、②等）一律向东借 1 m，只有最东一条轴线向西借 1 m。所有东西向轴线（Ⓐ、Ⓑ等）一律向北借 1 m，只有最北一条轴线向南借 1 m。

3. 施工层平面放线，除测设各轴线外，还需弹出柱边线，作为绑扎钢筋与支模板的依据，柱边线一定要延长出 15～20 cm 的线头，以便支模后检查用。

4. 柱筋绑扎完毕后，在主筋上测设柱顶标高线作为浇筑混凝土的依据，标高线测

设在两根对角钢筋上，并用白油漆作出明显标记。

5. 柱模拆除后，在柱身上测设距地面 1 m 水平线，矩形柱的四角各测设一点，圆形柱在圆周上测设三点，然后用墨线连接。

6. 用经纬仪将地面各轴线投测到柱身上，弹出墨线，作为框架梁支模以及围护结构墙体施工的依据。

二层以上结构施工放线，仍需以首层传递的控制线与标高作为依据。

三、装配式钢筋混凝土框架结构的施工放线

1. 首层平面放线

方法与现浇框架结构基本相同。先测设建筑物四廓主轴线，经闭合校测后，弹出各细部轴线，使每根柱位上形成十字线，作为预制柱就位的依据，如图 5—48 所示。

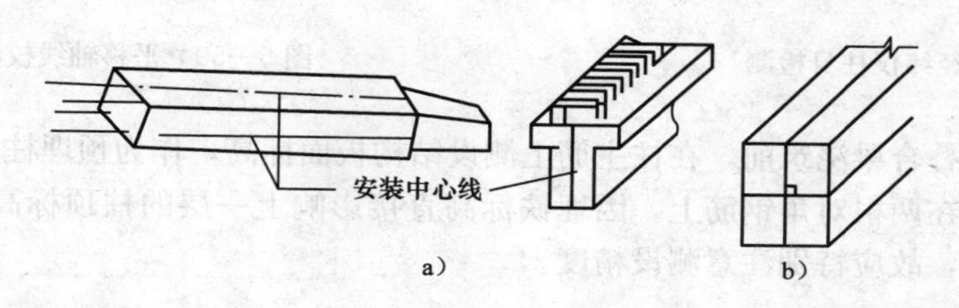

图 5—48　预制柱、梁上的弹线

2. 对基础柱顶预埋铁板的标高进行复测、记录，以便施工人员在柱子安装之前进行加焊或剔凿调整，以保证柱顶标高正确。

3. 构件进场后，用钢尺校测其几何尺寸，若发现与设计不符，事先采取措施，以免安装后再返工。

4. 在柱身三面及梁两端分别弹出安装中心线，如图 5—48a 所示。由于柱子制作的几何尺寸存在误差，柱截面不一定是矩形，故第三面中线不能直接分中标定，而应根据已标好的两面中线作垂线，延长至第三面，以此确定中线，如图 5—48b 所示。

5. 预制柱安装时，以安装中心线为准，用甲、乙两台经纬仪在两个相互垂直的方向上，同时校测柱子的铅直度。为能够安置一次仪器校测多根柱子，在柱身上下为一平面时，甲经纬仪可不安置在轴线上，但应尽量靠近轴线，仪器与柱列轴线的夹角不大于 15°。如图 5—49 所示，为提高校测精度，应注意以下操作要点：

（1）所用经纬仪应严格进行检校。

（2）使用仪器时，应严格定平长水准管。

（3）观测柱中心线时，其上下标志点应位于同一平面上。

（4）柱子安装就位后，在柱身上测设距地面 1 m 水平线，柱顶主次梁标高均可依此线向上量取。

（5）预制梁安装位置线的测设，仍应以楼（地）面轴线向上投测，而不直接使用柱身中线，以避免柱子安装误差的影响。测设时，将轴线平行移至柱外，在一端安置经纬仪，对中、定平，后视另一端平行线，抬高望远镜。另一人在柱顶横放一直尺，左右移

动。当经纬仪视线与尺端重合时，从尺端量回平移尺寸，即为轴线位置，如图 5—50 所示。

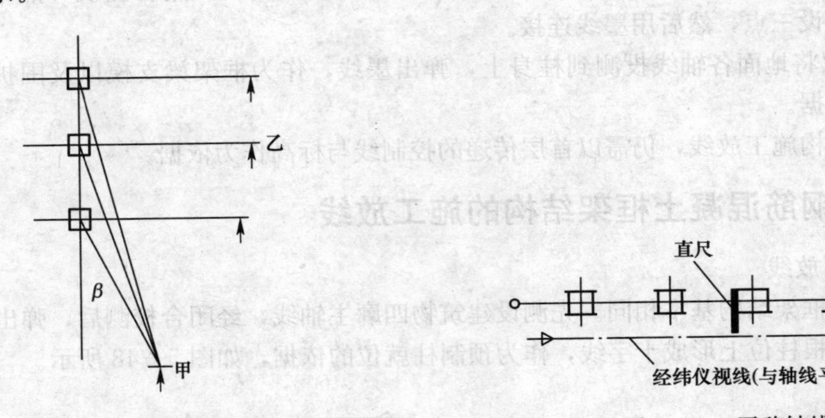

图 5—49　经纬仪柱身检测

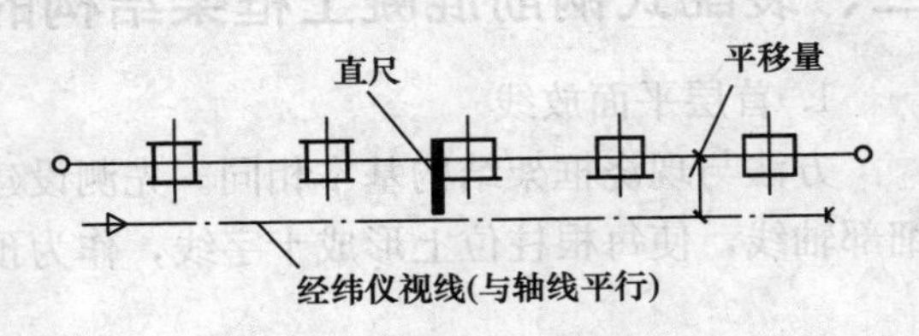

图 5—50　平移轴线校测

(6) 顶板叠合梁浇筑前，在柱主筋上测设结构板面标高，作为预埋柱头连接铁板的依据，标记划在两根对角钢筋上，因埋铁标高直接影响上一层的柱顶标高、梁顶标高，直至结构层高，故应特别注意测设精度。

四、单层厂房结构的施工放线

单层厂房一般采用现浇钢筋混凝土杯形基础、预制柱、吊车梁、钢屋架或大型屋面板结构形式，其放线精度要高于民用建筑。

1. 杯口弹线

根据经过校测的厂房平面控制网，将横纵轴线投测到杯形基础上口平面上，如图 5—51 所示。当设计轴线不为柱子正中时（如边柱），还要在杯口平面上加弹一道柱子中心位置线，作为柱子安装就位的依据。

2. 杯口抄平

根据标高控制网或±0.000 水准点，在杯口内壁四周测设一条水平线。其标高为一整分米数，一般比杯口表面设计标高低 10～20 cm，作为检查杯底浇筑标高及后抹找平层的依据。

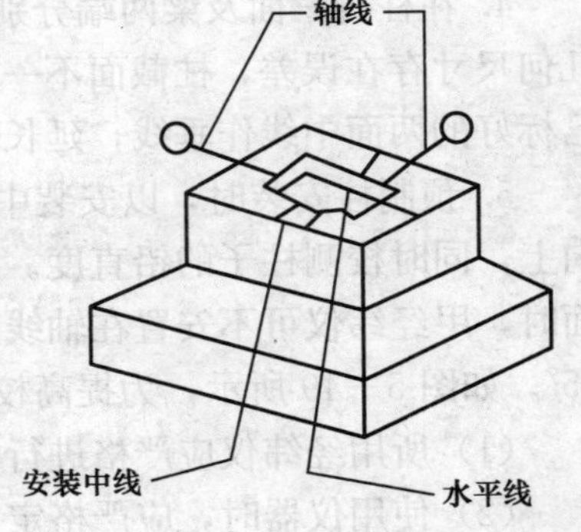

图 5—51　杯口弹线

3. 检查构件几何尺寸

在厂房构件中，柱身尺寸是否准确是关键。尤其是牛腿面标高，直接影响吊车梁、轨道的安装精度。所以，在柱子安装之前，应用钢尺校测柱底到牛腿面的长度，若发现构件制作误差过大，则应在抹杯底找平层时予以调整。保证安装后，牛腿面标高符合设计要求，在量柱长时，应注意由牛腿埋件四角分别量至柱底，并以其中最大值为准，确定杯底找平层厚度。

【例 5—5】 如图 5—52 所示，预制柱牛腿面设计标高 H_2＝7.500 m，柱底设计标高 H_1＝－1.100 m，杯口水平线标高 H_3＝－0.600 m。牛腿面至柱底长度 $l=H_2-H_1=7.500-(-1.100)=8.600$ m。

解：由牛腿面向下量 $b=H_2-H_3=7.500-(-0.600)=8.100$ m。在柱身上弹线（此线与杯口水平线同高）。

水平线至杯底深度 $a=l-b=8.600-8.100=0.500$ m。

实量柱身上水平线至柱底四角深度 a_1＝0.494 m，a_2＝0.503 m，a_3＝0.497 m，a_4＝0.509 m，则找平层表面至杯口水平线距离 $a=a_4$＝0.509 m。

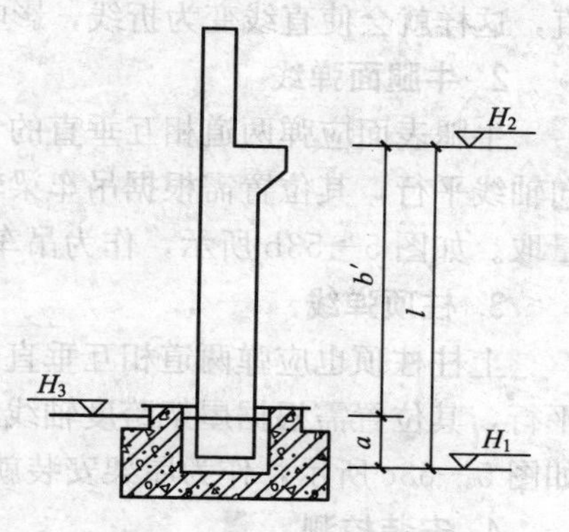

图 5—52　例 5—5 题图

4. 绘制与测设围护墙皮数杆

在框架结构安装完毕后，即可按杯口轴线砌筑围护墙。此时，需根据立面图绘制皮数杆，但测设方法与混合结构有所不同。由于厂房外墙是在两柱之间分档砌筑，每根柱子均在轴线处，故可采取以下方法测设皮数杆：先根据外墙设计内容画好一根样杆，在杆上标出＋1.000 m 水平线，另在每根柱身上测设相应水平线。将样杆贴在柱子一侧，两条＋1.000 m 水平线对齐后，用红铅笔按样杆内容划在柱身两侧，即可作为砌筑围护墙的竖向依据。

五、单层厂房预制混凝土柱子的安装测量

混凝土柱是厂房结构的主要构件，其安装精度直接影响到整个结构的安装质量，故应特别重视这一环节的施工，确保柱位准确、柱身铅直、牛腿面标高正确。

1. 柱身弹线

先在柱身三面弹出中心线。对于牛腿以上截面变小的一面，由于中线不能从柱底通到柱顶，安装时不便校测，故应在带有上柱的一边，弹一道与中线平行的安装线，作为铅直校测的标志。如图 5—53 所示。

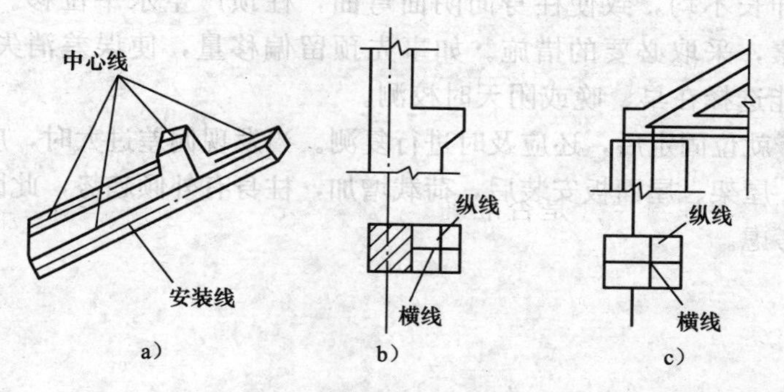

图 5—53　预制混凝土柱子安装

标出中间点，不能根据柱边量出各点。因为构件生产时，不可能保证柱边绝对铅直，这样就会使直线变为折线，影响铅直校测精度。

2. 牛腿面弹线

牛腿表面应弹两道相互垂直的十字线，横线与牛腿上下柱小面中线一致；纵线与纵向轴线平行，其位置需根据吊车梁轨距与柱轴线的关系计算，然后由中线（或安装线）量取。如图 5—53b 所示，作为吊车梁安装就位的依据。

3. 柱顶弹线

上柱柱顶也应弹两道相互垂直的十字线，横线与柱小面中线一致；纵线与纵向轴线平行，其位置需根据屋架跨度轴线至柱轴线距离计算，然后由中线（或安装线）量取，如图 5—53c 所示，作为屋架安装就位的依据。

4. 安装校测

如图 5—54 所示，用两台经纬仪安置在相互垂直的两个方向上，同时进行校测。为保证校测精度，应注意以下几点：

(1) 校测前，对所用仪器进行严格的检校，尤其是 $HH \perp VV$ 的检校，因为此项误差对高柱的校测影响更大。

(2) 正对变截面柱，经纬仪应严格安置在轴线（或中线）上，且尽量后视杯口平面上的轴线（或中线）标记，这样不但能校测柱身的铅直，而且能够同时校测位移，从而提高安装精度。

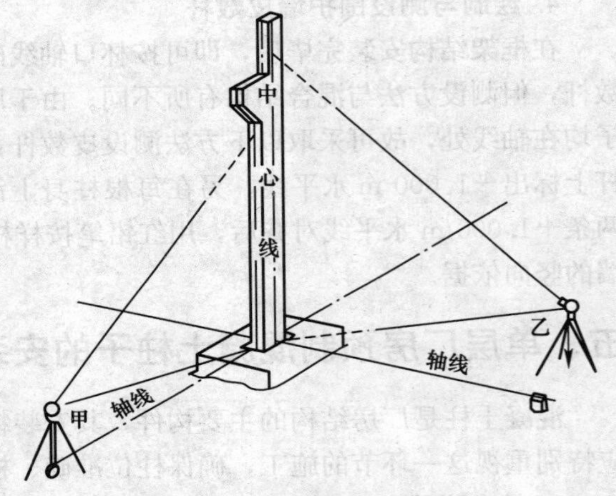

图 5—54　柱身安装校测

(3) 尽可能将经纬仪安置在距柱较远处，以减小校测时的视线倾角，削弱 $HH \perp VV$ 误差的影响。

(4) 对于柱长大于 10 m 的细长柱子，校测时还要考虑温差影响。在阳光照射下，柱子阴阳两侧伸长不均，致使柱身向阴面弯曲，柱顶产生水平位移。因此，校测时要考虑这一因素，采取必要的措施。如事先预留偏移量，使误差消失后，柱身保持铅直；或尽可能选择在早、晚或阴天时校测。

(5) 在柱子就位固定后，还应及时进行复测。当发现偏差过大时，应及时校正。另外，在柱顶梁、屋架、屋面板安装后，荷载增加，柱身有外倾趋势，此因素也应在校测及复测时加以考虑。

第五节 建筑工程施工中的沉降观测和竣工测量

→ 了解建筑工程施工中沉降观测的内容
→ 掌握沉降观测点的布设和观测
→ 了解建筑工程施工竣工测量的基本内容

一、建筑工程施工中的沉降观测

1. 建筑工程施工中沉降观测的主要作用与基本内容

（1）沉降观测的主要作用

1）监测施工对邻近建筑物安全的影响。

2）监测施工期间施工塔吊与基坑护坡的安全情况。

3）监测工程设计、施工是否符合预期要求，为有关地基基础及结构设计是否安全、合理、经济等提供反馈信息。

4）监测高低跨之间的沉降差异，以决定后浇带何时浇筑。

（2）沉降观测的基本内容

1）施工对邻近建（构）筑物影响的观测。打桩（包括护坡桩）和采用井点降低水位等，均会使邻近建（构）筑物产生不均匀的沉降、裂缝和位移等变形。为此，在打桩前，除在打桩、井点降水影响范围以外设基准点，还要根据设计要求，在距基坑一定范围的建（构）筑物上设置沉降观测点，并精确地测出其原始标高。以后根据施工进展，及时进行复测。以便针对沉降情况，采取安全防护措施。

2）施工塔吊基座的沉降观测。高层建筑施工使用的塔吊，吨位和臂长均较大。塔吊基座虽经处理，但随着施工的进行，塔身逐步增高，尤其在雨季时，可能会因塔基下沉、倾斜而发生事故。因此，要根据情况及时对塔基四角进行沉降观测，检查塔基下沉和倾斜状况，以确保塔吊运转安全，工作正常。

3）基坑护坡的安全监测。随着建筑物高度的增加，基坑的深度在不断加深，10～20 m的基坑已较普遍。由于施工中措施不力或监测不到位，基坑坍塌事故时有发生。为此，《建筑地基基础工程施工质量验收规范》（GB 50202—2002）中规定：“在施工中应对支护结构、周围环境进行观察和监测。”监测的内容主要是基坑围护结构的位移与沉降。位移观测主要是使用经纬仪视准线法或测角法观测支护结构的顶部与腰部的水平位移，如出现异常情况应及时处理。1998 年编者单位曾负责 220 m×480 m 深 20 m 的东方广场基坑护坡桩的监测，由于基坑外市政施工人员不了解情况，误断了广场西北侧5 根护坡桩长 27 m 的锚杆，造成护坡桩较大的变形，由于监测及时发现，及时处理防止了事故。2003 年某 600 m 长 20 m 深的大型基坑由于没有监测，未及时发现变形，造成50 m基坑的坍塌事故，损失严重。

4）建筑物自身的沉降观测

①根据《高层建筑混凝土结构技术规程》（JGJ3—2010）规定：对于20层以上或造型复杂的14层以上的建筑，应进行沉降观测。

②以高层建筑为例，其沉降观测的主要内容为：当浇筑基础底板时，就按设计指定的位置埋设好临时观测点。一般浮筏基础或箱形基础的高层建筑，应在纵、横轴线和基础周边设置观测点。观测的次数与时间应按设计要求。一般第一次观测应在观测点安设稳固后及时进行。以后结构每升高一层，将临时观测点移上一层并进行观测，直到±0.000时，再按规定埋设永久性观测点。然后每施工1～3层复测一次，直至封顶。工程封顶后一般每三个月观测一次至基本稳定（1 mm/100天）。

③沉降观测的等级、精度要求、适用范围及观测方法，应根据工程需要，按表5—6与表5—7中相应等级的规定选用。

2. 沉降观测的特点与操作特点

（1）沉降观测的特点

1）精度要求高。为了能真实地反映出建筑物沉降的状况，一般规定测量的误差应小于变形量的1/20～1/10。因此，应使用精密水准测量方法。

2）观测时间性强。各项沉降观测的首次观测时间必须按时进行，否则得不到原始数据，其他各阶段的复测也必须根据工程进展按时进行，才能得到准确的沉降变化情况。

3）观测成果可靠、资料完整。这是进行沉降分析的需要，否则得不到符合实际的结果。

（2）沉降观测的操作要点。即“二稳定、三固定”。“二稳定”是指沉降观测依据的基准点和被观测体上的沉降观点位要稳定。

三固定是指：

1）仪器固定包括三脚架、水准尺。

2）人员尤其是主要观测人员固定。

3）观测的线路固定包括镜位、观测次序。

3. 沉降观测控制网的布设原则与主要技术要求

（1）沉降观测控制网布设。附合或闭合路线，其主要技术要求和测法应符合《工程测量规范》（GB 50026—2007）的规定。

表5—6　沉降观测网主要技术要求和测法

等级	相邻基准点高差中误差（mm）	每站高差中误差（mm）	往返较差、附合或环线闭合差（mm）	检测已测高差较差	使用仪器、观测方法及要求
一等	0.3	0.07	$0.15\sqrt{n}$	$0.2\sqrt{n}$	S05型仪器，视线长度≤15 m，前后视距差≤0.3 m，视距累积差≤1.5 m。宜按国家一等水准测量的技术要求施测

续表

等级	相邻基准点高差中误差（mm）	每站高差中误差（mm）	往返较差、附合或环线闭合差（mm）	检测已测高差较差	使用仪器、观测方法及要求
二等	0.5	0.13	$0.30\sqrt{n}$	$0.5\sqrt{n}$	S05 型仪器，宜按国家一等水准测量的技术要求施测
三等	1.0	0.30	$0.6\sqrt{n}$	$0.8\sqrt{n}$	S05 或 S1 型仪器，宜按本规范二等水准测量的技术要求施测
四等	2.0	0.70	$1.4\sqrt{n}$	$2.0\sqrt{n}$	S1 或 S3 型仪器，宜按本规范三等水准测量的技术要求施测

注：n 为测段的测站数。

（2）高程系统。应采用施工高程系统，也可采用假定高程系统。当监测工程范围较大时，应与该地区水准点连测。

（3）基准点埋设。应符合下列要求：

1）坚实稳固、便于观测。

2）埋设在变形区以外，标石底部应在冻土层以下，基准点的标石形式可参考《工程测量规范》（GB 50026—2007）附录四的规定执行。

3）可利用永久性建（构）筑物设立墙上基准点，也可利用基岩凿埋标志。

4）因条件限制必须在变形区内设置基准点时，应埋设深埋式基准点，埋深至降水面以下 4 m。

4. 沉降观测点的布设原则与主要技术要求

（1）沉降观测点的布设原则。主要由设计单位确定，施工单位埋设，应符合下列要求：

1）布置在变形明显而又有代表性的部位。

2）稳固可靠、便于保存、不影响施工及建筑物的使用和美观。

3）避开暖气管、落水管、窗台、配电盘及临时构筑物。

4）承重墙可沿墙的长度每隔 8～12 m 设置一个观测点，在转角处、纵横墙连接处、沉降缝两侧均应设置观测点。

5）框架式结构的建筑物应在柱基上设置观测点。

6）观测点的埋设应符合《工程测量规范》的要求。

7）高耸构筑物，如电视塔、烟囱、水塔、大型储罐等的沉降观测点应布置在基础轴线对称部位，每个构筑物应不少于四个观测点。

（2）观测方法与精度等级。沉降观测应采用几何水准测量或液体静力水准测量方法进行。沉降观测点的精度等级和观测方法，应根据工程需要的观测等级确定并符合《工程测量规范》（GB 50026—2007）规定，见表 5—7。

表 5—7　　沉降观测点的精度等级和观测方法

等级	变形点的高程中误差（mm）	相邻变形点高程中误差（mm）	往返较差、附合或环线闭合差（mm）	观测方法
一等	±0.3	±0.15	$\leqslant 0.15\sqrt{n}$	除宜按国家一等精密水准测量外，尚需设双转点，视线≤15 m，前后视距差≤0.3 m，视距累积差≤1.5 m，精密液体静力水准测量，微水准测量等
二等	±0.5	±0.30	$\leqslant 0.30\sqrt{n}$	按国家一等精密水准测量；精密液体静力水准测量
三等	±1.0	±0.50	$\leqslant 0.60\sqrt{n}$	按本规范二等水准测量；液体静力水准测量
四等	±2.0	±1.00	$\leqslant 1.4\sqrt{n}$	按本规范三等水准测量；短视线三角高程测量

注：n 为测站数。

(3) 观测周期。荷载变化期间，沉降观测周期应符合下列要求：

1) 高层建筑施工期间每增加 1～2 层，电视塔、烟囱等每增高 10～15 m 观测一次；每次应记录观测时建（构）筑物的荷载变化、气象情况与施工条件的变化。

2) 基础混凝土浇筑、回填土及结构安装等增加较大荷载前后应进行观测。

3) 基础周围大面积积水、挖方、降水及暴雨后应观测。

4) 出现不均匀沉降时，根据情况增加观测次数。

5) 施工期间因故暂停施工超过三个月，应在停工时及复工前进行观测。

6) 结构封顶至工程竣工。沉降周期宜符合下列要求：

①均匀沉降且连续三个月内平均沉降量不超过 1 mm 时，每三个月观测一次。

②连续两次每三个月平均沉降量不超过 2 mm 时，每六个月观测一次。

③外界发生剧烈变化时应及时观测。

④交工前观测一次。

⑤交工后建设单位应每六个月观测一次，直至基本稳定（1 mm/100 天）为止。

5. 施工场地邻近建（构）筑物的沉降观测

(1) 工程概况。图 5—55 所示为某高层建筑物基坑北侧，有一占地东西宽 49 m、南北长 43 m 的古建筑，

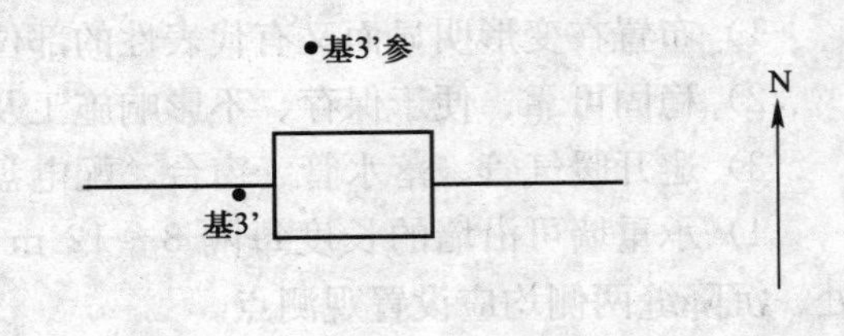

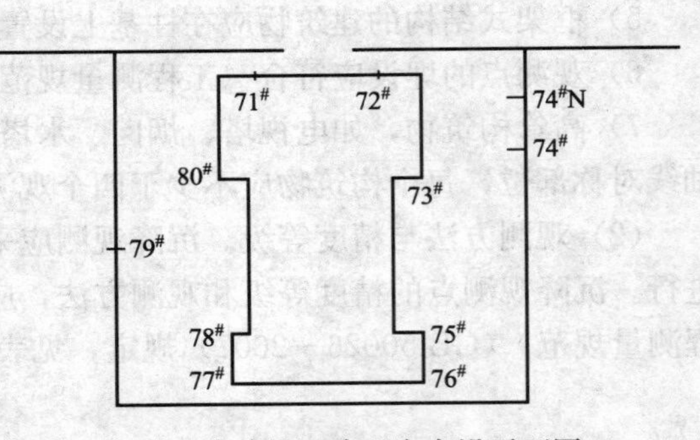

图 5—55　古建筑沉降观点布设平面图

是重点保护文物。该古建筑物西侧与南侧挖深 22 m 多，东侧稍浅，形成半岛墩台，三面均有护坡桩。为保护古建筑物，施工期间进行沉降观测，主要目的如下：

1）场地降水对建筑物沉降的影响。

2）护坡桩锚杆应力对建筑物高程的影响。

3）气候因素的影响，如冬天结冰、春天融化及降雨等因素。

4）施工动、静荷载对古建筑沉降的影响。

5）附近变电设备安装及塔吊拆卸对建筑物的影响。

6）护坡桩外回填后建筑物标高是否稳定。

（2）沉降观测方案

1）设置观测点与基准点。在古建筑四周及围墙上设沉降观测点，布设测标，基准点为街道北侧大门西侧墙上基 3’。

2）仪器的选用。蔡司 Ni005A 精密水准仪与其相配套的铟瓦精密水准尺。

3）精度要求。全测区闭合差精度按 $\pm 0.4\sqrt{n}$ mm 为限，基 3’测定后高程作为常数，计算 71#、80#高程。采用墙上贴标、测定各点高程的方法，基本相当于《工程测量规范》2～3 级水准观测。

4）人员相对固定、配合得当。保证质量和工作效率，保证成果的精度和连续性。

（3）各观测点变化情况与资料分析

1）工程由 1996 年 12 月 24 日始至 1999 年 7 月 31 日止，共施测 140 次。基 3’至基 3’参检测 44 次，1998 年 3 月 5 日发现基 3’由 1998 年 1 月 24 日因市政地下顶管施工而下沉，至 1998 年 10 月 26 日稳定，共下降 18 mm。因此，一经发现后基 3’高程就不能作为起始点，改由基 3’参作为依据，相对比较可靠。

2）1996 年年底到 1997 年 9 月中，由于古建筑西、南、东三侧灌筑护坡桩和锚杆施加拉力，而使全部观测点位处于缓慢上升阶段，之后 77#、78#、79#、80#急剧下降，原因可能与锚杆作用力和降水有关，总体是以东南至西北方向为平衡轴，呈西南下降、东北升高的趋势，而平衡轴逐步往东北方向移动。

3）各观测点总沉降量见表 5—8，场地总体呈向西南倾斜，如图 5—56 所示。

表 5—8　　观测点总沉降量

点号	1996.12.24 高程	1999.7.31 高程	沉降量（mm）
71#	48.172 3	48.170 4	−1.9
72#	48.172 1	48.176 9	+4.8
73#	48.533 0	48.534 6	+1.6
74#	48.533 9	48.537 7	+3.8
75#	48.532 6	48.519 3	−13.3
76#	48.533 2	48.520 5	−12.7
77#	48.608 9	48.579 2	−29.7
78#	48.607 5	48.576 4	−31.1
79#	48.606 9	48.583 9	−23.0
80#	48.607 5	48.593 4	−14.1

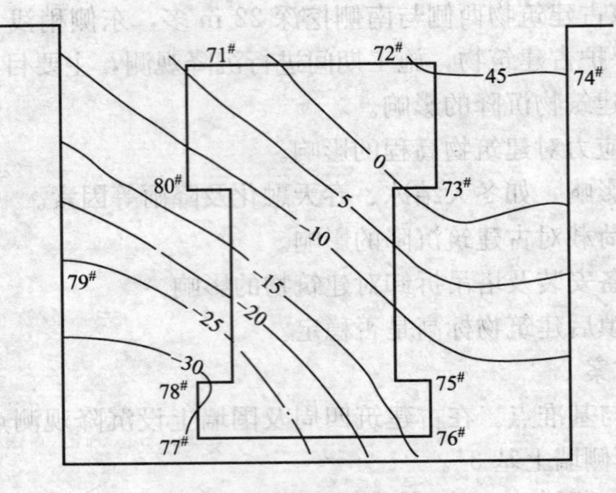

图5—56　测区总体等沉线

6. 高层建筑工程的沉降观测

对高层建筑工程进行沉降观测应按1～4所述进行，其基本测法与5基本相同。沉降观测应提供的成果如下：

（1）建筑物平面图。如图5—57所示，图上应标有观测点位置及编号，必要时应另绘竣工图及沉降稳定时的等沉线图（参见图5—58）。

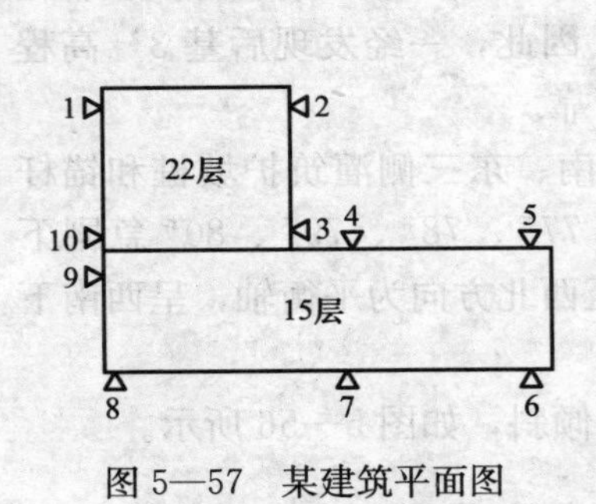

图5—57　某建筑平面图

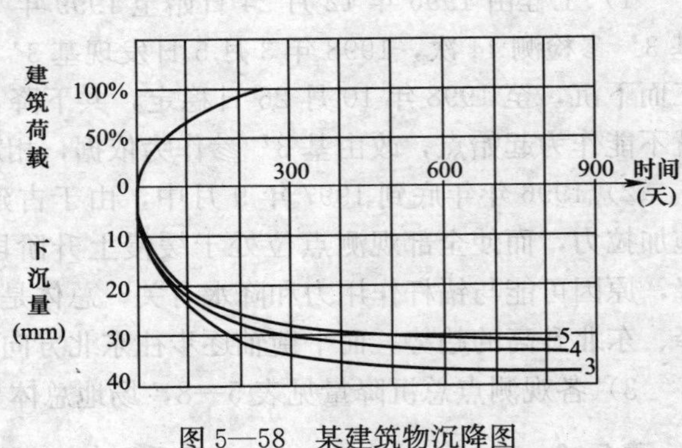

图5—58　某建筑物沉降图

（2）下沉量统计表。这是根据沉降观测记录整理而成的各个观测点的每次下沉量和累积下沉量的统计值。

（3）观测点的下沉量曲线。如图5—58所示，图中横坐标为时间。图形分为上下两部分，上部分为建筑荷载曲线，下部分为各观测点的下沉曲线。

二、建筑工程施工竣工测量

1. 竣工测量的目的与竣工测量资料的基本内容

（1）竣工测量的目的

1）验收与评价工程是否按图施工的依据。

2）工程交付使用后，进行管理、维修的依据。

3）工程改建、扩建的依据。

（2）竣工测量资料的基本内容

1）测量控制点的点位和数据资料（如场地红线桩、平面控制网点、主轴线点及场地永久性高程控制点等）。

2）地上、地下建筑物的位置（坐标）、几何尺寸、高程、层数、建筑面积及开工、竣工日期。

3）室外地上、地下各种管线（如给水、排水、热力、电力、通信等）与构筑物（如化粪池、雨水处理池、各种检查井等）的位置、高程、管径、管材等。

4）室外环境工程（如绿化带、主要树木、草地、园林、设备）的位置、几何尺寸及高程等。

2. 竣工测量的工作特点

做好竣工测量的关键是从工程定位开始就要有次序、一项不漏地积累各项技术资料。尤其是对隐蔽工程，一定要在还土前或下一步工序前及时测出竣工位置，否则就会造成漏项。在收集竣工资料的同时，要做好设计图样的保管，各种设计变更通知、洽商记录均要保存完整。

竣工资料（包括测量原始记录）及竣工总平面图等编绘完毕，应由编绘人员与工程负责人签名后，交使用单位与国家有关档案部门保管。

3. 建筑竣工图的作用与基本要求

（1）竣工图的作用。竣工图是建筑安装工程竣工档案中最重要的部分，是工程建设完成后主要的凭证性材料，是建筑物真实的写照，是工程竣工验收的必备条件，是工程维修、管理、改建、扩建的依据。

（2）竣工图的基本要求

1）竣工图均按单项工程进行整理。

2）竣工图应具有明显的“竣工图”字样，并包括有编制单位名称、制图人、审核人和编制日期等基本内容。编制单位、制图人、审核人、技术负责人要对竣工图负责。

3）凡工程现状与施工图不相符的内容，全部要按工程竣工现状清楚、准确地在图样上予以修正，如工程图纸会审中提出的修改意见、工程洽商或设计变更的修改内容、施工过理中建设单位和施工单位双方协商的修改（见工程洽商）等都应如实绘制在竣工图上。

4）专业竣工图应包括各部门、各专业深化（二次）设计的相关内容，不得漏项、重复。

5）凡结构形式改变、工艺改变、平面布置改变、项目改变以及其他重大改变，或者在一张图样上改动部分大于 1/3 以及修改后图面混乱、分辨不清的图样均需重新绘制。

6）编制竣工图必须采用不褪色的绘图墨水。

4. 建筑竣工图的内容类型与绘制要求

（1）竣工图的内容。竣工图应按专业、系统进行整理。包括以下内容：

1）建筑总平面布置图与总图（室外）工程竣工图。

2）建筑竣工图与结构竣工图。

3）装修、装饰竣工图（机电专业）与幕墙竣工图。

4）消防竣工图与燃气竣工图。

5）电气竣工图与弱电竣工图（包括各弱电系统，如楼宇自控、保安监控、综合布线、共用电视天线、停车场管理等系统）。

6）采暖竣工图与通风空调竣工图。

7）电梯竣工图与工艺竣工图等。

（2）竣工图的类型与绘制要求。竣工图的类型包括利用施工蓝图改绘的竣工图、在二底图上修改的竣工图、重新绘制的竣工图。

1）利用施工蓝图改绘的竣工图。绘制竣工图所使用的施工蓝图必须是新图，不得使用刀刮、补贴等方法进行绘制。

2）在二底图上修改的竣工图。在二底图上依据洽商内容用刮改法绘制，并在修改备考表上注明洽商编号和修改内容。

3）重新绘制的竣工图。重新绘制竣工图必须完整、准确、真实地反映工程竣工现状。

第六节　小区域地形图测绘技能训练实例

实训 1　复杂建筑物的放线实训

【实训目的】

1. 了解曲线形建筑的基本知识。

2. 掌握曲线形建筑的测设方法。

【仪器及工具】

经纬仪 1 台，钢尺 1 把，记录板 1 块，测伞 1 把，测钎 5 根；自备 2H 铅笔与计算器。施工图纸 1 张。

【实训步骤】

曲线形平面图形中的施工放样方法有拉线法、几何作图法（采用直尺或角尺等几何作图工具进行放样）、坐标计算法、偏角法、切线支距法等方法。

在施工工作中，应根据设计图给出的定位条件及现场情况采取相应的施工放样方法。下面以一个工程实例来说明坐标计算法的实测方法。

有一椭圆形建筑物短轴 b 为 30 m，长轴 a 为 40 m。椭圆形建筑物放样略图如图 5—59 所示。

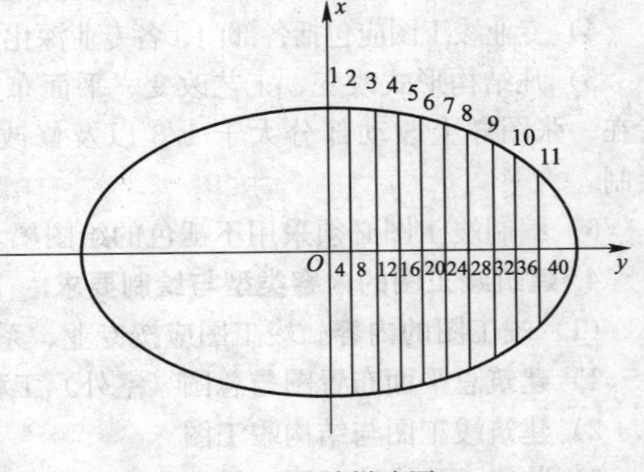

图 5—59　放样略图

（1）数据计算

1）建立坐标系和椭圆方程。分别

以椭圆的短轴和长轴为 x、y 轴，以长轴、短轴的交点为原点，建立 xoy 平面直角坐标系。若椭圆的短半轴为 a，长半轴为 b，则椭圆上任一点的坐标应满足方程：

$$\frac{x^2}{a^2}+\frac{y^2}{b^2}=1$$

式中　$a=30.000$ m，$b=40.000$ m。

2）计算弧分点的坐标。用 $y=0$ m、±4 m、…、±40 m 的直线切割椭圆则可得1～11 等弧分点。将 $a=30.000$ m，$b=40.000$ m 和各弧分点的横坐标代入上式，可算得各弧分点的纵坐标。1～11 点的坐标计算结果见表 5—9。由于椭圆的对称性，只需算出第一象限的弧分点坐标。

表 5—9　　弧分点坐标计算表

弧分点	1	2	3	4	5	6	7	8	9	10	11
y/m	0	4	8	12	16	20	24	28	32	36	40
x/m	30.000	29.850	29.394	28.618	27.495	25.981	24.000	21.424	18.000	13.077	0.000

（2）实地放样

1）根据总平面设计，用直角坐标法（或其他方法）确定出椭圆形建筑平面的中心点位和主轴线。

2）在地面上以主轴为 y 轴，以中心点为圆点，建立直角坐标系，y 轴即为椭圆形平面的长轴线。

3）在 y 轴上分别量取 1～11 点的 y 值，做上标记，并在各点上安置经纬仪测设 90°直线，根据表 5—8 分别测设出各点的 x 值，打上定位木桩。

4）根据椭圆曲线的对称原理，可确定左侧半边。

5）将各点比较顺滑地连接起来，即可得到一条符合设计要求的椭圆曲线。轴上取的点数越多，所作的椭圆形曲线也越顺滑越精确。

【注意事项】

（1）认真检核放线施工图，它是整个放线的依据。

（2）放样数据应检核无误后方可放样。

（3）放样过程中，每一步均须检核，未经检核不得进行下一步工作。

（4）在实际工程放线工作中，各点线均应编号，杜绝差错。

【实训成果】

上交根据曲线形建筑施工图绘制的建筑放样略图和有关的计算资料。

实训 2　缓和曲线测设实训

【实训目的】

1. 掌握缓和曲线测设要素的计算。
2. 掌握缓和曲线主点里程桩号的计算。
3. 掌握缓和曲线主点的测设方法。
4. 掌握用切线支距法、偏角法进行带缓和曲线的曲线的详细测设。

【实训内容】

1. 根据给定的数据计算测设要素和主点里程。

2. 测设带缓和曲线的曲线主点。

3. 用切线支距法进行带缓和曲线的曲线详细测设。

4. 用偏角法进行带缓和曲线的曲线详细测设。

【实训步骤】

1. 计算

（1）按给定的设计数据计算测设要素：T_H、L_H、E_H、D_H、L_Y、q、p、T_d、β_0、β。

（2）计算主点 ZH、HY、QZ、YH、HZ 的里程桩号。

（3）根据切线支距法计算曲线详细测设数据。

（4）根据偏角法计算曲线详细测设数据。

2. 测设步骤

（1）主点测设

1）ZH 点的测设。在 JD_i 上架设仪器完成对中整平，将望远镜瞄准 JD_{i-1}，制动照准部。拨动水平度盘变换手轮，将水平度盘读数变换为 $0°00'00''$。保持照准部不动，以望远镜定向。从 JD_i 出发在该切线方向上，量取切线长 T_H，得到直缓 ZH 点，打桩定点。

2）HY 点的测设。保持照准部不动，以望远镜定向。从 ZH 出发在该切线方向上，量取 X_0 得到垂足，在该垂足上用十字架定出垂直于切线方向的垂线，并从垂足沿该垂线方向量取 Y_0 得到 HY 点，打桩定点。

3）QZ 点测设。先确定分角线方向。当路线左转时，顺时针转动照准部至水平度盘读数为 $\frac{180°-\alpha}{2}$ 时，制动照准部，此时望远镜视线方向为分角线方向。当路线右转时，顺时针转动照准部至水平度盘读数为 $\frac{180°+\alpha}{2}$ 时，制动照准部，然后倒转望远镜，此时望远镜视线方向为分角线方向。

在分角线方向上，从 JD_i 量取外距 E_H，定出 QZ 并打桩。

4）HZ 点的测设。转动照准部，将望远镜瞄准 JD_{i+1}，制动照准部，望远镜定向。从 JD_i 出发在该切线方向上，量取切线长 T_H，得到缓直点 HZ，打桩定点。

5）YH 点的测设。保持照准部不动，以望远镜定向。从 HZ 点出发在该切线方向上，向 JD_i 量取 X_0 得到垂足，在该垂足上用十字架定出垂线方向，并从垂足沿该垂线方向量取 Y_0 得到 YH 点，打桩定点。

（2）切线支距法进行带缓和曲线的曲线详细测设

1）切线支距法先测设缓和曲线上各点，其测设方法与圆曲线切线支距法相同。

2）在切线上由 ZH 始量 T_d，即可确定 HY 或 YH 点的切线。利用该切线，按圆曲线切线支距法测设圆曲线部分。

3）曲中点 QZ 测设后和原主点放样所得 QZ 位置进行比较，横向误差不大于

0.1 m，纵向误差不超过$\pm\frac{L}{1\,000}$（L为曲线长度），则满足精度要求。

（3）偏角法进行带缓和曲线的曲线详细测设

1）在 ZH 或 HZ 处置仪，完成对中、整平工作。按与偏角法测设圆曲线一样的方法进行缓和曲线部分的测设。比较详测和主点测设所得的 HY 点，进行精度校核。

2）圆曲线部分各点的测设须将仪器迁至 HY 或 YH 点上进行。这时需要先定出 HY 或 YH 点的切线方向。

3）仪器置于 HY（或 YH）点上，瞄准 ZH（或 HZ）点，水平度盘配置为 b_0（当路线右转时，配置水平度盘读数为 $360°-b_0$），旋转照准部至水平度盘读数为 $0°00'00''$ 并倒镜，此时视线方向即为 HY（或 YH）点的切线方向。

4）根据 HY（或 YH）点的切线方向，按无缓和曲线的圆曲线的测设方法测设圆曲线部分，直至 QZ，若通视条件好，可一直测至 YH 点。比较详测和主点测设所得的 QZ、YH 点，进行精度校核。

【仪器和工具】

经纬仪、钢尺、皮尺、花杆、木桩、铁锤、测钎、十字架、竹桩、记录板、小红纸。

【注意事项】

1. 测设时注意校核，保证准确性和精度，尤其是主点位置不能错。

2. 切线支距法测设曲线时，为了避免支距过长，一般由 ZH 点或 HZ 点分别向 QZ 点施测。

【学时分配】

课内 2 学时，课外 3 学时。

【实训成果】

每人上交一份含有合格计算数据的实验报告。

单元测试题

一、多项选择题（下列每题的选项中，至少有两个是正确的，请将正确答案的代号填在横线空白处）

1. 建筑变形测量是________的重要环节。

A. 保证建筑物的合理设计　　B. 检查施工质量

C. 验证地基稳固性　　D. 验证建筑物稳定性

2. 工业与民用建筑物，对于基础而言，其主要的观测内容是算得________等。

A. 绝对沉降量、平均沉降量　　B. 相对弯曲、相对倾斜

C. 平均沉降速度　　D. 绘制沉降分布图

3. 建筑物地基变形特征值为________是衡量地基变形发展程度与状况的重要标志。

A. 沉降量　　B. 沉降差

C. 倾斜、局部倾斜　　D. 沉降速率

4. 每次变形观测时，宜符合的要求有________。

A. 采用相同的图形和观测方法　　B. 使用同一仪器和设备

C. 固定观测人员　　D. 在基本相同的环境和条件下工作

5. 沉降观测点的埋设位置一般应符合的规定有________。

A. 建筑物四角或沿外墙每 10～15 m 处或每隔 2～3 根柱基上

B. 裂缝或沉降缝或伸缩缝两侧及纵横墙的交接处

C. 人工地基和天然地基的接壤处，建筑物不同结构的分界处

D. 高耸构筑物的基础轴线的对称部位，不得少于 4 个点

6. 建筑物发生倾斜的原因主要是________。

A. 地基承载力不均匀

B. 建筑物体型复杂、层高变化而形成不同荷载

C. 地基及周围地面有差异沉降

D. 外力作用

7. 倾斜观测是用测量仪器测定建筑物的基础和上部结构的________。

A. 倾斜量　　B. 方向　　C. 速率　　D. 终止时间

8. 变形观测点可根据建（构）筑物的特点采用不同类型的标志，可采用的形式有________。

A. 预制式观测点　　B. 现浇式观测点

C. 隐蔽式观测点　　D. 平面上观测点

9. 水平位移测量可采用________等方法，应根据精度需要和现场条件选定。

A. 测角前方交会法、边角交会法　　B. 极坐标法、小角法

C. 经纬仪投点法　　D. 视准线法

10. 采用轴线法布设建筑方格网时，应符合的规定有________。

A. 轴线宜位于场地中央，与主要建筑物平行，长轴线上定位点不得少于 3 个

B. 放样后的主轴线点位应进行角度观测，检查其直线度，应在 180°±5″限差之内

C. 轴交点应根据长轴线定向后测定，交角的限差应在 90°±5″限差之内

D. 标桩的埋深应按地冻线和设计高度决定

11. 施工放样应具备的资料有________。

A. 总平面图及设计说明

B. 建（构）筑物的轴线平面、基础平面图

C. 设备的基础图、土方的开挖图

D. 建筑物的结构图、管网图

12. 用直角坐标法定位的优点是________。

A. 较为方便直观　　B. 计算纵、横坐标差

C. 测定直角就可　　D. 使用简单工具、仪器

13. 各种工程定位方法宜灵活运用，建筑工程具有多样性，表现在________。

A. 精度要求有差异

B. 控制点位置、个数及环境有差异

C. 仪器、工具等装备有差异

D. 有的工程可用几种方法供比较和选择

14. 对于复杂或特殊工程的定位，测量人员应深入理解所用的公式和如何计算点位并校核点位坐标，还必须考虑________等方面。

A. 用什么方法　　　　B. 选何种仪器、工具

C. 满足精度　　　　D. 是否适合现场条件

15. 圆弧平面曲线的定位可用________等方法，要视现场条件等因素选定。

A. 拉线法　　B. 坐标法　　C. 偏角法　　D. 矢高法

16. 椭圆形平面曲线建筑物定位方法，通常有________几种。

A. 连续运动作图法　　　　B. 直接拉线法

C. 几何作图法　　　　D. 坐标计算法

二、判断题（下列判断正确的请打“√”，错误的请打“×”）

1. 建筑变形测量是保证建筑物质量的基本环节，是用于检查施工质量这一目的。（　）

2. 在建筑物的施工期间和竣工后的一段时间，需要进行变形观测。从实测数据方面反映其变形程度，以分析其稳定情况。（　）

3. 变形观测的任务是周期性地对所设置的观测点进行重复观测，以求得其在两个观测周期间的变化量，便能全面且正确地反映出建筑物的变化情况。（　）

4. 对于建筑物本身来说，变形影响建筑物使用的衡量标准就是能否造成房屋的裂缝，从而影响房屋的使用。（　）

5. 对于工业设备、厂房柱、导轨等，其主要观测内容是垂直位移。（　）

6. 在建筑施工过程中，常采用精密水准仪进行沉降观测，采用经纬仪进行倾斜观测。（　）

7. 变形测量中凡设有基准点，就可不设工作基点，直接观测变形观测点。（　）

8. 精密沉降观测一般按二等水准测量要求，闭合差应$\leqslant 0.60\sqrt{n}$（n 为测站数）。（　）

9. 建筑物的沉降是地基、基础和上部结构共同作用的结果，差异沉降超过一定限度，也不会影响建筑物正常使用和安全。（　）

10. 建筑物的基础沉降是指建筑物单独基础的沉降，也包括建筑物上部荷载的影响。（　）

11. 基础沉降量是指埋设在基础底板上的观测点，从浇筑底板开始即进行观测，直至整个基础浇筑完毕为止，所测最终高程与首次高程之差。（　）

12. 倾斜观测是建筑物变形观测的主要内容之一。（　）

13. 若原区域内的控制网不能满足施工测量的技术要求或新建施工场地无控制网，且工程规模较大的重要工业区，均应测设施工的控制网。（　）

14. 若原控制网精度不能满足需要，不可选用原控制网中个别点作为施工平面控制网坐标和方位的起算数据。（　）

15. 控制网点应根据施工总平面图进行设计。 （ ）

16. 施工控制网只允许布设成建筑方格网这种形式，因其有利于定位。 （ ）

17. 建筑施工场区的平面控制网，应根据等级控制点进行定位、定向和起算。 （ ）

18. 在《工程测量规范》中，将建筑方格网的主要技术要求分为二级，其中Ⅱ级的测角中误差为 5S，边长相对中误差为 1/20 000。 （ ）

19. 当原有控制网作为场区控制网时，应进行复测检查。 （ ）

20. 施工放样时，使用测角交会与测边交会对提高点位精度作用类似。 （ ）

21. 在审校复杂、大型或特殊工程的施工定位图样时，除遵循读图、审校原则外，还要针对其图形公式计算、检核一系列平面坐标值。 （ ）

22. 复杂或特殊工程的定位图样涉及高等数学的有关知识，应认真弄清公式的含义，不得含糊。 （ ）

23. 圆弧形平面曲线中若 R 为半径，圆心坐标为 X_0、Y_0，当 0 与 0’ 重合时，则 $R_2=X_2+Y_2$。 （ ）

24. 双曲线标准方程式是 $\frac{x^2}{a^2}+\frac{y^2}{b^2}=1$。 （ ）

25. 抛物线的标准方程是 $y^2=2px(p>0)$。 （ ）

26. 抛物线平面曲线现场定位用坐标计算法。 （ ）

三、简答题

1. 简述工业厂房柱基的测设方法。

2. 简述一般民用建筑基础施工测量中的工作。

3. 用偏角法测设圆曲线细部点的原理是什么？写出偏角和弦长的计算公式。

4. 用偏角法测设圆曲线细部点有何特点？为提高测设精度可采用什么方法？

5. 测设圆曲线的三主点，要知道哪些元素？它们是怎样确定的？

单元测试题答案

一、多项选择题

1. ABCD　2. ABCD　3. ABCD　4. ABCD　5. ABCD　6. ABCD　7. ABC　8. ABCD　9. ABCD　10. ABCD　11. ABCD　12. ABCD　13. ABCD　14. ABCD　15. ACD　16. ABCD

二、判断题

1. ×　2. √　3. √　4. ×　5. ×　6. √　7. ×　8. √　9. ×　10. ×　11. √　12. √　13. √　14. ×　15. ×　16. ×　17. √　18. ×　19. √　20. ×　21. √　22. √　23. √　24. ×　25. √　26. √

三、简答题

答案略。

第6单元

市政工程施工测量

第一节 市政工程施工测量概述

→ 了解市政工程施工测量前的工作内容

市政工程也称市政基础设施工程，其主要内容包括：地下管线工程，如给水、排水、燃气、供热、供电和电信等；道路、公路和桥梁工程，如城市道路、城市立交桥、广场、地下过街通道与地上人行过街天桥等；铁路、地下铁道等轨道交通工程，如线路、编组站、车站和车辆段等；水利、输电、人防工程，如河湖整治（水坝、堤、闸）、输电杆、塔、线路及人防工程等；场、厂、站工程，如停车场、广场、机场、给水厂、污水处理厂、加油站等。

市政工程施工测量的基本任务是依据施工设计图样，遵循测量工作程序和方法，为施工提供可靠的施工标志。其主要工作是确定路、桥、管线以及构筑物等的“三维”空间位置，即平面位置和高程，作为施工的依据。

一、市政工程施工测量的主要内容

以道路工程与管线工程为例，施工测量的主要内容如下：

1. 校测和加密施工控制桩，如校核导线点或测设控制桩，校测水准点向现场引测施工水准点，并做好桩点的保护工作。

2. 根据控制桩恢复或测设道路与管线的中线。

3. 按照“精度符合要求，方便施工”的原则为施工提供控制中线、边线与高程的各种水准点，并做好桩点的保护工作。

4. 记录施工测量成果，为竣工图积累资料。

二、市政工程施工测量前的准备工作

1. 建立满足施工需要的测量管理体系，做到人员落实且分工明确，并建立科学、可行的放线和验线制度。

2. 配备与工程规模相适应的测量仪器，并按规定进行检定、检校。

3. 理解设计意图，学习和校核设计图样，核对有关的测设数据及相互关系。结合市政工程测量的特点做好以下工作：

（1）校核总图与工程细部图样的尺寸、位置的对应关系是否相符，有无矛盾的地方。如路线图与桥梁图之间的位置关系，平面图与纵、横断面图的关系，厂站总平面图与具体构筑物的关系等。

(2) 校核同一类设计图样中给定的条件是否充分，数据是否准确，文字和图面表述是否清楚等。如线路的桩号是否连续，定线的条件是否已无矛盾，各相关工程的相互位置关系是否正确，总尺寸与分尺寸是否相符，各层次的尺寸与高程的标志是否一致等。

(3) 校核地下勘探资料与图样上的表述及施工现场是否相符，特别是原有地下管线与设计管线之间的关系是否明确。

4. 踏勘施工现场，了解地下构筑物情况。

5. 制定施工测量方案，明确测量精度、测量顺序以及配合施工、服务施工的具体测量工作要求。

市政工程施工测量方案是指导施工测量的指导性文件，在正式施测前要进行施工测量方案的编制，且做到针对性强、预控性强、措施具体可行。建筑工程施工测量方案编制要点在前文已有详细表述，其基本原则完全适用于市政工程。工程测量技术方案一般应包括下列内容：

(1) 工程的概况。

(2) 质量目标、测量误差分析和控制精度设计。

(3) 工程的平面控制网与高程控制网设计。

(4) 测量作业的程序和细部放线的工作方法。

(5) 为配合特殊工程的施工测量工作所采取的相应措施。

(6) 工程进行所需与工程测量有关的各种表格的表样及填写的相应要求。

(7) 符合控制精度要求的仪器、设备的配置。

现将××桥梁施工测量方案目录例示于下，可供编制市政工程测量方案时参考。

1 工程概况；

2 平面控制网的布置；

3 高程控制网的布置；

4 墩台定位

(1) 测设的方法；

(2) 使用角度交会法复核；

(3) 成果的确定。

5 工程细部的测设方法；

6 人员、仪器的配备；

7 测量桩点的接交与保护措施，放线工作与验收工作管理制度等；

8 注意事项和急需解决的问题。

6. 以施工测量为前提，建立平面与高程控制体系，对于已建立导线系统的道路工程与管线工程，要在接桩后进行复测并提交复测结果。

7. 施工前现场现状地面高程要进行实测，并复算土方量。与设计给定的高程有出入者要经业主代表和监理工程师认可。

施工前对现状地面高程进行复测是获得合同外工程签证（即索赔）的依据，也是市政工程计量支付中甲乙双方十分关注的热点之一。对此，施工单位、监理单位要以足够的人力和精力认真施测，且做到施工方、监理和业主三方共同签认测量结果。

测量土方量多采用横断面法和方格网平整场地方法。横断面法是计算平均横断面面积乘以间距。对于面积大的场地，采用方格网法，具体测算步骤与土石方工程方格网法大体相同，此处不赘述。

第二节 道路工程施工测量

→ 掌握纵横断面测量的方法
→ 掌握路基放线的内容和测量的方法
→ 掌握路面施工测量的内容和测设的方法

一、恢复中线测量

道路设计阶段所测设的中线里程桩、JD 桩到开工前，一般均有不同程度的碰动或丢失。施工单位要根据定线条件对丢失桩予以补测，对曾碰动的桩予以校正。这种对道路中线里程桩、JD 桩补测、校正的作业称为恢复中线测量。

恢复中线测量的方法如下：

1. 中线测设

城市道路工程恢复中线的测量方法一般采用以下两种：

（1）图解法。在设计图上量取中线与邻近地物相对关系的图解数据，在实地直接依据这些图解数据来校测和补测中线桩。此法精度较低。

（2）解析法。以设计给定的坐标数据或设计给定的某些定线条件作为依据，通过计算测设所需数据并测设，将中线桩校测和补测完毕。此法精度较高，目前多使用此法。

2. 中线调直

根据上述测法，一般一条中线上至少要定出三个中线点，由于不可避免的误差，三个中线点不可能正在一条直线上，而是一条折线。这样就要将所定出的三个中线点调整成一条直线。

3. 精度要求

测设时应以附近控制点为准，并用相邻控制点进行校核，控制点与测设点间距不宜大于 100 m，用光电测距仪时可放大至 200 m。道路中线位置的偏差应控制在每 100 m 不大于 5 mm。道路工程施工中线桩的间距，直线宜为 10～20 m，曲线为 10 m，遇有特殊要求时，应适当加密，包括中线的起（终）点、折点、交点、平（纵）曲线的起终点及中点，整百米桩、施工分界点等。

4. 圆曲线和缓和曲线的测设

详见圆曲线和缓和曲线的测设方法。

二、纵横断面测量

1. 纵断面测量

纵断面测量也称路线水准测量，其主要任务是根据沿线设置的水准点测定路中线上各里程桩和加桩处的地面高程，然后根据测得的高程和相应的里程桩号绘制成纵断面图。施工单位纵断面图是计算填挖土石方量的重要依据。

纵断面测量是依据沿线设置的水准点用附合测法，测出中线上各里程桩和加桩处的地面高程。施测中，为减少仪器下沉的影响，在各测站上应先测完转点前视，再测各中间点的前视，转点上的读数要到小数点后三位，而中间点读数一般只读到小数点后二位即可。图 6—1 是一段纵断面实测示意图，表 6—1 表示了它的测量记录及计算。

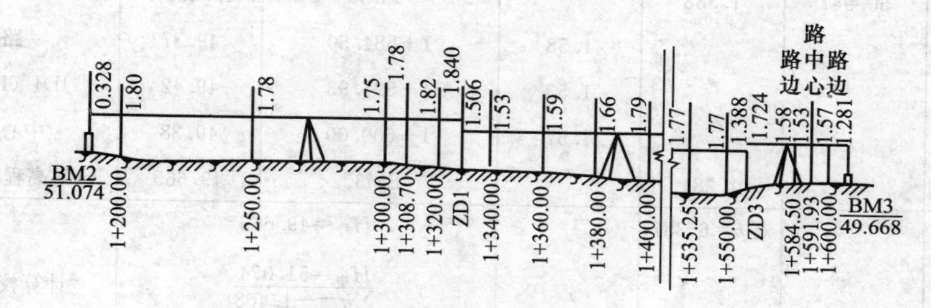

图 6—1　纵断面实测示意图

表 6—1　纵断面测量记录

后视读数 a	视线高 H_i	前视读数 b		测点（桩号）	高程 H	备注
		转点	中间点			
0.328	51.402			BM2	51.074	已知高程
			1.80	1+200.00	49.60	
			1.78	1+250.00	49.62	
			1.75	1+300.00	49.65	
			1.78	1+308.70	49.62	ZY3（BC3）
			1.82	1+320.00	49.58	
1.506	51.068	1.840		ZD1	49.562	
			1.53	1+340.00	49.54	
			1.59	1+360.00	49.48	
			1.66	1+380.00	49.41	
			1.79	1+400.00	49.28	
			1.80	1+421.98	49.27	QZ3（MC3）
			1.86	1+440.00	49.21	

单元 6

续表

后视读数 a	视线高 H_i	前视读数 b		测点（桩号）	高程 H	备注
		转点	中间点			
1.421	50.611	1 878		ZD2	49.190	
			1.48	1+460.00	49.13	
			1.55	1+480.00	49.06	
			1.56	1+500.00	49.05	
			1.57	1+520.00	49.04	
			1.77	1+535.25		
			1.77	1+550.00	48.84	YZ3（EC3）
1.724	50.947	1.388		ZD3	49.223 7	
			1.58	1+584.50	49.37	路边
			1.53	1+591.93	49.42	JD4（IP4）路
			1.57	1+600.00	49.38	中心路边
		1.281		BM3	49.665	已知高程 49.668 m
$\sum a=4.979$ $\sum b=6.387$ $\sum h=1.408$		$\sum b=6.387$			$H_{终}=49.666$ $H_{始}=51.074$ $\sum h=-1.408$	计算校核无误
实测闭合差＝49.666－49.668＝－0.002 m＝－2 mm 允许闭合差＝$\pm 20\sqrt{L}=\pm 20\sqrt{0.4}=\pm 13$ mm 合格						成果校核合格

单元 6

2. 横断面测量

横断面测量的主要任务，是测定各里程桩和加桩处中线两侧地面特征点至中心线的距离和高差，然后绘制横断面图。横断面图表示了垂直中线方向上的地面起伏情况，是计算土（石）方和施工时确定填挖边界的依据。

在横断面测量中，一般要求距离精确至 0.1 m，高程精确至 0.05 m。因此，横断面测量多采用简易方法以提高工效。横断面测量施测的宽度是根据工程类型、用地宽度及地形情况确定的。一般要求在中路两侧各测出用地宽度外至少 5 m。

（1）测定横断面的方向。直线段上的横断方向是指与线路垂直的方向，如图 6—2a 中的横断面，a—a'、z—z'、y—y'。

曲线段上的横断方向是指垂直于该点圆弧切线的方向，即指向圆心的方向，如横断面面 1—1′、2—2′、q—q'。在地势平坦地段，横断面方向的偏差影响不大，但在地势复杂的山坡地段，横断面方向的偏差会引起断面形状的显著变化，这时应特别注意断面方向的测定。

一般测定直线段上的横断方向时，将方向架立于中线桩上，如图 6—2b 以 Ⅰ—Ⅰ′ 轴线对准中线方向，Ⅱ—Ⅱ′轴线方向即为该桩的横断面方向。

（2）测定横断面上的点位（距离和高程）。横断面上路线中心点的地面高程已在纵断面测量时测出，其余各特征点对中心点的高低变化情况，可用水准仪测出。

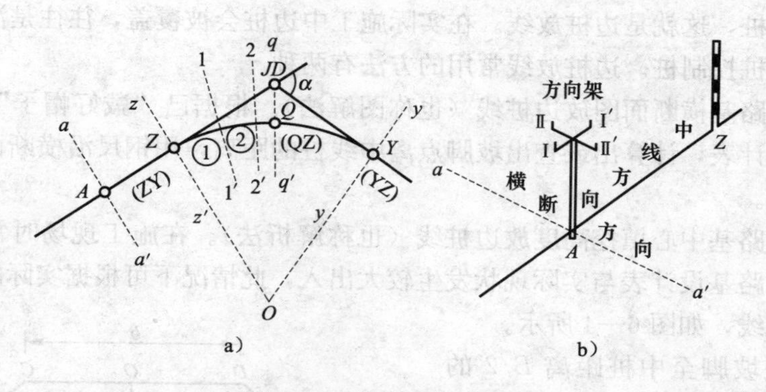

图 6—2 横断面方向测定

如图 6—3 所示，水准仪安置后，以中线地面高为后视，以中线两侧地面特征点为前视，并量出各特征点至中线的水平距离。水准读数读到 0.01 m，水平距离读到 0.05 m 即可。观测时视线可长至 100 m，故安置一次仪器可测几个断面。

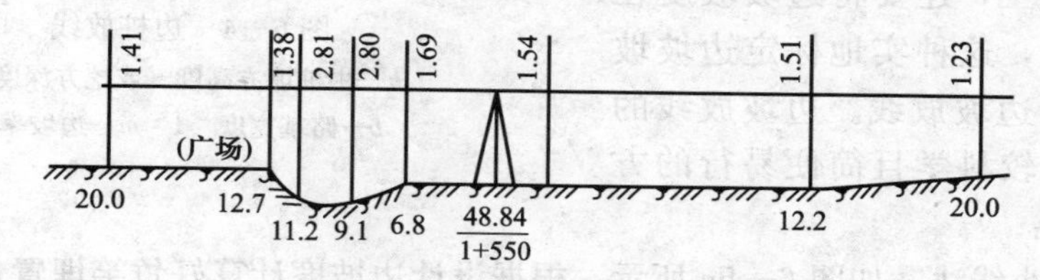

图 6—3 水准仪测横断面

所测数据应按表 6—2 格式记录（记录次序是由下而上，以防左右方向颠倒）。根据记录数据，可在毫米坐标格纸上，按比例展绘横断面形状，以供计算土方之用。

表 6—2 **横断面测量记录**

前视读数 / 至中线距离	后视读数 / 桩号	前视读数 / 至中线距离
（房） 1.60/14.3 1.25/8.2	1.50/1+650	1.45/3.2 0.70/4.3 0.65/20.0
（广场） 1.41/20.0 1.38/12.7 2.81/11.2 2.80/9.1 1.69/6.8	1.54/1+550	1.51/12.2 1.23/20.0

三、路基放线

1. 边桩放线

路基施工前，要把地面上路基轮廓线表示出来，即把路基与原地面相交的坡脚线找出来，钉上边桩，这就是边桩放线。在实际施工中边桩会被覆盖，往往是测设与边桩连线相平行的边桩控制桩。边桩放线常用的方法有两种。

（1）利用路基横断面图放边桩线（也称图解法）。根据已“戴好帽子”的横断面设计图或路基设计表，计算出或查出坡脚点离中线桩的距离，用钢尺沿横断面方向实地确定边桩的位置。

（2）根据路基中心填挖高度放边桩线（也称解析法）。在施工现场时常发生道路横断面设计图或路基设计表与实际现状发生较大出入，此情况下可根据实际的路基中心填挖高度放边坡线，如图6—4所示。

平地路堤坡脚至中桩距离 $B/2$ 的计算公式如下：

$$B/2=h\cdot m+b/2$$

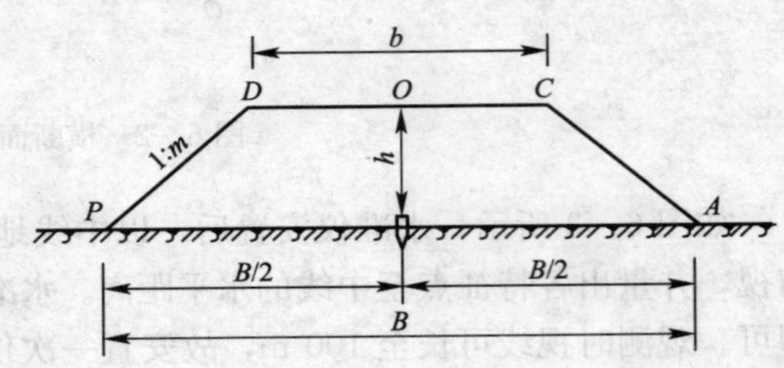

图6—4　边桩放线
h—中桩填方高度（或挖方深度）
b—路基宽度　1∶m—边坡率

2. 路堤边坡放线

有了边桩（或边桩控制桩）尚不能准确指导施工，还要将边坡坡度在实地表示出来，这种实地标定边坡坡度的测量称为边坡放线。边坡放线的方法很多，比较科学且简便易行的方法有如下两种：

（1）竹竿小线法。如图6—5a所示，根据设计边坡度计算好竹竿埋置位置，使斜小线满足设计边坡坡度。此法常用于边坡护砌中。

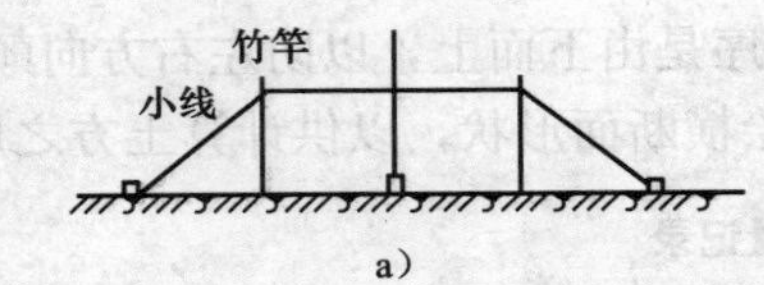

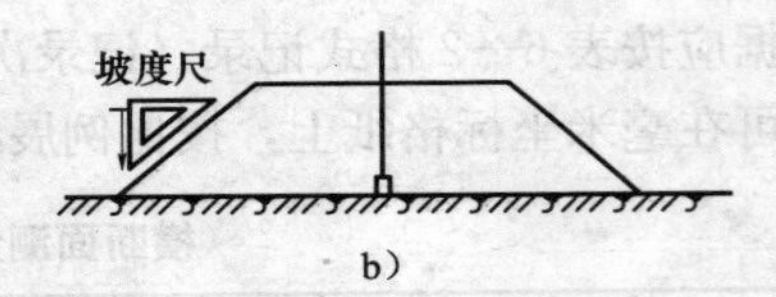

图6—5　边坡放线
a）竹竿小线法　b）坡度尺法

（2）坡度尺法。如图6—5b所示，应按坡度要求回填或开挖，并用坡度尺检查边坡。

3. 边桩上纵坡设计线的测设

施工边桩一般都是一桩两用，既控制中线位置又控制路面高程，即在桩的侧面测设出该桩的路面中心设计高程线（一般注明改正数）。

图6—6表示的是中线北侧的高程桩测设情况。表6—3是常用的记录表格。具体测法如下：

（1）后视水准点求出视线高。

（2）计算各桩的应读前视，即立尺于各桩的设计高程上时，应该读的前视读数。

应读前视＝视线高－路面设计高程

路面设计高程可由纵断面图中查得，也可由某一点的设计高程和坡度推算得到（表6—3设计坡度为8.5‰）。

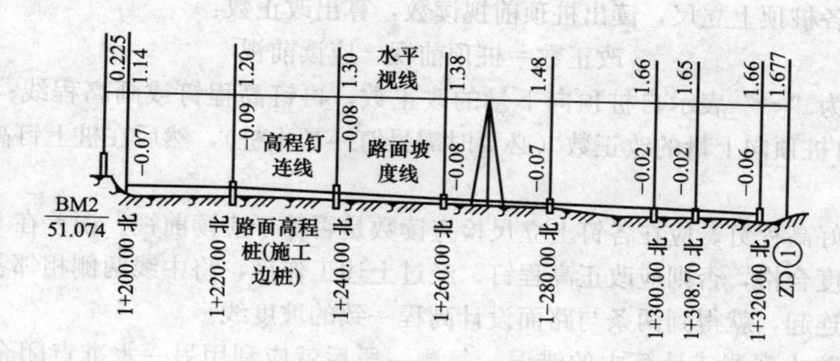

图 6—6　高程桩测设

表 6—3　　**高程桩测设记录表**

桩号	后视读数	视线高	前视读数	高程	路面设计高程	应读前视	改正数	备注
BM2	0.225	51.299		51.074				已知高程
1＋200.00北南			1.14 1.17		50.09	1.21	−0.07 −0.04	
1＋220.00北南			1.20 1.22		50.01	1.29	−0.09 −0.07	
1＋240.00北南			1.30 1.27		49.92	1.38	−0.08 −0.11	
1＋260.00北南			1.38 1.41		49.84	1.46	−0.08 −0.05	
1＋280.00北南			1.48 1.46		49.75	1.55	−0.07 −0.09	
1＋300.00北南			1.66 1.62		49.66	1.64	＋0.02 −0.02	桩顶低
1＋308.70北南			1.65 1.60		49.63	1.67	−0.02 −0.07	
1＋320.00北南			1.66 1.64		49.58	1.72	−0.06 −0.08	
ZD①			1.77	49.529				

注：表中桩号后面的“北 ”和“南”，是指中线北侧和南侧的高程桩。

当第一桩的应读前视算出后，也可根据设计坡度和各桩间距算出各桩间的设计高差，然后由第一个桩的应读前视直接推算其他各桩的应读前视。

（3）在各桩顶上立尺，读出桩顶前视读数，算出改正数：

改正数＝桩顶前视－应读前视

改正数为“－”表示自桩顶向下量的改正数，再钉高程钉或画高程线；改正数为“＋”表示自桩顶向上量的改正数（必要时需另钉一长木桩），然后在桩上钉高程钉或画高程线。

（4）钉好高程钉。应在各钉上立尺检查读数是否等于应读前视。误差在 5 mm 以内时，认为精度合格，否则应改正高程钉。经过上述工作后，将中线两侧相邻各桩上的高程钉用小线连起，就得到两条与路面设计高程一致的坡度线。

（5）为防止观测或计算中的错误，每测一段后就应利用另一水准点闭合。受两侧地形限制，有时只能在桩的一侧注明桩顶距路中心设计高的改正数，施工时由施工人员依据改正数量出设计高程位置，或为施工方便量出高于设计高程 20 cm 的高程线。

四、路面施工测量

1. 路面施工阶段测量工作的主要内容和路面边桩放线的方法

（1）路面施工阶段测量工作的主要内容

1）恢复中线。中位位置的观测误差应控制在 5 mm 之内。

2）高程测量。高程标志线在铺设面层时，应控制在 5 mm 之内。

3）测量边线。使用钢尺丈量时测量误差应控制在 5 mm 之内。

（2）路面边桩放线的方法

1）根据已恢复的中线位置，使用钢尺测设边桩，量距时注意方向并考虑横坡因素。

2）计算边桩的城市坐标值，以附近导线或控制桩测设边桩位置。

2. 竖曲线测设

在线路的纵坡变更处，为了满足视距的要求和行车的平稳，在竖直面内用圆曲线将两段纵坡连接起来，这种曲线称为竖曲线。图 6—7 所示为凸形竖曲线和凹形竖曲线。

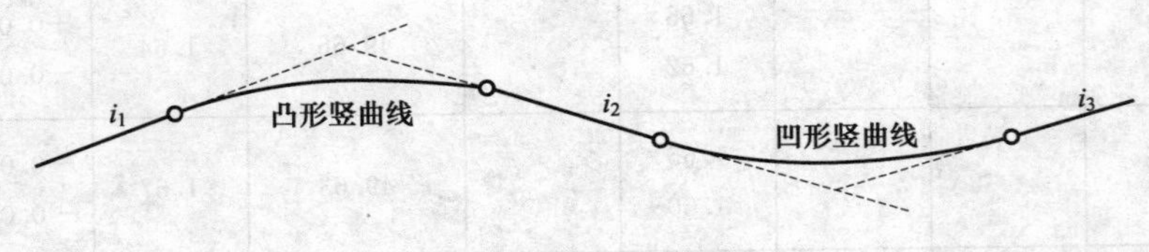

图 6—7　竖曲线

测设竖曲线时，根据路线纵断面图设计中所设计的竖曲线半径 R 和相邻坡道的坡度 i_1、i_2，计算测设数据。如图 6—8 所示，竖曲线元素的计算可用平曲线的计算公式：

$$T=R\tan\frac{\alpha}{2}$$

$$L=R\frac{\alpha}{\rho}$$

$$E=R\left(\sec\frac{\alpha}{2}-1\right)$$

由于竖曲线的坡度转折角 α 很小，计算公式可简化，即

$$\alpha=(i_1-i_2)\ /\rho\ ,\ \tan\frac{\alpha}{2}\approx\frac{\alpha}{2\rho}$$

因此

$$T=\frac{1}{2}R(i_1-i_2)\qquad(6-1)$$

$$L=R(i_1-i_2)\qquad(6-2)$$

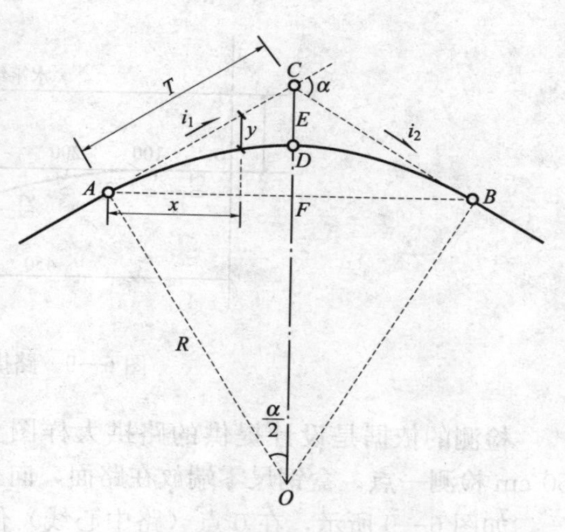

图 6—8　竖曲线测设元素

对于 E 值也可按下面的近似公式计算：

因为 $DF\approx CD=E$，$\triangle AOF\sim\triangle CAF$，

则 $R:AF=AC:CF=AC:2E$，因此：

$$E=\frac{AC\cdot AF}{2R}$$

又因为 $AF\approx AC=T$，得

$$E=T^2/2R\qquad(6-3)$$

同理，可导出竖曲线中间各点按直角坐标法测设的纵距（即标高改正值）计算式：

$$y_i=x_i^2/2R\qquad(6-4)$$

式中 y_i 值在凹形竖曲线中为正号，在凸形竖曲线中为负号。

【例 6—1】　测设凹形竖曲线，已知 $i_1=-1.246\%$，$i_2=+1.483\%$，变坡点的桩号为 3＋650，高程为 83.70 m，欲设置 $R=3\ 000$ m 的竖曲线，求各测设元素、起点、终点的桩号和高程，曲线上每 10 m 间距里程桩的标高改正数和设计高程。

按上述公式求得：$T=40.93$ m，$L=81.87$ m，$E=0.28$ m，竖曲线起、终点的桩号和高程分别为：

起点桩号＝3＋(650－40.93)＝3＋609.07

终点桩号＝3＋(609.07＋81.87)＝3＋690.94

起点坡道高程 83.70＋40.93×1.246％＝84.21 m

终点坡道高程 83.70＋40.93×1.483％＝84.31 m

按 $R=3\ 000$ m 和相应的桩距 x，即可求得竖曲线上各桩的标高改正数 y_i（略）。

竖曲线起、终点的测设方法与圆曲线相同，而竖曲线上辅点的测设实质上是在曲线范围内的里程桩上测出竖曲线的高程。因此实际工作中，测设竖曲线多与测设路面高程桩一起进行。测设时只需把已算出的各点坡道高程再加上（凹型竖曲线）或减去（凸形竖曲线）相应点上的标高改正值即可。

3. 路拱曲线的测设

找出路中心线后，从路中心向左右两侧每 50 cm 标出一个点位。

在路两侧边桩旁插上竹竿（钢筋），从边桩上所画高程线或依据所注改正数画出高于设计高 10 cm 的标志，按标志用小线将两桩连起，得到一条水平线，如图 6—9 所示。

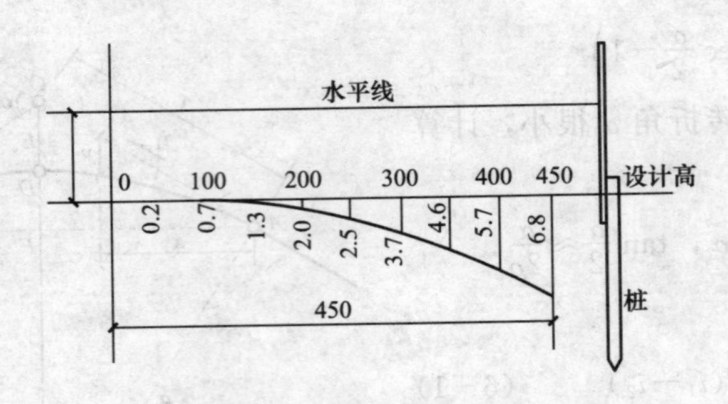

图 6—9　路拱曲线的测设

检测的依据是设计提供的路拱大样图上所列数据，用盘钢尺从中线起向两侧每 50 cm 检测一点。盒钢尺零端放在路面，向上量至小线看是否符合设计数据。

如图 6—9 所示，在 0 点（路中心线）位置，所量距离应是 10 cm，在 2 m 处应是 12 cm，在 4.5 m 处应是 16.8 cm。

规程规定，沥青面层横断面高程允许偏差为±1 cm 且横坡误差不大于 0.3%。如在 2 m 处高程低了 0.5 cm，在 2.5 m 处高程又高了 0.5 cm，虽然两处高程误差均在允许范围内，但两点之间坡度误差是 1/50＝2%，已大于 0.3%，因而为不合格。

在路面宽度小于 15 m 时，一般每幅检测 5 点即可，即中心线一点，路缘石内侧各一点，抛物线与直线相接处或两侧 1/4 处各一点。路面大于 15 m 或有特殊要求时应按有关规定检测或使用水准仪实测。

第三节　桥梁工程施工测量

→ 掌握桥梁墩台定位测量的方法
→ 熟悉桥梁施工测量的主要内容
→ 掌握桥梁施工测量的方法

在桥梁施工中，测量工作的任务是精确地放样桥台、桥墩的位置和跨越结构的各个部分，并随时检查施工质量。一般来说，对于小型桥梁，由于河窄水浅，桥台、桥墩间的距离可用直接丈量的方法进行放样，或利用桥址勘测的控制点采用角度交会的方法来进行放样；对于中、大型桥梁应建立桥梁施工控制网，施工时可利用桥梁施工控制点来进行放样。

一、桥梁墩台中心定位测量

1. 直接测量法

如图 6—10 所示，先在设计图上求出各墩、台中心的里程，然后计算出控制桩与各墩、台之间的水平距离。用钢尺或测距仪在平面控制桩上直接测设各段水平距离，定出各墩、台中心位置。各墩、台位置用大木桩标定，并在桩顶钉一铁钉。然后在这些点上安置经纬仪，以桥轴线为基准放出与桥轴线相重合的墩、台纵线向轴线和与桥轴线相垂直的墩、台横向轴线，并在纵、横轴线的两端方向线上至少定出两个方向桩。方向桩应设在基坑开挖线 5 m 以外，并应妥善保存，如图 6—11 所示。

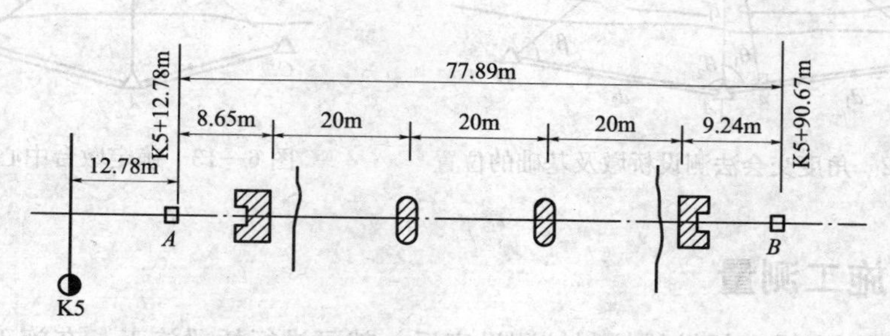

图 6—10　直接测量法测设桥梁墩台

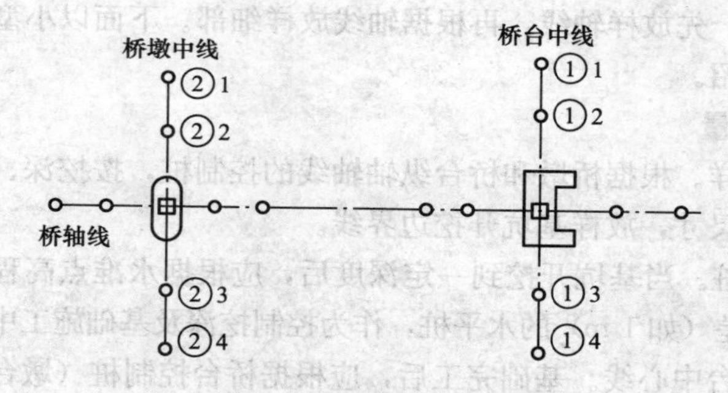

图 6—11　设置轴线方向桩

2. 角度交会法

对于大、中型桥的水中桥墩及其基础的中心位置，可根据已建立的桥梁三角网，在三个控制点（其中一个控制点必须是桥轴线的控制点）上安置经纬仪，交会求得。

如图 6—12 所示，欲测设桥墩中心位置 P 点，先在设计图上求得 P 点的坐标，根据 A、C、D 三个控制点和 P 点的坐标便可求得交会角 α_1 和 β_1。施测时，在 A、C、D 三点各安置一台经纬仪，A 点经纬仪照准 B 点，标出桥轴线方向，C 点和 D 点的经纬仪均以 A 点为后视，分别测设 α_1 和 β_1 得 CP 方向和 DP 方向，AB、CP、DP 三个方向的交点即为桥墩中心位置 P 点。

在桥墩施工中，角度交会需经常进行，为了准确迅速地进行交会，如图 6—13 所示，可在取得 P 点位置后将通过 P 点的交会方向延伸到彼岸设立标志，如图 6—13 中 C' 和 D'。标志设好后，用测角的方法加以检核。这样，交会墩位中心时，可直接瞄准彼岸标志进行交会，不必再拨角。若桥墩砌高后阻碍视线，可将标志移设在桥墩上。

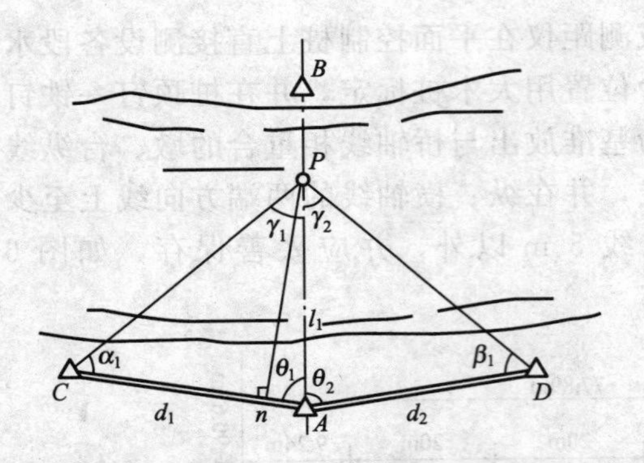

图 6—12 角度交会法测设桥墩及基础的位置

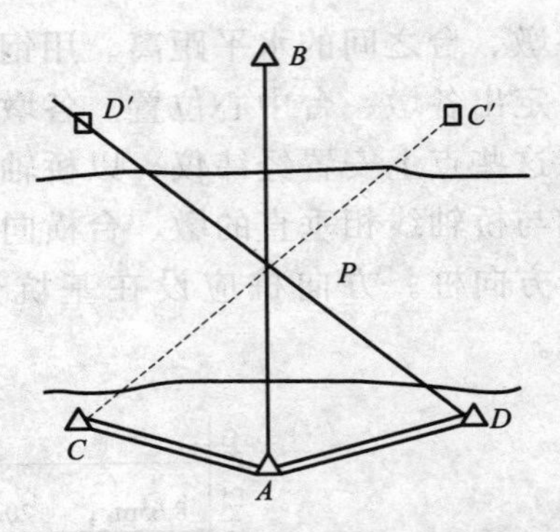

图 6—13 确定墩台中心位置

二、桥梁施工测量

桥梁控制网布设和桥轴线控制桩测设完后，就可进行桥梁施工。在施工过程中，随着工程的进展，施工方法的不同，施工放样的测量方法也不同，但所有的放样工作都遵循一个共同的原则：先放样轴线，再根据轴线放样细部。下面以小型桥梁为例对桥梁的施工测量作简要介绍。

1. 基础施工测量

（1）基坑的放样。根据桥墩和桥台纵轴轴线的控制桩，按挖深、坡度、土质情况等条件计算基坑上口尺寸，放样基坑开挖边界线。

（2）测设水平桩。当基坑开挖到一定深度后，应根据水准点高程在坑壁上测设距基底设计面为一定高差（如 1 m）的水平桩，作为控制挖深及基础施工中掌握高程的依据。

（3）投测桥墩台中心线。基础完工后，应根据桥台控制桩（墩台横轴线）及墩台纵轴线控制桩，用经纬仪在基础面上测设出桥墩、台中心线和道路中心线并弹墨线作为砌筑桥墩、台的依据。

2. 墩、台身施工测量

在墩、台砌筑出基础面后，为了保证墩、台身的垂直度以及轴线的正确传递，可将基础面上的纵、横轴线用吊锤法或经纬仪投测到墩、台身上。

当砌筑高度不大或测量时无风时，用吊锤法完全可满足投测精度要求，否则，应用经纬仪来投测。

（1）吊锤法。用一重锤球悬吊在砌筑到一定高度的墩、台身各侧，当锤球尖对准基础面上的轴线标志时，锤球线在墩、台身上的位置即为轴线位置，做好标志。经检查各部位尺寸合格后，方可继续施工。

（2）经纬仪投测法。将经纬仪安置在纵、横轴线控制桩上，严格整平后，瞄准基础面上做的轴线标志，用盘左、盘右分中法，将轴线投测到墩、台身，并做好标志。

3. 墩、台顶部施工测量

（1）墩帽、台帽位置的测设。桥墩、台砌筑至一定高度时，应根据水准点在墩、台身的每侧测设一条距顶部一定高差（如 1 m）的水平线，以控制砌筑高度。墩帽、台帽施工时，应根据水准点用水准仪控制其高程（偏差不超过±10 mm），根据中线桩用经纬仪控制两个方向的平面位置（偏差不大于±10 mm），墩台间距或跨度用钢尺或测距仪检查，精度应小于1∶5 000。

（2）T形梁钢垫板中心位置的测设。根据测出并校核后的墩、台中心线，在墩台上定出T形梁支座钢垫板的位置，如图6—14所示。测设时，先根据桥墩中线②$_1$②$_4$，定出两排钢垫板中心线$B'B''$、$C'C''$，再根据道路中心线F_2F_3和$B'B''$、$C'C''$，定出道路中心线上的两块钢垫板的中心位置B_1和C_1，然后根据设计图上的相应尺寸用钢尺分别自B_1和C_1沿$B'B''$、$C'C''$方向量出T形梁间距，即可得到B_2、B_3、B_4、B_5和C_2、C_3、C_4、C_5等垫板中心位置。桥台的钢垫板位置也可依此法定出。最后用钢尺校对钢垫板的间距，其偏差应在±2 mm以内。

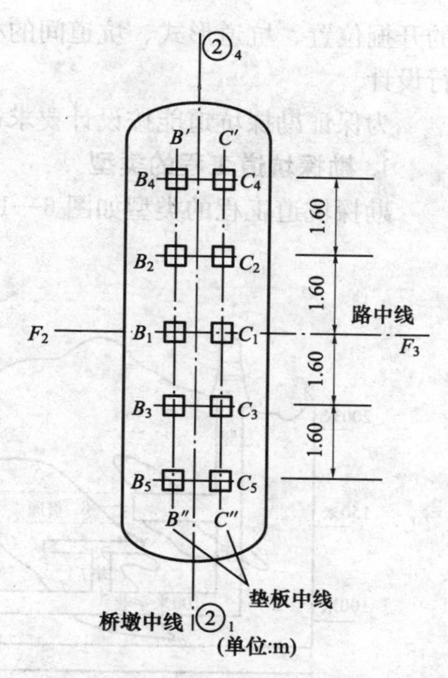

图6—14　T形梁支座钢垫板测设

钢垫板的高程用水准仪校测，其偏差应在±5 mm以内。

上述校测完成后，即可浇筑墩台顶面的混凝土。

4. 上部结构安装测量

上部结构安装前应对墩、台上支座钢垫板的位置重新检测一次，同时在T形梁两端弹出中心线，对梁的全长和支座间距也应进行检查，并记录数据，作为竣工测量资料。

T形梁安装时，其支座中心线应对准钢垫板中心线，初步就位后用水准仪检查梁两端的高程，偏差应在±5 mm以内。

对于中、大型桥梁施工，由于基础、墩台身的大部分都处于水中，其施工测量一般采用前方交会法进行。

单元 6

第四节　地下坑道测量

→ 了解坑道测量的基本内容
→ 了解井下测量的方法
→ 掌握坑道施工测量的方法

一、坑道测量

勘探坑道是用以查明矿体的产状、规模和矿产储量的重要勘探手段之一。勘探坑道的开掘位置、坑道形式、坑道间的相互关系及质量要求，均应事先根据有关地质资料进行设计。

为保证勘探坑道能按设计要求进行施工而进行的专门测量工作，称为坑道测量。

1. 勘探坑道工程的类型

勘探坑道工程的类型如图 6—15 所示。

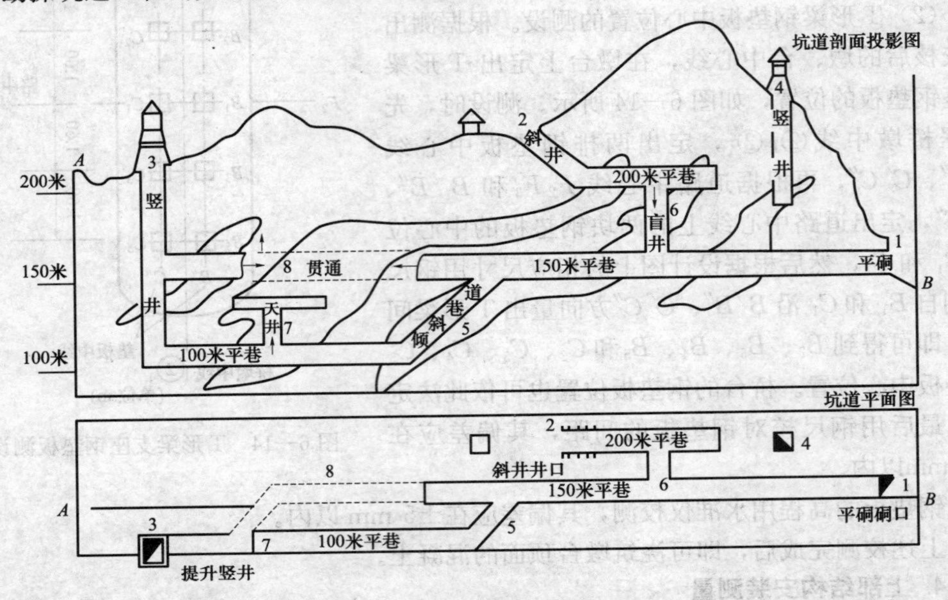

图 6—15　勘探坑道工程的类型

（1）平硐与平巷。从地表向岩（矿）体水平开掘的坑道称为平硐。水平坑道在地下的部分又称平巷。

（2）斜井。以一定的角度（一般不超过 35°）和方向，从地表向下掘进的倾斜坑道称为斜井。在地下倾斜的坑道又称斜巷。斜井是进入地下的一种主要通道。

（3）竖井。竖井是一种直通地下且深度与断面较大的铅垂方向坑道，也是进入地下的一种主要通道。竖井的断面形状有圆形、长方形和正方形三种。

此外，在勘探坑道工程中，还包括垂直向上开挖的天井和沿垂直方向连接上、下平巷的盲井和倾斜巷道等。

2. 坑道测量的内容和特点

勘探工程属于地下工程的一种形式。坑道测量属于地下工程测量，其主要内容和特点如下：

（1）指导开挖。为使坑道按照设计要求掘进，在整个施工过程中都需要正确地定出开挖方向，这项工作又称为坑道定线。坑道定线包括两项内容：一是定方向线，也称定中线，用中线控制坑道的掘进方位；二是定坡度线，也称定腰线，用腰线控制坑道掘进的坡度。

（2）建立地下平面与高程控制系统。按照与地面控制测量统一的平面和高程系统，以必要的精度，采用经纬仪导线测量和水准测量（或三角高程测量）的方法，建立地下平面和高程控制系统。地下导线点和高程控制点是坑道定线的依据，同时也是测制坑道平面图、地下建筑物施工放样及地下坑道间相互联系的依据。

（3）竖井联系测量。对于通过竖井与地下连通的坑道，必须经由竖井将地面控制网中的坐标、方向和高程传递到坑道中的起始控制点上，以使地下平面控制网与地面的平面控制网有统一的坐标系、地下高程系统与地面高程系统一致，这种传递工作称为竖井联系测量。其中坐标和方向的传递又称竖井定向测量。

（4）贯通测量。当坑道较长时，为加快工程进度、减少工程投资费用，常采用两个或两个以上掘进工作面相对掘进，最后在预定点会合，或者使坑道与已有的孔、洞、坑道连通，称为贯通，这种地下工程称为贯通工程。为保证贯通工程能按设计要求准确地在预定点会合的有关测量工作称为贯通测量。

二、井下测量

1. 竖井平面联系测量

竖井平面联系测量是将平面控制的坐标、方向经由竖井传递到地下坑道中的方法。它包括两项内容：一是投点，即将地面一点向井下作垂直投影，以确定地下导线起始点的平面坐标，一般采用垂球投点或用激光铅垂仪投点；二是投向（定向），在确定地下导线边在竖井平面联系的测量中，定向是关键。因为投点误差一般都能保证在±10 mm左右，而由于存在定向误差，将使地下导线各边方位角都偏扭同一个误差值，使得地下导线终点的横向位移随导线的伸长而增大。

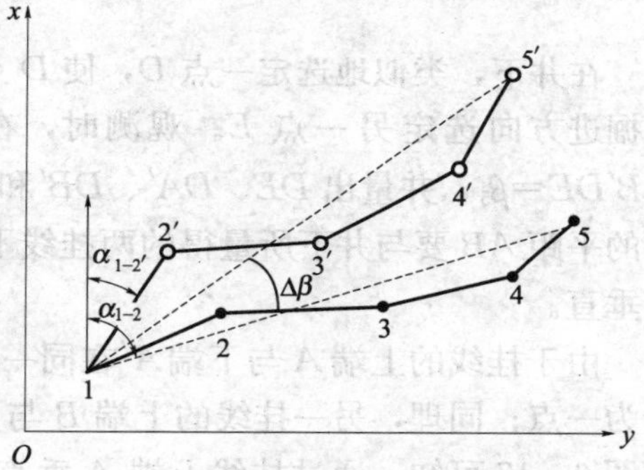

图 6—16　竖井平面联系测量

如图 6—16 所示，1，2，…，5 等点为地下导线点的正确位置，由于起始边方位角存在 $\Delta\beta$ 的偏差，使导线发生扭转，其终点 5 的横向位移值为：

$$\delta=\frac{\Delta\beta''}{\rho''}\cdot D$$

式中　D——导线起始点到终点的直线距离。当坑道较长时，如 $D=1\ 000$ m，$\Delta\beta=\pm3'$，则导线终点的横向位移可达±0.9 m。

竖井平面联系测量的方法有若干种。下面介绍通过一个竖井定向的方法——群系三角形法。

如图 6—17 所示，M、N 为竖井附近地面上的两个已知平面控制点，其坐标分别为（x_M，y_M），（x_N，y_N）。首先，在竖井口的上方利用支架和转盘，垂直向井下悬挂两根细金属线 AA' 与 BB'，根据井口宽度，使两线之间尽可能具有较大的间隔。再在井口附近选定一连接点 C，使 C 点与挂线上端 A、B 构成三角形。观测时，先在 N 点安置经纬仪，测出 $\angle MNC=\beta_1$（左折角），再在 C 点安置经纬仪，测出 $\angle NCA=\beta_2$，$\angle NCB=\beta_3$。量出 CN、CA、CB 及 AB 各段平距。

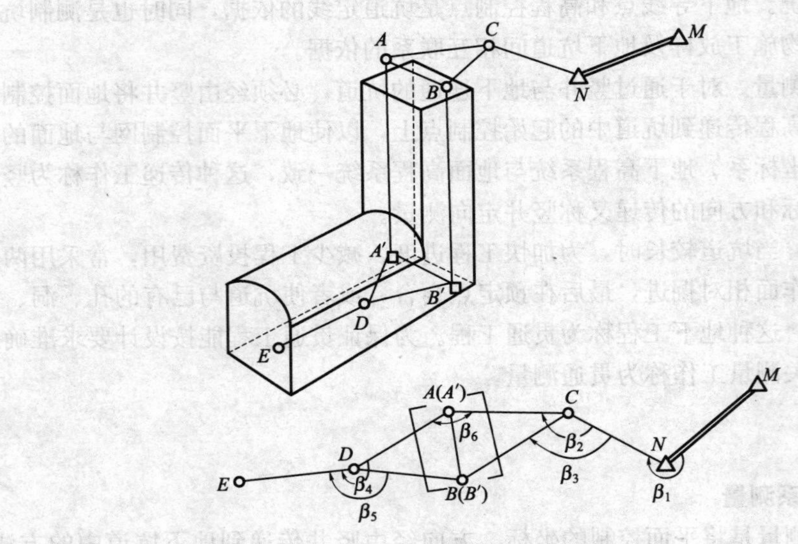

图6—17　三角形法

在井下，类似地选定一点 D，使 D 点与挂线下端 A'、B' 构成三角形；同时，在坑道掘进方向选定另一点 E。观测时，在井下 D 点安置经纬仪，测出 $\angle A'DE=\beta_4$，$\angle B'DE=\beta_5$，并量出 DE、DA'、DB' 和 $A'B'$ 各段平距。应注意井口所量得的两挂线上端的平距 AB 要与井下所量得的两挂线下端的平距 $A'B'$ 相等，借此可检查两条挂线是否垂直。

由于挂线的上端 A 与下端 A' 在同一铅垂线上，故 A 与 A' 在水平面上的垂直投影重合为一点；同理，另一挂线的上端 B 与下端 B' 在水平面上的垂直投影也重合为一点。由图6—17可知，通过挂线上端 A 垂直投影到挂线下端 A'，这样，N—C—$A(A')$—D—E 构成一条由地面传递到地下的支导线，其中，N 为导线起始点，其坐标已知，MN 为导线起始边，其方位角 α_{MN} 可由 M、N 两点的已知坐标用反算公式算出。

显然，如果能求得导线边 $A(A')C$ 与 $A'(A)D$ 的左折角 β_6，则利用测得的连接角 β_1 及 C、D 两点的左折角 $\beta_2\sim\beta_5$，就可由已知边 MN 的方位角 α_{MN} 依次经由 NC，$CA(A')$，$A'(A)D$ 等导线边，推算出井下 DE 边的方位角。而利用各边的方位角和量得的边长 NC、CA、$A'D$、DE，则可由已知点 N 的坐标，依次经由 C、$A(A')$ 点，推算出井下 D、E 两点的坐标。但由于在 A（A'）点处无法架设经纬仪观测 β_6，因此需通过联系三角形推算得出。β_6 的计算方法如下：

在 $\triangle ABC$ 和 $\triangle A'B'D$ 中，根据正弦定律，分别可得

$$\left.\begin{aligned}\sin\angle CAB&=\frac{CB}{AB}\sin(\beta_2-\beta_3)\\ \sin\angle DA'B'&=\frac{DB'}{A'B'}\sin(\beta_4-\beta_5)\end{aligned}\right\}$$

上式等号右边的 CB、$AB(A'B')$、DB' 等边长及 β_2、β_3、β_4、β_5 等水平角，均为观测出的数据，故由上式按反正弦函数可求得 $\angle CAB$ 及 $\angle DA'B'$，于是

$$\beta_6=\angle CA(A')D=\angle CAB+\angle DA'B'$$

在推算井下导线边的方位角和井下导线点的坐标时，可利用下列公式对有关观测数据进行检核。在井上$\triangle ABC$和井下$\triangle A'B'D$中，由余弦公式分别可得

$$\left.\begin{aligned}AB&=\sqrt{(AC)^2+(BC)^2-2(AC)(BC)\cos(\beta_2-\beta_3)}\\A'B'&=\sqrt{(A'D)^2+(B'D)^2-2(A'D)(B'D)\cos(\beta_4-\beta_5)}\end{aligned}\right\}$$

由于观测中必然存在误差，利用上式所算得的AB边长与直接量得的AB边长往往不相等；同样，根据上式算得的$A'B'$边长与直接量得的$A'B'$边长也往往不相等。一般来说，当前者的差值不超过±2 mm、后者的差值不超过±4 mm时，即可认为有关观测数据是符合要求的。

2. 竖井高程联系测量

为使地下高程系统与地面高程系统一致，在进行坑内高程测量之前，首先要将地面高程系统引至地下，称为坑内高程引测。通过地面平硐口或斜井口向坑内引测高程，可采用水准测量或三角高程测量的方法直接传递高程。对于通过竖井开挖的地下坑道，其高程则需设法从竖井中导入，此项作业又称为导入标高。

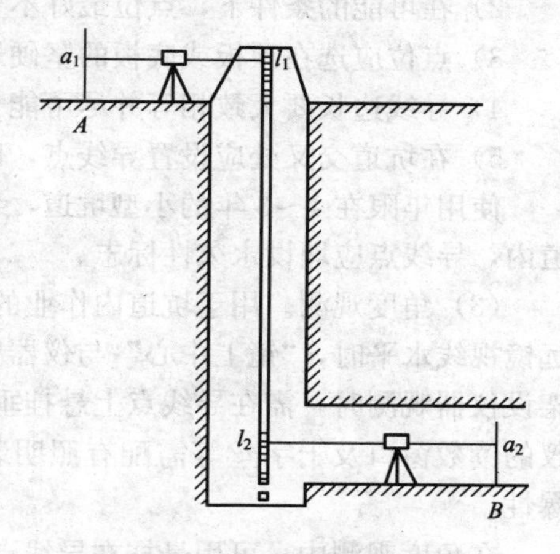

图6—18　竖井高程联系测量

如图6—18所示，在竖井口上方，利用支架将钢尺自由悬挂在井筒内，钢尺零刻划一端固定在支架或绞盘上，下端放至井底并悬挂重锤。分别在地面和地下安置水准仪，在地面水准点A及地下待测水准点B上竖立标尺。然后通过电话或其他联络信号，使地面和井下的水准仪同时在钢尺上读出l_1、l_2两个读数，再分别在水准尺上读取读数a_1及a_2。则井下B点的高程H_B为

$$H_B=H_A-(l_2-l_1)+a_1-a_2$$

式中　H_A——A点的高程；

l_2-l_1——两台水准仪视线间的钢尺长度。

如果B点设置在坑道顶板上，标尺应倒立放置（标尺零点朝上），其标尺读数a_2以负值代入上式计算。

3. 井下经纬仪导线测量

（1）井下导线测量的特点。经纬仪导线测量是在地下建立平面控制常用的方法，它从选点、量距、测角到计算点的坐标，都与地面经纬仪导线测量基本相同。但因导线是在坑道内敷设，与地面导线测量相比有下列不同的特点：

1）地面导线的起始点通常设在洞口、平坑口或斜井口，导线起始坐标和方位都是由地面控制测量测定和传递的，必须十分可靠。为此，在导线进洞前一定要进行检核测量。对于经由竖井开挖的坑道，其地下导线的计算数据要通过竖井联系测量来传递。

2）地下导线在坑道贯通之前只能敷设支导线，因此只能用重复观测的方法进行检核。

3）在坑道内敷设的导线，其形状完全取决于坑道的形状，而不能像地面导线那样有选择的余地。

4）导线测量工作是在坑道施工过程中进行的，因而光线差、空间小、施工干扰等不利条件给测量工作造成了一定的困难。

为了适应上述特点，通常在布设地下导线时可先敷设用于施工的短导线，其边长一般为 25～50 m。当掘进深度达 100～200 m 时，再选择一部分施工导线点敷设成边长较长（50～100 m）、精度较高的基本导线，以检查坑道方向是否与设计相符合。

（2）导线点位选择和标志埋设。地下导线测量在选点时必须注意下列几点：

1）相邻导线点间应通视。

2）在可能的条件下，点位最好不要设置在运输车辆来往频繁的位置。

3）点位应选在顶板或底板的坚硬岩石上，以利于点位的保存。

4）导线边长要大致相等并尽可能长些，其边长一般不应短于 10 m。

5）在坑道交叉处应设置导线点，以便于以后导线的扩展。

使用年限在 1～3 年的小型坑道，导线点可采用临时标志；使用年限较长的大型坑道内，导线点应埋设永久性标志。

（3）角度观测。用于坑道内作业的经纬仪，望远镜上面应刻有“镜上中心”，当望远镜视线水平时，“镜上中心”与仪器竖轴在同一铅垂线上。因此，当在顶板导线点下架设仪器观测时，需在导线点上悬挂垂球，用“镜上中心”进行仪器对中；另外，经纬仪的读数窗口及十字丝等需配有照明装置，仪器还应具有较好的稳定性、密闭性和防爆性。

在角度观测中，可用悬挂在导线点标志上的垂球线作为照准目标，也可使用觇牌。为提高照准精度，一般可在目标后面设置明亮的背景，或是采用较强的光源照明标志。

水平角的观测方法通常采用测回法。对于一般坑道中的导线，以复测支导线的形式施测，即用 DJ_6 型经纬仪往、返各观测一个测回。观测中以导线延伸方向为准，往测测左角，返测测右角，左右角之和与 360°之差不应超过 40″。当坑道贯通以后，以闭（附）合导线施测，其水平角用 DJ_6 型经纬仪观测两个测回，测回较差不超过 25″。

（4）边长丈量。井下经纬仪导线的边长大多采用钢尺悬空丈量法丈量。

1）平巷悬空丈量。当导线边长短于钢卷尺长度时，可在相邻导线点上悬挂垂球线，拉平钢尺，读取垂球线在尺上的读数，即得两点间平距。当导线边长大于钢尺长度时，应在中间加节点分段，使各节点间的分段长小于钢尺长度。节点定线误差应不大于 0.1 m。节点标志一般采用膨胀螺钉，并在标志上悬挂垂球线。然后按上述方法丈量各节点间的分段长度，其总和即为导线点间边长。

2）斜巷悬空丈量。斜巷丈量法与平巷丈量法基本相同，只是在丈量中要使钢尺引张的方向与巷道倾斜方向平行。如图 6—19 所示，在 A 点整平仪器后，以 B 点定向，分别在顶板上定出节点 C、D 并悬挂垂球，将经纬仪视线与坑道倾斜方向平行，用水平丝分别在 B、D、C 三根垂球线上切得交点 B'、D'、C' 并在线上作记号。然后分别丈量

$A'C'$、$C'D'$、$D'B'$的长度，其总和就是 A、B 两点间斜距，再根据斜巷坡度化算为平距。

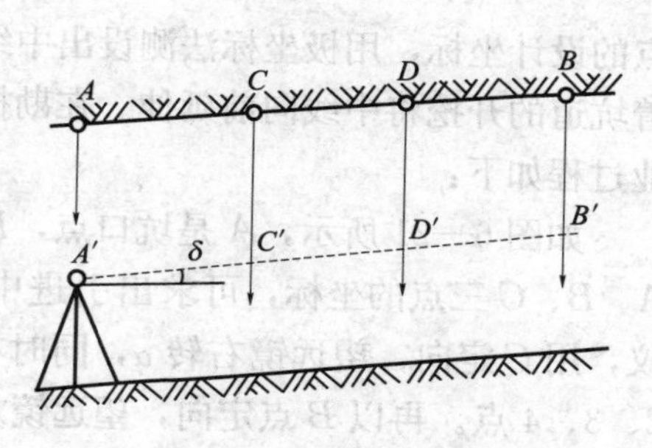

图 6—19　斜巷悬空丈量

导线边长均需往、返各丈量一次，或同向丈量两次。读数至 5 mm，两次丈量的较差不大于 1 cm。但为坑道贯通测量敷设的导线，最小读数应为 1 mm，两次读数互差不大于 5 mm。

往返丈量相对误差应不大于 1/4 000。

有条件时，井下导线边长也可采用光电测距仪或全站仪测量，其作业过程可大大简化。

由于地下导线边长都较短，因此用仪器测量时需特别注意仪器和棱镜的对中，以保证成果质量。

4. 井下高程测量

在倾角小于 8°的坑道中，应采用水准仪进行高程测量；大于 8°时则采用经纬仪三角高程测量。为方便作业，井下高程测量常以水准测量和三角高程测量配合进行，即在坑道内每 100 m 左右测定一个水准点作为坑内高程控制，其余导线点的高程用三角高程测量方法测定。

坑道内水准测量一般按等外水准施测。如用顶板上的导线点作为水准点，则需用倒尺法传递高差，如图 6—20 所示。倒尺时，每站的高差计算公式仍为 $h=a-b$（即后视读数减前视读数），但 a、b 应以负值代入式中计算。坑道贯通之前或是不需要贯通的坑道，地下水准路线均为支线，应采用往返测或单程双测等方法进行检核。往返测较差在允许范围内，取高差平均值作为最终值，推算出各水准点的高程。坑道内三角高程测量可与经纬仪导线测量同时进行。测量时，如果测站点的点位标志在顶板上时，仪器高为点位标志到仪器中心的距离；同样，目标高为点位标志到照准目标位置的距离。仪器高和目标高应以负值代入高差公式 $h=D\times\tan\alpha+i-v$，计算出两点间的高差。

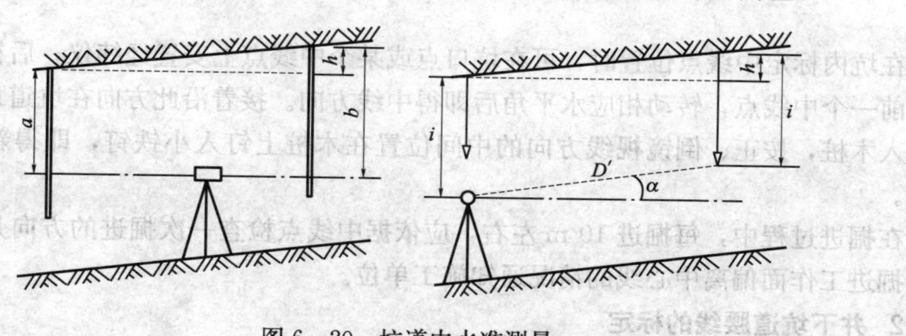

图 6—20　坑道内水准测量

三、坑道施工测量

1. 井下坑道中线的标定

定中线是根据设计要求，将坑道水平投影的几何中心线标定出来，以便用于控制和检查坑道掘进方向。定中线的方法有两种：一是以地下导线点作为控制点，按坑道中线点的设计坐标，用极坐标法测设出中线点的位置；二是直接将中线方向引进坑道内，随着坑道的开挖将中线向前延伸。在勘探坑道测量中，通常采用后一种方法定中线，其作业过程如下：

如图6—21所示，A是坑口点，B、C是邻近坑口的已知点，按照坑道设计方位和A、B、C三点的坐标，可求出引进中线方向的测设数据。定线时，在A点安置经纬仪，用C定向，望远镜右转α，同时在地面视线方向上标定两个以上标志，如图中1、2、3、4点。再以B点定向，望远镜左转β，检核标定点位置，若不超限，则取平均位置作为中线的位置，并用标志标定点位。

坑道开始掘进后，需将中线及时测至坑道内。坑道每掘进30 m左右，要在坑道顶板上标定显示中线方向的一组中线点，每组中线点设三个，各点间距不小于1.0 m，如图6—22所示。最后，分别在三个中线点上悬挂垂球线，用目估定线的方法将中线延长至掘进工作面上，并在工作面上标示出中线的位置。

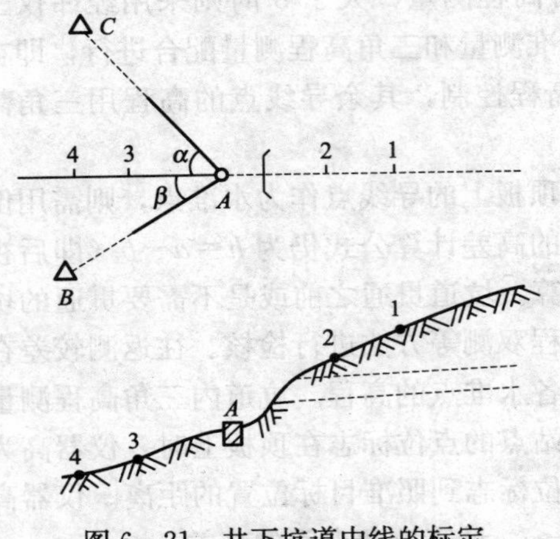

图6—21　井下坑道中线的标定

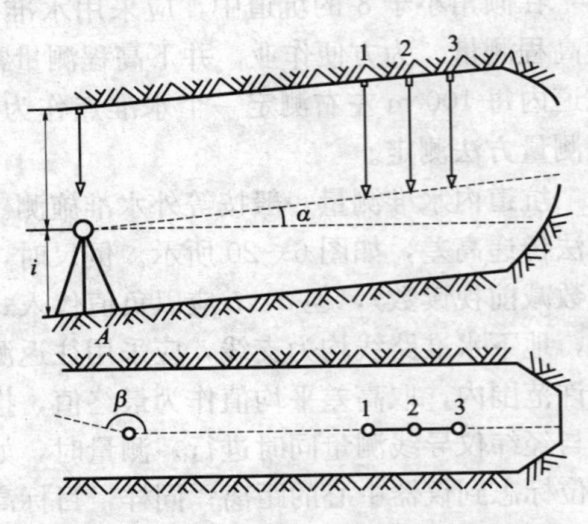

图6—22　坑道掘进定位

在坑内标定中线点位置时，可在坑口点或某个中线点上安置经纬仪，后视坑外定向点或前一个中线点，转动相应水平角后即得中线方向。接着沿此方向在坑道顶板上凿孔并钉入木桩，按正、倒镜视线方向的中间位置在木桩上钉入小铁钉，即得新的中线点标志。

在掘进过程中，每掘进10 m左右，应依据中线点检查一次掘进的方向是否有偏差并将掘进工作面偏离中心线的情况通知施工单位。

2. 井下坑道腰线的标定

坑道的腰线可以指示坑道在竖直面内的倾斜方向，定腰线就是在坑壁上标定出坑道的设计坡线。腰线一般设置在坑道的侧壁上，离坑道底板1.0 m或1.2 m。在同一坑道内腰线高度应取同一数值。对于平巷，为了便于向外排水，通常以不大于7‰的正坡度标定腰线，而斜巷则应按设计坡度标定腰线。腰线点也要求每三个一组，一组内的各腰线点间距不小于2.0 m，各组的间距不应大于30 m。

标定腰线的方法应根据腰线测设的精度要求和坑道倾角的大小来定，坡度较大的坑道宜用经纬仪标定腰线；精度要求较高且坡度不大于8‰的斜巷，可采用水准仪标定腰线。用经纬仪标定腰线时也可与中线点的标定同时进行。

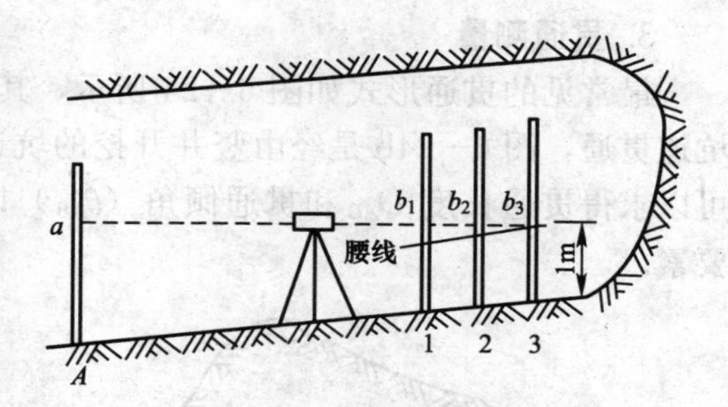

图 6—23　水准仪标定腰线

(1) 水准仪标定腰线。如图 6—23 所示，A 为已知高程的坑口点或坑道内某个水准点，其高程为 H_A，该点处的底板设计标高为 H'_A。沿坑道前进方向，拟于坑道侧壁 1、2、3 点处按设计坡度 i 或设计倾角仪设置一组腰线点，腰线距设计底板 1.0 m。若 A 点沿平行于中线方向到 1、2、3 点的平距分别为 D_1、D_2、D_3，则 A 点设计底板与 1、2、3 点设计底板的高差分别为：

$$h_1=D_1\cdot i=D_1\cdot \tan\alpha$$
$$h_2=D_2\cdot i=D_2\cdot \tan\alpha$$
$$h_3=D_3\cdot i=D_3\cdot \tan\alpha$$

于是 1、2、3 点处的腰线标高分别为

$$H'_1=H'_A+h_1+1$$
$$H'_2=H'_A+h_2+1$$
$$H'_3=H'_A+h_3+1$$

式中，1 为腰线到设计底板的高度。

在 A 点与待定腰线点之间适当位置上安置水准仪，在 A 点及 1、2、3 点依次竖立水准标尺。设水平视线在 A 点标尺上的读数为 a，则水平视线高为

$$H_{视}=H_A+a$$

设水平视线在 1、2、3 点标尺上的读数分别为 b_1、b_2、b_3，则腰线点的标尺读数 c_1、c_2、c_3 分别为

$$c_1=b_1-(H_{视}-H'_1)=H'_1+b_1-H_A-a$$
$$c_2=b_2-(H_{视}-H'_2)=H'_2+b_2-H_A-a$$
$$c_3=b_3-(H_{视}-H'_3)=H'_3+b_3-H_A-a$$

在坑道侧壁上依据标尺上的上述分划，标出三个腰线点，并用白灰或白漆连接三个腰线点，便构成一段腰线。施工时，依据腰线可及时检查作业面的底板高。

(2) 用经纬仪标定腰线。如图 6—22 所示，设 A 为顶板上的已知高程点，其高程为 H_A，与 A 点对应的底板设计标高为 H'_A。若在 A 点安置经纬仪，量出经纬仪对于顶板上 A 点的镜上仪器高 i 后，可得望远镜视线与 A 点处腰线间的高差（仍设腰线距底板 1 m）$h=H_A-i-H'_A-1$ 使望远镜的视线方向按设计的坑道倾角倾斜，照准前方悬挂于三个中线点上的三条垂球线，在视线与三根垂球线的相交处作出标记，自标记处沿垂球线量取 h，即得这组垂球线上的三个腰线点。

检查腰线方向（即视线方向）与施工作业面的交点，其与作业面的底板高差是否等于 h，即可了解施工的坡度是否符合要求。

3. 贯通测量

最常见的贯通形式如图 6—24 所示，其中图 6—24a 是从地表开始采用相向开挖的坑道贯通，图 6—24b 是经由竖井开挖的坑道贯通。根据贯通线段端点的坐标和高程，可以求得贯通长度 D_{AB} 和贯通倾角（θ_{AB}）以及贯通线段的方位角（α_{AB}）等贯通几何要素。

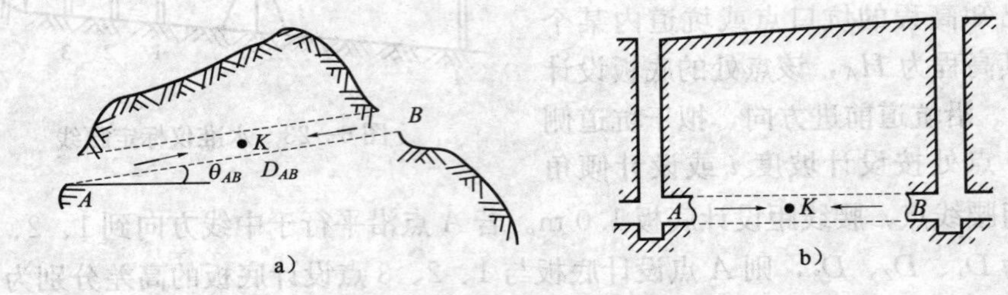

图 6—24　坑道贯通误差

由于地面控制测量、竖井联系测量以及地下控制测量中的误差，使得贯通工程的中心线不能相互衔接，所产生的偏差即为贯通误差。其中在施工中线方向的投影长度称为纵向贯通误差，在水平面内垂直于施工中线方向上的投影长度称为横向贯通误差，在竖直方向上的投影长度称为高程贯通误差。纵向贯通误差仅影响巷道的长度，对巷道的质量没有影响。而横向贯通误差和高程贯通误差直接影响贯通的质量，所以在贯通测量中又把横向贯通误差和高程贯通误差称为重要方向上的误差，在规范中对其有具体的限差规定。贯通测量误差预计也主要是分析贯通点在重要方向所产生的误差大小。

各种贯通工程的容许贯通误差视工程性质而定。例如，铁路隧道工程中规定 4 km 以下的隧道横向贯通误差容许值为±0.1 m，高程贯通误差容许值为±0.05 m；矿山开采和地质勘探中的坑道横向贯通误差容许值为±(0.3～0.5)m，高程贯通误差容许值为±(0.2～0.3)m。

工程贯通后的实际横向偏差值可以采用中线法测定，即将相向掘进的坑道中线延伸至贯通面，分别在贯通面上钉立中线的临时桩，如图 6—25 中的 A、B，量取两临时桩间的水平距离即为实际横向贯通误差。也可在贯通面上设立一个临时桩，分别利用两侧的地下导线点测定该桩位的坐标，利用两组坐标的差值求得横向贯通误差。

图 6—25　横向贯通误差

对于实际高程贯通误差的测定，一般是从贯通面一侧有高程的腰线点上用水准仪连测到另一侧有高程的腰线点，其高程闭合差就是贯通巷道在竖向上的实际偏差。

所谓贯通测量误差预计，就是预先分析贯通测量中所要实施的每一项测量作业的误差对于贯通面在重要方向上的影响，并估算出贯通误差可能出现的最大值。通过贯通测量的误差预计，可以选择较合理的贯通测量方案，从而既能避免盲目提高贯通测量精度，又不会出现因精度过低而造成返工。

第五节　市政工程施工测量技能训练实例

实训 1　纵断面测量实训

【实训目的】

掌握中桩地面标高的测量方法及施测方法。

【实训内容】

1. 高程控制测量（基平测量）。
2. 中桩高程测量（中平测量）。
3. 绘制纵断面图。

【实训步骤】

1. 高程控制测量（基平测量）

（1）路线水准点的布设。选一约 2 000 m 长的路线，沿线路每 400 m 左右在一侧布设水准点，用木桩标定或选在固定地物上用油漆标记。

（2）施测。用 DS_3 自动安平水准仪按四等水准测量要求，进行往返观测或单程双仪器高法测量水准点之间的高差（每组测量一段），并求得各个水准点的高程。

（3）精度要求。每组往返观测或单程双观测高差不符值 $f_h \leqslant 20\sqrt{L}$ mm（式中 L 以 km 计）。

2. 中桩高程测量（中平测量）

（1）在路线和已知水准点附近安置水准仪，后视已知水准点（如 BM_1），读取后视读数至毫米并记录，计算仪器视线高程（仪器视线高程＝后视点高程＋后视读数）。

（2）分别在各中桩桩点处立尺，读取相应的标尺读数（称中视读数）至厘米，记录各中桩桩号和其相应的标尺读数，计算各中桩的高程（中桩高程＝仪器视线高程－中视读数）。

（3）当中桩距仪器较远或高差较大，无法继续测定其他中桩高程时，可在适当位置选定转点，如 ZD_1，用尺垫或固定点标志在转点上立尺，读取前视读数，计算前视点即转点的高程（转点的高程＝仪器视线高程－前视读数）。

（4）将仪器移到下一站，重复上述步骤，后视转点 ZD_1，读取新的后视读数，计算新一站的仪器视线高程，测量其他中桩的高程，以此类推。

（5）依此方法继续施测，直至附合到另一个已知高程点（如 BM_2）上。

（6）计算闭合差 f_h，当 $f_h \leqslant 50\sqrt{L}$ mm（式中 L 为相应测段路线长度，以 km 计）时，则成果合格，且不分配闭合差。

（7）用此法完成整个路线中桩高程测量。

3. 纵断面图的绘制

以中桩桩号为横坐标（比例为 1∶1 000），中桩高程为纵坐标（比例为 1∶100），在厘米格纸上绘制路线纵断面图。

【工具仪器】

自动安平水准仪1台、水准尺2把、尺垫2个、记录板1块。自备铅笔、橡皮、小刀。

【注意事项】

1. 水准点要在稳定、便于保存、方便施测的地方设置。
2. 施测前需抄写各中桩桩号，以免漏测。施测中立尺员要报告桩号，以便核对。
3. 转点设置必须牢靠，若有碰动、改变一定要重测。
4. 个别中桩点因过低，无法读取中视读数时，可以将尺子抬高一段距离后读数，量取抬高的距离值加到中视读数中，但此种情况不宜过多。

【学时分配】

课内2学时，课外2学时。

【实训成果】

每人上交一份含有合格观测记录的实验报告。

四等水准测量（基平）记录表

日期________ 作业组________

天气________ 测自________至________ 观测者________

仪器________ 记录者________

测站编号	后尺 上丝	前尺 上丝	方向及尺号	标尺读数		K+黑−红	高差中数	备注
	后尺 下丝	前尺 下丝		黑面	红面			
	后视距	前视距						
	视距差d	$\sum d$						
			后					
			前					
			后−前					
			后					
			前					
			后−前					
			后					
			前					
			后−前					
			后					
			前					
			后−前					

单元6

续表

测站编号	后尺 上丝 / 下丝 后视距 视距差 d	前尺 上丝 / 下丝 前视距 $\sum d$	方向及尺号	标尺读数 黑面	标尺读数 红面	K+黑－红	高差中数	备注
			后					
			前					
			后－前					
			后					
			前					
			后－前					

中桩高程测量（中平）记录

点号	中桩桩号	水准尺读数 后视	水准尺读数 中视	水准尺读数 前视	仪器视线高程	高程（m）	备注
BM							

单元 6

续表

点号	中桩桩号	水准尺读数			仪器视线高程	高程（m）	备注
		后视	中视	前视			

实训 2　井下经纬仪导线测量实训

【实训目的】

要求每组按井下 15″级基本控制导线的施测规格完成一条复测支导线的测量任务，各小组在教师指定的巷道内进行测量，每位同学应测三个测站或以上。目的是使学生掌握井下基本控制导线外业测量和测量数据内业处理的全过程。

【仪器设备】

经纬仪 1 台，小垂球 3 个，钢尺 1 把，拉力计 1 个，导线测量记录本，背包，小钢卷尺 1 把，手电筒 4 个，小钉、线绳若干。

【实训步骤】

1. 在教师指定的巷道中，给每个导线点挂垂球线。

2. 测角

沿导线前进方向测量左角，导线水平角的观测用 DJ_6 型经纬仪进行。采用点下垂球对中，对中次数和测回数如下：

边长在 15 m 以内		边长 15～30 m		边长在 30 m 以上	
对中次数	测回数	对中次数	测回数	对中次数	测回数
2	2	1	2	1	2

水平角观测限差如下：

仪器级别	同一测回中半测回互差	检验角与最终角之差	两测回间互差	两次对中测回（复测）间互差
DJ_6	40″	40″	30″	60″

3. 量边

（1）导线边长使用本组检定过的钢尺悬空丈量。丈量大于尺长的边时，应先定线，可采用经纬仪或矿灯肉眼定线，最小分段长度不得小于 10 m，定线偏差不得超过 5 cm。

（2）在各分段端点上挂垂球线，用钢尺悬空水平丈量，并加标准拉力测记温度。每段以不同起点读数三次，读至 mm，长度互差应小于 3 mm，将读数记入手簿，并取三次平均值作为丈量结果。

（3）导线边长必须往返测量，丈量结果加入各种改正数的水平边长互差不得大于边长的 1/6 000。当边长小于 15 m 或在 150 m 以上的斜巷中量边时，上述互差可放宽到 1/4 000。

在倾斜巷道中，应丈量倾斜边长，其倾角与测量水平角同时进行。一般用一个测回测角即可。

（4）在各个测站上，还需用小钢尺量左、量右、量上、量下并记入手簿中，在手簿中绘出巷道的草图。

（5）各组所测导线若自成闭合时，可单程测量一次；若是支导线，必须进行复测。

4. 数据处理

（1）水平角观测数据的处理

1）当所测水平角满足限差要求时，取其平均值作为水平角观测值。

2）计算导线角度闭合差。15″级导线的角闭合差对于闭合导线不应超过 $\pm 30''\sqrt{n}$（n 为闭合导线总站数），对于复测支导线不应超过 $\pm 30''\sqrt{n_1+n_2}$（n_1、n_2 分别为复测支导线第一次和第二次测量的总站数）。符合上述限差的角闭合差可反号平均分配到各角的观测值上。

（2）导线边长观测数据的整理。将往测和返测边长观测值加尺长、温度、垂曲、倾斜等改正数，求得导线往返测经改正后的水平边长。当往返测水平边长符合限差要求时，取其平均值作为导线边长最终值，计算格式如下：

边号	所测长度（m）	温度（℃）	温度改正（mm）	尺长改正（mm）	垂曲改正（mm）	倾斜改正（mm）	改正后边长（m）	平均值（m）
1－2	往测							
	返测							

（3）导线点坐标计算。在所发的表格上进行导线点坐标计算。当导线全长相对闭合差不超过 1/ 6 000（闭合导线）或 1/4 000（复测支导线）时，可将坐标增量闭合差按边长成比例分配，最后计算出各点的坐标。

（4）按适当的比例绘制出巷道轮廓图。

单元测试题

一、判断题（下列判断正确的请打“√”，错误的请打“×”）

1. 中平测量采用单程闭合水准测量方法施测。（　　）

2. 对于为连续性生产车间及地下管边施工测量放线所设立的基本水准点，需采用四等水准测量测设。（ ）

3. 中线测量桩分为三大类：示位桩或控制桩、里程桩、指示桩或固定桩。（ ）

4. 横断面测量的宽度取决于管边的埋深和直径，一般自管道中线向两侧各测绘10 m即可。（ ）

5. 根据施工要求，管底高程高出设计值不得超过10 mm，低于设计值不超过10 mm。（ ）

6. 贯通测量的预计误差一般采用3倍的中误差。（ ）

7. 标定车场巷道中腰线前，应对设计图样上的几何要素进行闭合验算。（ ）

二、单项选择题（下列每题的选项中，只有1个是正确的，请将正确答案的代号填在横线空白处）

1. 在路线纵断面测量中，中桩高程误差要求不超过________ cm。

A. ±10　B. ±5　C. ±15　D. ±20

2. 横断面测量时，距离和高程测量的误差要求不超过________。

A. ±0.1 m　B. ±0.1 cm　C. ±0.1 mm

3. 桥梁施工测量时，应建立一个________。

A. 三角网　B. 图根水准点　C. 独立的高程控制网

4. 管边种类不同，其里程的起点，即0+000桩号的位置边________。

A. 相同　B. 不同

三、多项选择题（下列每题的选项中，至少有两个选项是正确的，请将正确答案的代号填在横线空白处）

1. 公路施工放样中，路线的恢复形式有________。

A. 恢复交点桩　B. 恢复转点桩　C. 恢复中桩

2. 道路中轴线一般根据建筑方格网，采用________放样。

A. 极坐标法　B. 前方交会法　C. 直角坐标法

3. 道路施工测量的工作内容是________。

A. 补中线桩　B. 加密水准点，钉边桩

C. 放边坡线　D. 补设控制桩，测量过程中检查验收

4. 中桩地面高程通常采用________方法。

A. 分段测量　B. 分段闭合　C. AB均不正确

5. 纵断面图的内容有________。

A. 路线里程　B. 地面高程

C. 平面线型　D. 标明竖曲线的位置和元素等

6. 横断面方向的测定有________形式。

A. 在直线段上　B. 在圆曲线上　C. 在缓和曲线上

7. 横断面测量方法有________。

A. 水准仪测量法　B. 花杆皮尺法　C. 经纬仪测量法

8. 公路施工放样中，路线的恢复形式有________。

A. 水准仪测量法　　B. 花杆皮尺法　　C. 经纬仪测量法

9. 桥梁墩台放样的目的是________。

A. 确定墩台中心位置　　B. 墩台的纵轴线　　C. 墩台的横轴线

10. 桥梁墩台定位方法有________。

A. 直接丈量法　　B. 测角前方交会法　　C. 射线法

11. 涵洞施工测量的主要任务是放样________。

A. 涵洞的轴线　　B. 涵底的高程　　C. 涵洞的标高

12. 管边工程中线测量测设的方法通常采用________。

A. 直接量距法　　B. 距离交会法

C. 直角坐标法　　D. 极坐标法

13. 平行轴腰桩法可以用来控制________。

A. 管边中线　　B. 管边高程　　C. 管边的坡度

14. 地下管边施工时，遇到穿过街边、铁路、公路和不宜拆迁的建筑物采用________施工。

A. 挖槽沟的方法　　B. 顶管的办法　　C. 不工槽的方法

15. 井下高程测量分为________。

A. 罗盘法测量　　B. 水准测量　　C. GPS 测量

D. 三角高程测量　　E. 立井导入高程

16. 井下巷道贯通的形式有________。

A. 相向贯通　　B. 反向贯通

C. 同向贯通　　D. 单向贯通

四、简答题

1. 管道施工测量前有哪些准备工作？
2. 简述井下新开巷道标定中线的过程。
3. 两井定向测量的实质是什么？其外业工作有哪些？
4. 什么是测量工作的三原则？井下平面控制测量是怎样体现三原则的？
5. 何为井巷贯通？井巷贯通分为几类几种？
6. 简述两井定向测量内、外业工作。
7. 试述用连接三角形法进行一井定向时投点和连接工作。
8. 道路纵、横断面测量的任务是什么？简述纵断面测量的施测步骤。
9. 什么是道路施工测量？主要包括哪些内容？

单元测试题答案

一、判断题

1. ×　2. ×　3. √　4. ×　5. ×　6. ×　7. √

二、单项选择题

1. A　2. A　3. C　4. B

三、多项选择题

1. ABC 2. AC 3. ABCD 4. AB 5. ABCD 6. ABC 7. AB 8. AB 9. ABC 10. AB 11. AB 12. ABCD 13. ABC 14. BC 15. BDE 16. ACD

四、简答题

答案略。

第7单元

仪器的维修和保养

第一节　仪器的检验和维修

→ 熟悉光学测量仪器内部构件的作用
→ 掌握一般仪器的检修方法
→ 掌握测量仪器典型故障的维修

一、光学测量仪器维修的基本知识

1. 光学测量仪器维修工作的重要性

一般测量仪器如普通水准仪、经纬仪是由一些光学零件如透镜、棱镜、平面镜等所组成的光学系统，并用一些镜框和机械构件连接起来。光学机械仪器的作用原理是建立在光学基础上的，它的结构比较复杂，配合比较严密，在仪器中对光学零件或金属零件的工作面都要求极高的光洁度和精密的公差配合，这样才能保证测量仪器的轴系、读数系统等部件，满足相应的精度要求。

测量仪器因用于野外作业，易受潮湿和高温影响而发霉、生雾、锈蚀，有些部位易积灰沙，影响仪器的正常使用。长时间的外业使用，仪器会自然磨损，也可能受外力撞击、振动等影响，使仪器所要求满足的轴系几何关系发生变动，严重的甚至造成部件的损坏。上述情况都会影响仪器的使用与观测精度。在实际工作中，测量放线工缺乏仪器检校、维护、修理的基础知识，从而影响工作和仪器使用寿命，这都说明学习掌握普通仪器一般维修知识的重要性。

对使用者来说首先要重视维护和懂得维护，保管好仪器，携带和运输中尽量减少和避免剧烈振动。每次收工时，要用软毛刷拂去仪器上的灰尘，不用时，将仪器保存在干燥的房间内。使用过程中还应定期检校、维护以提高使用效率。

发生故障时，应按有关程序对故障症状进行分析、检查，视具体情况和客观所具备的条件进行力所能及的检修工作。若仪器损坏较严重或者不具备维修该部件的知识、经验和设施条件的，不得随意拆卸，应送制造厂或专门部门修理，以免造成进一步损坏。

2. 测量仪器中常用的光学零件及其作用

在测量仪器中，为了进行光学成像、影像放大、改变光线的方向及测量微小读数等，应用了各种光学零件，如透镜、棱镜、光楔、平行平面玻璃板等。

（1）直角棱镜。当垂直于棱镜的棱线所作的横断面均为等腰直角三角形时，该棱镜称为直角三棱镜，如图 7—1 所示。利用直角棱镜的任意面进行反射或折射，对光学仪器的光路调整很有用处。

（2）屋脊棱镜。屋脊棱镜是一种变形的直角棱镜，其斜面由两个构成 90°的屋脊形反射面 *ABCD* 和 *BCEF* 所代替。两个反射面的交线 *BC* 称为屋脊棱，屋脊棱镜中 *BC*、

AD、FE 与底面的夹角均为 45°，$\angle FBA$ 为 90°，$\angle BAH$ 为 135°，$\angle AHG$ 和 $\angle HID$ 均为 90°，如图 7—2 所示。

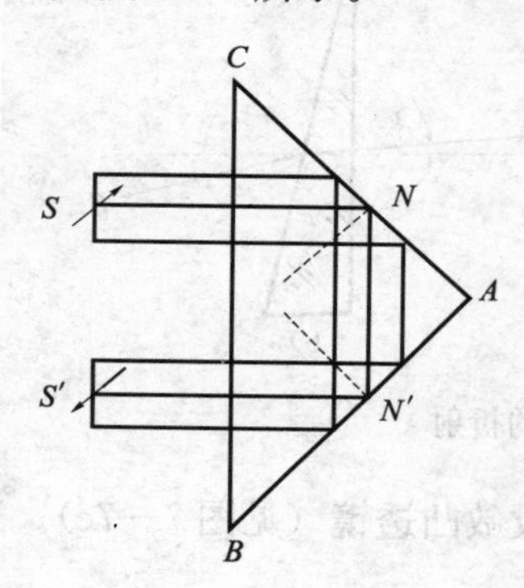

图 7—1　直角棱镜

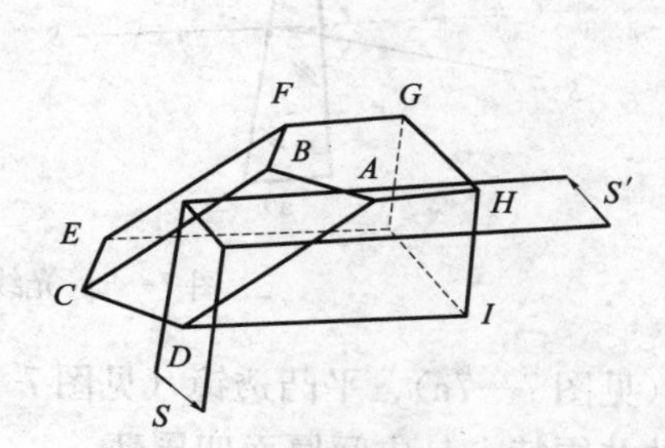

图 7—2　屋脊棱镜

屋脊棱镜能使光线改变方向，又使像倒转。它在光学经纬仪的读数系统中得到广泛的应用。

(3) 菱形棱镜。如图 7—3 所示，两对棱角 $\angle A$ 和 $\angle C$ 为 45°，$\angle B$ 和 $\angle D$ 为 135°。菱形棱镜的作用是使光线平行位移而方向不变。

(4) 五角棱镜。如图 7—4 所示，这种棱镜用来使光线方向改变 90°，与直角棱镜相比，不严格要求入射光线 S 垂直于棱面 AE，而入射光线 S 与出射光线 S' 在一定条件下，恒相差 90°，但要求 BC、ED 两面必须镀银。

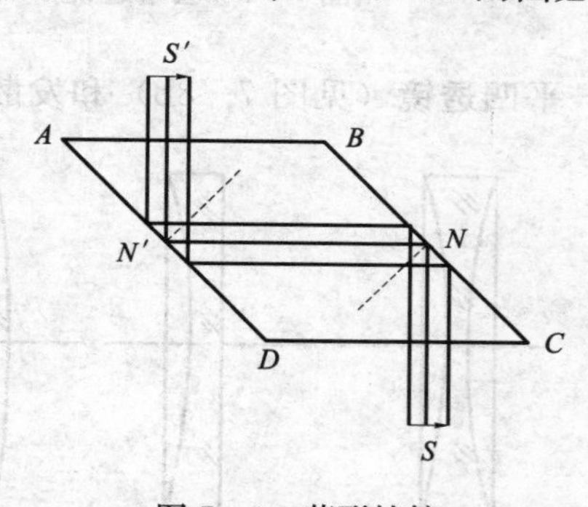

图 7—3　菱形棱镜

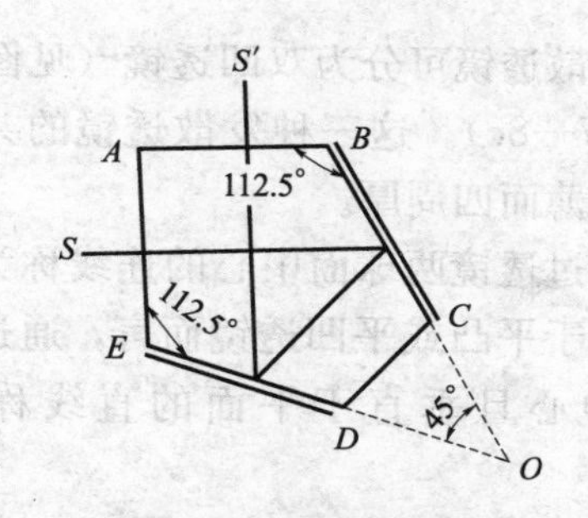

图 7—4　五角棱镜

(5) 光楔。如图 7—5 所示，棱角 θ 很小的三棱镜称为光楔。利用光楔能使光线倾斜一个很小角度的特性，在测量仪器中广泛应用于经纬仪的测微系统中，光楔移动值与度盘分划移动量成正比。因此，测角时就可以用测微器精确测出秒级值。

(6) 平行平面玻璃板。平行平面玻璃板的两界面互相平行，其作用可使倾斜的光线移动一段距离而不改变方向，如图 7—6 所示。平行平面玻璃板在测量仪器中广泛用做光学测微器的活动光学零件。

(7) 透镜组。具有两个折射面，其中一个或者两个都是球面的光学零件称为透镜。透镜的种类很多，它是光学机械仪器中应用得最多的一种光学零件。根据其光学特性及球面的方向不同，可分为会聚透镜（凸透镜）和发散透镜两个大类。会聚透镜又分为双

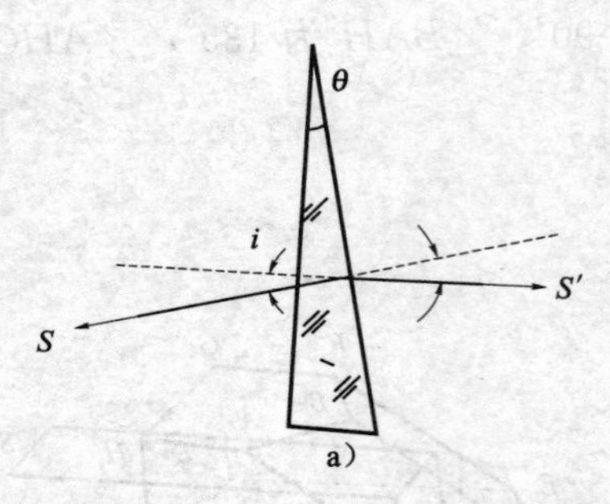

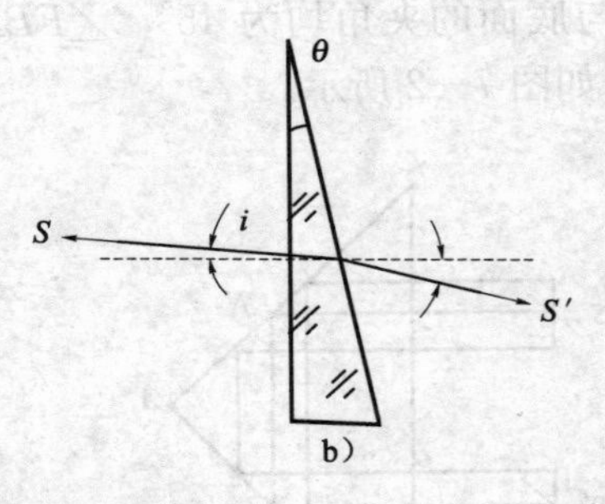

图 7—5　光线在光楔中的折射

凸透镜（见图 7—7a）、平凸透镜（见图 7—7b）和收敛凸透镜（见图 7—7c）。这三种会聚透镜的共同特点是中间厚而四周薄。

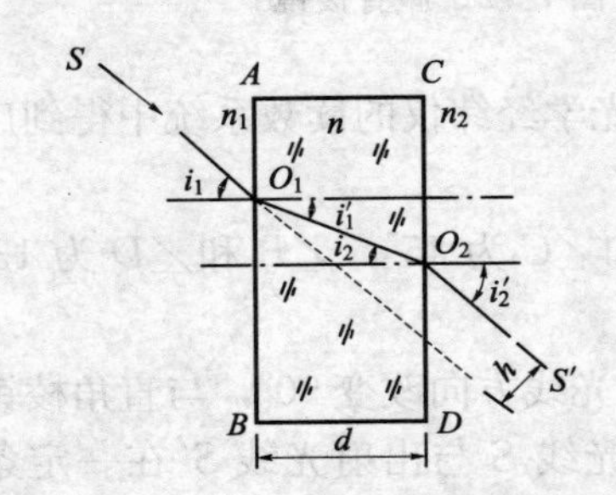

图 7—6　光线在平行平面玻璃板上的折射

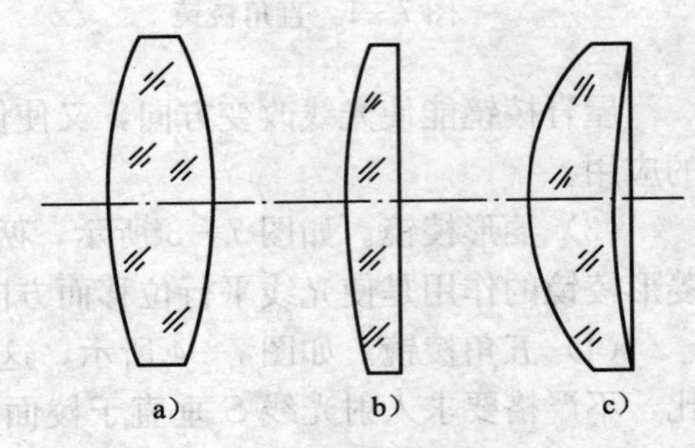

图 7—7　会聚透镜

发散透镜可分为双凹透镜（见图 7—8a）、平凹透镜（见图 7—8b）和发散凹透镜（见图 7—8c）。这三种发散透镜的共同特点是中间薄而四周厚。

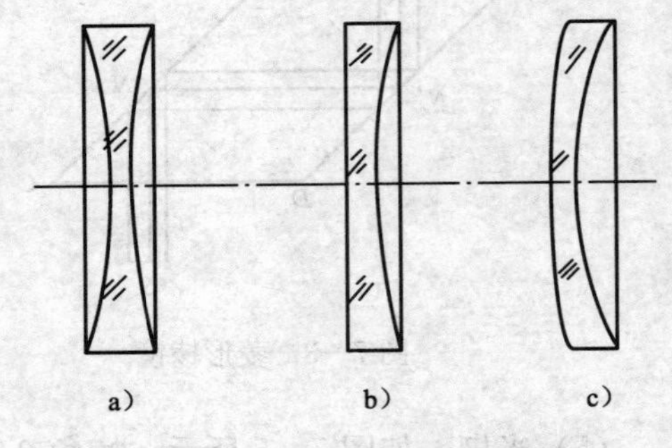

图 7—8　发散透镜

通过透镜两球面中心的连线称为透镜光轴。对于平凸或平凹透镜而言，通过透镜的球面中心且垂直于平面的直线称为透镜光轴。

透镜通常是用玻璃磨制而成，利用透镜使物体成像，这是透镜的一个重要应用。透镜所成的像与物体离透镜的距离有关。

在测量仪器中，为了得到良好的成像质量，减除各种像差的有害影响，提高精度，通常采用两块或两块以上的透镜组成透镜组。透镜组有胶合型和分离型。

透镜组的线放大率取决于物体（如度盘分划线）到透镜组的距离及两透镜之间的距离。在光学经纬仪的读数系统中，因度盘和读数窗的位置是固定的，可通过调整显微物镜组的位置来调整视差和行差。

3. 测量仪器中的主要机械部件

（1）轴系。轴系是导轨的一种结构形式，它的作用是使仪器上的运动部分旋转时，能以一定的精度遵循规定的方向进行，因此轴系的基本要求是置中或定向的。测量仪器中的主要轴系要求有固定的相互关系，如相互平行、垂直和共轴，并要求在运动过程中保持这些关系。经纬仪中的竖轴与横轴的设计、加工中是否完善以及使用时是否正常，对于观测是十分重要的，也是维修和检验的重要部分。

（2）制动和微动设备。仪器中的制动、微动机构是为了使仪器上的运动部分迅速而又准确地安置到所要求的位置。在实际测量时，制动和微动是不能分割的一组零件，不论是何种制动和微动结构，都必须在制动后，微动才能正常工作。

微动设备直接影响照准精度，对于经纬仪而言，微动螺旋的灵敏度一般不允许大于望远镜照准目标的最大误差，这也是维修和检验的内容。

（3）安平螺旋。良好的安平螺旋能保证仪器的精确安平和整个仪器的稳定。三个安平螺旋是以互成120°的方位分布在基座上。安平螺旋的设计、加工精度必须与安平水准器的灵敏度相适应，这涉及安平螺旋的螺距、手轮直径、到仪器中心的距离、手指的敏感度和安平水准器的角值等，新仪器涉及设计、加工、装配的完善程度。

仪器使用后，若发现安平螺旋晃动而使水准气泡不稳定，则需进行维修。

4. 测量仪器光学零件、机械部件与一般维修的关系

上面将普通水准仪、经纬仪中的主要光学零件与主要的机械部件方面与一般维修关系较密切的部分进行了介绍。

光学零件组成了仪器各个部分的光路，为了满足有关设计要求，零件的位置经过计算，若位置变化、零件受潮霉变或脱胶，有关光学部分就会出现故障。

机械零件部分若设计合理，新产品性能正常，使用后发现故障需对故障情况进行分析。

二、检修的设备、工具和材料

1. 检修工作室

为使检修工作顺利开展，保持检修环境的洁净，要根据仪器的精度等级、检修项目及客观条件建立检修工作室。

（1）工作室不宜过大，检修与验校可以分开。工作室的清洁整齐是首要条件，尤其要注意防灰与干燥。进入时要换清洁的拖鞋，穿上工作服。宜保持室温稳定，不宜急剧变化。

（2）室内要有充足的光线，除尽量利用天然采光外，应装置一些不同亮度的照明灯具和可移动的照明设备，以满足检修工作的需要。室内四壁和天花板宜涂刷浅色油漆。

（3）室内地面必须坚实，必要时可特制一个稳固坚实的仪器观测台，以使在室内进行检校时，不受地面振动的影响。

（4）检修仪器用的工作台，在其三面应加设挡板，结构要稳固，不能有晃动，台面必须平整，应铺设一层橡胶垫。

（5）为减少灰尘，可在工作台上加一个防尘罩，还能保护光学零件，较为实用。

（6）工作间宜设置黑色窗帘，以便在不需天然光线时，进行遮光。

2. 常用的工具

仪器的检修通常要经过拆卸、安装、调整、检校。需具备一些工具，其检修质量除与检修人员的业务水平能力有关外，还取决于检修工具的质量、完备情况和使用是否正确。

为圆满完成仪器检修任务，通用工具一般应备齐，部分工具如图 7—9 所示。专用工具则需自行加工特制。

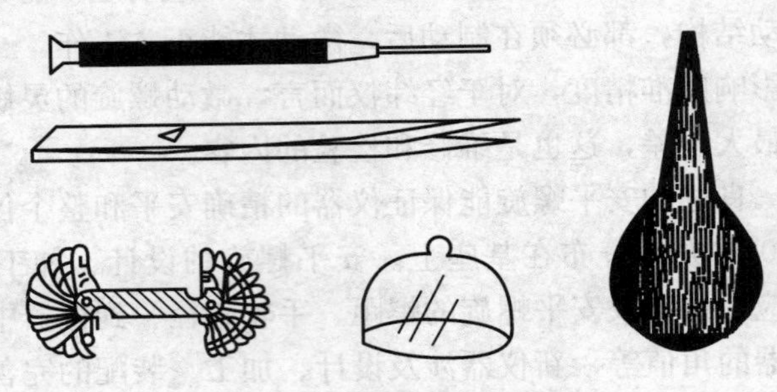

图 7—9　仪器修理的通用工具

（1）旋具。包括大小不同和精密仪表用的旋具，用于拆装仪器上不同规格的螺钉，宜成套购置。

（2）镊子。宜备弹性较好的不锈钢镊子和镊片较硬的镊子（拆螺钉盖片用）。

（3）螺纹规。螺纹规有公制和英制两种。公制的标注有 60°字样，英制的标注有 55°字样。国产仪器均属于公制，外国的仪器有的采用英制。螺纹规在配制螺钉时用于测量螺距。

（4）玻璃罩。又称灰罩，大的称钟罩，用于保护仪器的零件、部件或整台仪器不受外界的撞击和湿度等影响。应视需要购置适当大小、高度的玻璃罩。

（5）吹风球。即医用洗耳球，在检修时用于吹拂零件表面的灰尘。有 90 mL 和 120 mL 的两种，较为实用。

（6）玻璃缸、玻璃盒或培养皿。用于盛装拆下来的零件、组件和小型零件。

（7）五金类工具。包括各种钳子、扳手、锤子、锉刀、台虎钳、手虎钳、钢锯等。

（8）其他工具。包括手摇钻、电烙铁、游标卡尺、千分尺、酒精灯、钟表刷、猪鬃刷、小漆刷、刀片、校正针、各种规格的螺钉圆板牙等。

（9）自制工具。为了使仪器的拆装更为安全无损以及提高工效，需根据测量仪器的构造与零部件的连接方式设计。可参阅有关资料或向生产厂了解情况后进行加工或改制。

3. 仪器维修常用材料

（1）润滑油脂。包括鲸脑表油、钟表油、扩散泵硅油、机油、无酸凡士林油、3 号润滑脂或低温脂。

在检修测量仪器工作中，使用的油脂是很重要的，必须加以重视。油脂的主要作用是使运转部位转动灵活，保护机械零件的摩擦面尽可能少磨损和不锈蚀，并起润滑作用。由于测量仪器要在野外不同的气温条件下使用，低温时不凝结，高温时不能离析或流出，长期使用中不允许氧化水解，不能改变原有性能，因此一般应选用精密仪表油。

由于仪器转动部分的间隙、转动方式、压力和速度均有不同，应根据不同的部位选用不同性质的润滑油，如机械零件应加稠度较大的润滑脂，而轴系则应加稠度较小的油。

（2）清洁剂。包括乙醇、乙醚、香蕉水、汽油、煤油、丙酮等。清洁剂要按清洁对象选用。

1）在光学零件的清洁中常采用纯度为95%的工业酒精，溶解油脂、虫胶，乙醚能溶解油脂、石蜡等，是清洁光学零件中不可缺少的材料。

2）经实践证明，将13%～20%的乙醇和87%～80%的乙醚混合使用，其效果更为突出。

3）丙酮可溶解油脂、石蜡、有机胶类和硝基漆。

4）香蕉水对于溶解有机胶类和油漆类较有效。煤油对于金属零件的除锈和油脂的清洗较为有效。因不易挥发，用煤油清洁过的零件通常还需要用汽油清洗一次。

5）汽油一般采用航空汽油和洗涤汽油，用以清洗金属零件。汽油的去污性能强，能溶解沥青、石蜡和油脂。

6）对于镀铝层的表面清洁，可采用10%的中性肥皂水和90%蒸馏水混合作为清洁液。

（3）胶类。用于光学零件的胶合剂主要有加拿大树胶（国产为中性树胶）、甲醇酯、冷杉树脂胶、钻石牌树脂胶等。用于非光学零件上的胶合剂有环氧树脂胶、乌利当胶和万能胶等。

（4）研磨剂。800号或1 000号金刚砂、309号红粉（三氧化二铁）、银粉砂布、00号铁砂布、粗细油石和氧化铬等。

（5）揩擦用品。麂皮、丝绒布、特级脱脂棉（用于清洁光学零件）、细漂白布、纱布（均需作脱脂处理）。

（6）其他材料。石膏粉用于安装水准气泡，薄铝片和锡箔纸用做衬垫。

三、普通水准仪、经纬仪的一般检修方法

1. 维修前的检查

修理前一般要求对仪器的各个部位包括望远镜、水准器，轴系、读数系统、度盘、制动微动机构、微倾螺旋和安平螺旋作全面检查，同时应对使用中发生的故障及发生故障原因作出记录。在修理前再重点进行复查，并作出记录，作为判断和排除故障的根据。

通过修前检查，应确定故障的症状、部位及属于哪个系统，是机械零件还是光学零件，是什么性质的，属于更换部件、清洗加油润滑，还是需作光路调整等。

2. 一般性的检修项目和步骤

（1）检查各安平、制动、微动等螺旋和目镜、物镜的调焦环（或调焦螺旋）有无缺损和不正常现象。

（2）检查外表零件、组件的固连螺钉、校正螺钉有无缺损和松动以及外表面有无锈

蚀、脱漆、电镀脱色等现象。

(3) 检查各个水准器有无碎裂、松动、气泡扩大，能否随安平螺旋的调整作相应移动，是否有格线颜色脱落等现象。

(4) 水准器的观察镜、反光镜有无缺损，气泡成像是否符合要求，观测系统（观察镜、反光镜）有无缺损和霉污，成像是否清晰。

(5) 检查竖轴和横轴在运转时是否平滑均匀正常，有无过松或过紧、卡滞等现象。

(6) 检查照准系统望远镜的成像情况，检查光学零件有无水汽、霉污、视线模糊、脱胶、碎裂和缺损现象，并检查读数系统和光学对中器有无上述光学部分成像不清等现象。

(7) 度盘和测微器的格线有无长短、歪斜及度盘偏心现象。

(8) 水平度盘和竖盘的格线有无视差、行差和指标差。

(9) 设有复测机构的经纬仪，需检查复测机构有无滞动度盘或打滑现象。

(10) 检查三脚架是否牢固，脚架伸缩腿的固定螺旋有否失效，木棍紧固螺钉是否有效及伸缩腿的脚尖有无松动。

以上检修项目和步骤主要是对经纬仪而言的，普通水准仪仅与一部分有关。

3. 检修注意事项

(1) 通过对仪器全面和分步骤的检查，结合有关光学零件和主要机械部件的知识，准确判断出仪器产生故障的原因和部位，定出检修的方案。

普通水准仪有安平系统、转动系统、照准系统。经纬仪除有以上三个系统外，读数系统、视距系统和对中系统应按故障特征，分析是哪个系统、哪个部件的故障后，才能确定需进行检修的部位和修理方法。

(2) 检修某些局部性的故障，需按“哪里有故障，就拆修哪个部位”的原则，尽量不拆动与故障无关的零部件，以免造成损失。

(3) 检修前应先学习熟悉所检修的这一型号仪器的技术资料，如轴系结构及有关系统的结构图、光路图等，因为各种牌号、型号的仪器结构有区别，同时还要将检修工具、材料准备齐全，放在工作台或附近备用。

(4) 若出现综合性的故障，应先处理局部容易解决的问题，然后再处理难度较大的故障。同时还要局部地进行拆卸、修理、清洁和组装的程序，以免装错或丢失零件。

(5) 拆装仪器是难点之一，型号不同的仪器又常有区别。一般应经过学习、培训，掌握操作工艺和技能，初次拆装应在导师指导下进行。遇到难拆卸的零部件，在没有弄清仪器的结构之前，不得随意或强行拆卸。

要仔细检查结构连接部位是否有定位螺钉，是否有反牙或被销钉销住。在拆卸由螺纹连接的部件和由螺钉固定的零件时，切勿用力过猛，以免拧坏螺纹或将螺钉拧断。如遇有不易拆或锈住的螺钉，可在该部位滴些汽油，同时小心地轻轻敲几下螺钉，使生锈部分开裂，以便拧下。

拆卸下的零部件要仔细检查有无损坏，以便逐个修配。在拆卸时要注意拆卸的部位和特点，以便检修后组装复原。

拆卸下来的零部件应按零件的精细程度分别存放和清洁，以免造成损伤或混杂，也便于组装时选用。

（6）拆卸的顺序宜由上而下进行，避免在拆卸上部时污染下部。在拆卸光学零件时，要避免用手指直接接触光学零件的抛光面，安装前应戴上乳胶手套，将所有的光学零件的抛光面擦拭干净，不得留有油迹或汗斑，否则会形成霉污更难以去掉。放置光学零件的器皿要垫脱脂棉或棉纸，使零件间尽量分开。

光学零件常涉及就位的精确性，应尽可能少拆或采取分批拆卸、分批组装的办法。

（7）所用的清洁液用后要及时盖紧，所用的辅助材料（如垫片、压片等）要经防霉、防雾处理。

（8）检修后的仪器应进行检校，经检校合格的仪器方可交付使用。检修人员除善于排除故障外，还必须掌握检校知识。条件允许时，还应在检修工作室购置检校设备，以提高检校质量与效率。

四、普通水准仪常见故障的修理

1. 安平系统方面常见故障的修理

（1）基座安平螺旋转动时不正常，有过松、过紧、卡滞、晃动等现象

1）过松、过紧是由于枣形螺母与螺杆相互磨损或松紧调整螺母没有压紧所致，可调整松紧调整螺母排除。

2）转动有卡滞、晃动，一般是因螺纹上有污垢，或因螺纹损伤，螺母变形引起的。凡属污垢，清洗螺纹重新加油即可，若属损伤可用氧化铬进行对磨，研磨后将零件清洗，加油装配后再检查，直至合乎要求为止。

（2）长水准器弧曲度不正确。当整平时，如发现水准器的气泡不能随安平螺旋的调整作相应的移动，即有故障。若发生在水准器中部或气泡两端符合处，应换新件。

（3）管状水准器的安平超微倾螺旋的调整范围的故障。微倾式水准仪在圆水准器气泡整平后，便可借助微倾螺旋使长水准器气泡居中，若仪器受过剧烈的振动，可能使水准轴与竖轴之间的倾角超过微倾螺旋所能调整的范围。出现这种故障，首先应检查微倾机构挠板上端的顶针（见图 7—11a 中 8）有无缺损，顶针的位置是否过于偏斜，微倾弹性金属片压板螺钉（见图 7—10 中 4）有无松动，长水准器的轴钮螺钉（见图 7—10 中 7）是否放正，如发现上述几方面有不正常现象，则需先设法排除。排除后即进行校验，若仍不能使管状水准器气泡居中，或者虽可居中，但微倾螺旋已旋到极限位置，此时将水准仪用长气泡按整置经纬仪类似的方法，将水准仪精确整平后，再把微倾螺旋调到旋动范围的中央位置，然后从微倾挠板的下端向上改动顶针的调整螺钉，如图 7—11 中 9 所示，使管状水

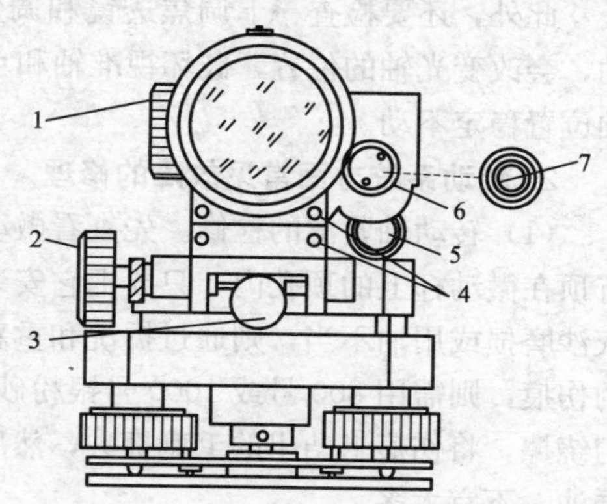

图 7—10　水准仪物镜方向侧视图

1—物镜调焦螺旋　2—微动螺旋　3—制动螺旋　4—微倾弹性金属片压板螺钉　5—反光板手轮　6—长水准器轴钮紧压螺钉　7—轴钮螺钉

准器气泡居中。如调整螺钉已经损坏，可以调换，或适当调节顶针的长度。

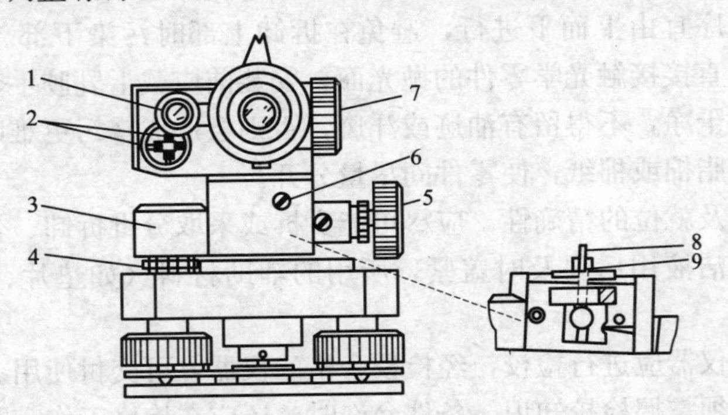

图 7—11　水准仪目镜方向侧视图

1—长水准器观察镜　2—长水准器校正螺钉　3—圆水准器
4—圆水准器校正螺钉　5—微倾螺旋　6—微倾螺旋挠板固连螺钉
7—物镜调焦手轮　8—顶针　9—顶针调整螺钉

（4）水准轴和视准轴的平行关系不能持久的检修。在微倾式水准仪中，如发生这种故障，应从安平系统和照准系统两个方面进行检查。

1）安平系统方面。在检查长水准器玻璃管和外套金属管之间的装置以及外套金属管和仪器主体之间的装置时，如发现有松动现象，需按照结构装置情况设法进行加固修理，务使水准轴稳定不动。还需检查长水准器的校正螺钉间是否顶紧。

2）照准系统方面。在检查十字丝校正螺钉、十字丝分划板压环以及目镜整套（内包括十字丝分划板）连接部分的装置情况时，如有松动现象，需设法加固。

此外，还要检查一下调焦透镜和调焦镜管的位置、物镜和物镜座的装置，若有松动，会改变光轴的位置，破坏视准轴和水准轴之间的平行关系，需要拆出加固，使视准轴位置稳定不动。

2. 转动系统方面常见故障的修理

（1）转动轴紧涩的检修。先查看微动螺旋的顶针和弹簧套尖头的安装情况，如果没有顶在微动杆上的顶孔内，只要把它安装好，就能消除。如因转动轴缺油、腐蚀生锈、灰沙磨损或用油不当，则通过拆洗和重新加油，可恢复正常。如发现转动轴表面有磨损的伤痕，则需用 800 号或 1000 号银粉砂布，用手贴紧竖轴的磨损处，作同一方向的均匀绕擦，将伤痕上凸出的毛刺擦去，然后清洗上油，使轴的摩擦面能均匀地薄薄涂上一层油，不宜太多。

（2）制动螺旋失效。其原因是制动圈、制动瓦缺油或油污沾结或者因制动杆磨损而顶不紧制动轴瓦。前者可通过清洗、加油复原，若属磨损可进行调整或配以新件。

（3）微动螺旋失效的检修。如在旋转时有过紧或晃动，可用旋具调节其松紧压环，使其松紧适度；如在旋转时，不能起前后推动的作用，则是微动螺旋螺母的位置没有固定好，使螺母随着螺杆一起转动，这就需要将螺母的止头螺钉旋出，重新安装。安装时先旋动微动螺旋，从止头螺钉孔中注意里面的螺母，让螺母随着螺杆转动到上面的止动槽对准螺钉孔时，就将止头螺钉装上，把螺母固定起来。此外，若微动螺旋手轮上的销钉折断或螺钉松动也会引起失效，需分别处理。还可能由于竖轴过紧，而使微动螺旋弹簧不能承担推动力，同样会引起微动螺旋的失效，这就要从修理竖轴的方面着手解决。

3. 照准系统方面常见故障的修理

（1）目镜调焦螺旋发生过紧或晃动现象的检修。在目镜调焦时，如发现过紧的现象，是调焦螺旋螺纹中沾上灰尘油腻所致；若螺纹有损耗和缺油时，则会引起晃动现象。将目镜调焦螺旋取下，拆下其屈光度环，用汽油将灰尘油腻洗净，加上新的润滑脂即可。

（2）十字丝视象模糊不清的检修。十字丝视象模糊不清，有的是因目镜调焦螺旋失效所引起的，应按仪器的结构情况，进行修理和校正；有的是因光学零件松动脱开或没有放平而引起的，将目镜拆出，加紧压环即可。假如是因光学零件上沾上了灰尘、水汽和霉斑等造成的，就要按照下述的方法进行清洁。

先将目镜上接触眼睛的一块透镜用麂皮或丝绒布浸蘸少许酒精揩擦干净，然后从目镜中观察，如看到一些灰点、雾气等不洁物，随目镜调焦时一起转动，便说明这些污点是在目镜上面。如当转动目镜时，一些污点停留着不动，则这些污点是在十字丝分划板上。

在分划板上的污点又可分为几种情况：如在调焦时污点与十字丝同时清晰，说明这些污点与十字丝位于同一平面上。若当十字丝清晰后，这些污点还需要用目镜向内调焦才能看清楚，则这些污点是在分划板靠近物镜的一面；反之，十字丝清晰后，这些污点需要向外调焦才能看清楚，则这些污点位于靠目镜一边的十字丝刻线的复盖玻璃上面。

查清污点的所在位置后，慢慢地把目镜拆出，用脱脂棉卷在小竹棒上，略浸蘸些酒精进行揩擦。需注意，在揩擦十字丝分划板上的灰点时，需在明亮处看清灰点的位置，要用很细的棉花棒，从浸蘸过酒精的棉花上蘸些酒精，逐点揩擦，每揩一个点，就要调换一次棉花。对于靠物镜一边的分划板表面，若需揩擦时，只要将整套目镜拆下后从目镜中检视着灰点，将棉花棒从另一端伸进去逐点揩擦（在伸进去时，棉花球不能碰金属零件）。

（3）望远镜调焦失灵。产生这种故障多数是调焦手轮的转动齿轮和调焦透镜的滑动齿条脱开，使调焦透镜不在镜筒中正常运动所致。调焦镜管如图 7—12 所示。

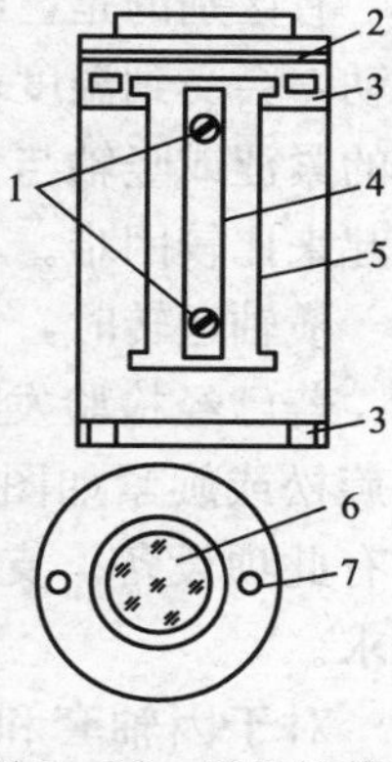

图 7—12 调焦镜管

1—齿板螺钉 2—透镜座 3—弹簧片 4—齿板 5—滑槽上边 6—调焦透镜 7—板孔

修理方法是将调焦螺旋拆下来，重新安装，使齿轮与齿条符合好。

（4）物像模糊的处理方法。物像模糊时，首先通过物镜向镜筒内部检查，如发现调焦透镜和物镜上面沾上了灰尘、水汽和霉斑等，应考虑如何进行清除。在清除时最好不要将透镜拆出镜座，以免产生成像模糊和调焦误差；如水汽、霉斑在镜片的夹层里面，非拆出不可时，应事先做好镜片和镜座之间的安装记号以及镜片和镜片之间的对合位置记号。

用酒精或乙醚揩擦时，需注意不能让这些清洁剂浸入胶合面，并需注意，不胶合的物镜、透镜与透镜之间的三块隔片，不能揩掉或遗失。

五、普通经纬仪常见故障的修理

先将经纬仪的修理与普通水准仪的修理作一比较，因经纬仪机件结构精密度要求更高，读数系统中使用了较多的光学零件，涉及光路调整、照准系统、对中系统的较多内容，而且各种不同等级与型号的经纬仪在轴系、读数系统、光学对中器设置部位等方面又有区别。因此普通经纬仪的修理较为复杂，对检修人员的要求较高。

下面着重介绍读数系统方面故障的鉴别，修理时宜视条件做些力所能及的工作，凡与水准仪修理内容类似的部分不再重复，仅作简单介绍。

1. 普通经纬仪机件故障的修理

（1）产生故障的原因。经纬仪机件故障的原因有：设计制造方面的（如因设计考虑不周、材料选择欠佳、加工精度不够高、装校不细致）、振动与摩擦方面的、润滑油脂方面的和受灰尘湿度的影响等。

在使用过程中产生故障的原因是复杂的，应在全面检查分析的基础上作出判断，然后采取相应的修理方法。

（2）安平系统方面常见故障的修理。安平螺旋过松过紧或失效；转动轴紧涩和卡死（因振动、摩擦和油脂、灰尘侵入引起）、制动和微动螺钉失效等这些故障的修理方法，与普通水准仪类似故障的处理方法类似。

有区别的是，经纬仪修理时有更高的要求。经纬仪的转动轴（竖轴与横轴）的正常转动，会受到温度对材料膨胀以及制造厂加工的竖轴与轴套的公差的影响，这种原因引起的紧涩或竖轴与水准轴的关系不稳定，涉及材料选用与加工精度方面存在的问题，处理起来比较困难。

横轴运转时，如有较紧或松紧不匀的现象，一般通过拆洗加油后可恢复正常。

若已经检验发现横轴支架位置变动，即横轴不水平（不与竖轴垂直），有的仪器可旋松或旋紧如图 7—13 中所示的两个支架调整螺钉，使横轴升高或降低。有的仪器没有此项设备。支架差校正时需查出较低的一个支架，然后用锡纸垫高，使之符合要求。

对于因轴套和轴承损耗造成的横轴松动，简便的处理方法是用锡纸垫在轴承轴套上下，不使轴承松动；也可在轴承上面两侧装上两个较紧的平头螺钉，作为调整轴承松动之用。以上做法都是临时性的。根本办法是重新配制轴承或在轴承面上镀铬。

（3）水准器的装配和更换方法。水准器如发现不能随安平螺旋的转动作相应移动等不正常现象时需要更换；若已破损，必须配同等精度水准器代替。若因固定水准器的石膏变质，使水准器晃动而失灵，则拆下重新灌石膏。

精度较高的仪器，其水准器玻璃管一般是用两只金属弹性帽扣紧玻璃管两端后装入金属管内。在金属管的两端各用三个顶紧螺钉，顶住玻璃管两端弹性帽上翘起来的三个帽脚，使玻璃管固定在金属管内。金属管两端的塞头是用螺钉连接起来的，一般装得很紧，如图 7—14 所示。

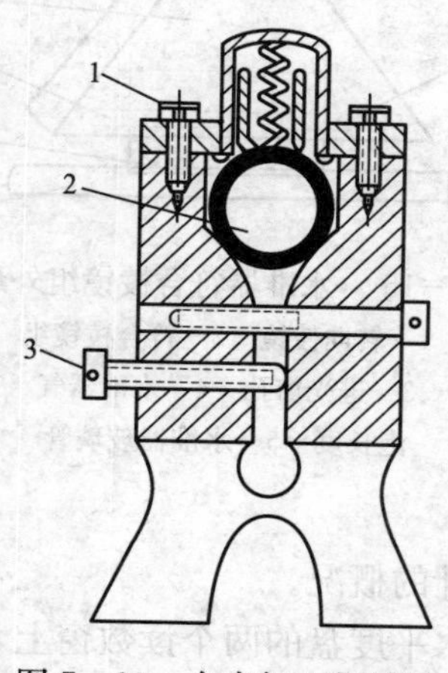

图 7—13　右支架上部结构

1—横轴盖瓦固定螺钉　2—横轴

3—支架调整螺钉

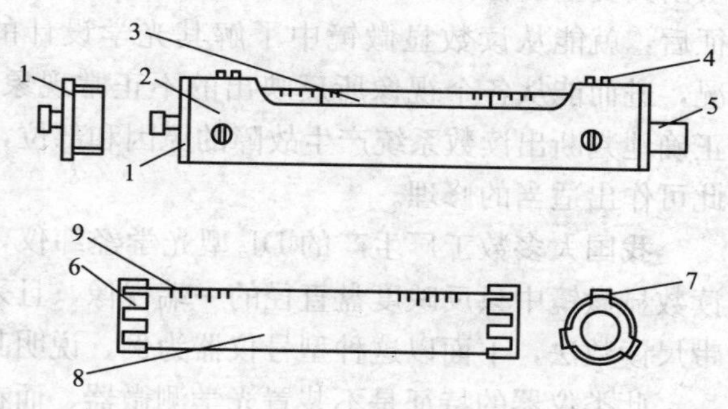

图 7—14　水准器的装配

1—金属管塞头　2—金属管　3—水准器观察窗

4—弹性帽顶紧螺钉　5—方形顶杆　6—弹性帽

7—帽脚　8—水准器玻璃管　9—分划线

如果玻璃管还可用，则在拆卸时要十分细心，最好先将六个帽脚螺钉略微放松，在塞头接缝处滴些煤油，用孔径比金属管略大些的木夹子，周围衬着薄橡皮，把金属管夹住不动（不能夹在观察窗外，也不能夹得太紧），然后设法将塞头取下。在安装时，如金属管弹性帽不能扣紧玻璃管，应将帽口设法收紧；如帽脚太低，螺钉顶不紧，则将帽脚用钳子适当钳高些；安装时弹性帽的一个帽脚必须位于玻璃管分划面的中心，金属管塞头上方形顶杆的上下平面必须与观察窗的框平面平行，这样才能符合使用要求。

精度较低的仪器，其水准器玻璃管一般用石膏直接固定在金属管内，拆取方法是用薄口的仪表旋具细心地沿着管壁四周从外圈到中心把石膏擦去，擦到中心时更要小心，防止碰到玻璃管的尖头。如果管端的石膏已擦去，而玻璃管还不能取出，则可将水准器管浸入水中，让石膏先行溶解，然后用与玻璃管同样粗细的空心笔管，从玻璃管平底一端向另一端顶。安装时，应在玻璃管底面衬一些相当于玻璃管大小的白纸，纸的张数以能撑紧玻璃管为宜。

在粘结时，先用水将石膏调匀，灌入金属管两端，然后用木棍沿着管壁四周轻轻挤压。待干燥后才能装上仪器。

水准器玻璃管的规格是指玻璃长度，直径、气泡长度、格值。最主要的指标是要格值必须相同，大小要与金属管的容积以及观察窗的大小相适应。

金属管的容积和观察窗法的水准器如损坏，在配制时，气泡的长度应等于两个进光窗孔中点间距的长度，如图 7—15 所示。如没有这种规格，可按照两个进光窗孔的长度作适当的选择，但不能超过两窗孔的 2/3 或小于两窗孔的 1/3，以免影响观察气泡的成像。

2. 普通经纬仪读数系统方面故障的判断

(1) 从读数系统的特征了解光路概况。各级、各类型的光学经纬仪的构造各有不同，其中读数系统的光学设计方法差别最大。能从读数显微镜中反映出其类型的特征；在识别或熟悉了各种类型的特征后，就能从读数显微镜中了解其光学设计的概况，进而能从各个视像所反映出的不正常现象中，正确地判断出读数系统产生故障的原因和部位，由此可作出适当的修理。

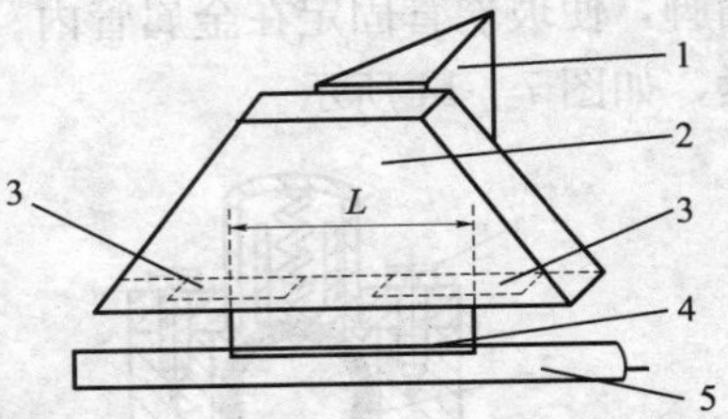

图7—15 水准器符合棱镜组外形图
1—转向棱镜 2—符合棱镜组
3—进光窗孔 4—水准器气泡长度 5—水准器玻璃管

我国大多数工厂生产的 DJ_6 型光学经纬仪，在读数显微镜中只反映度盘直径的一端视像，且采用带尺读数法，下面以这种型号仪器为例，说明其光路设计的概况。

此类仪器的特征是不装置光学测微器，而在竖盘和水平度盘的两个读数窗上，各自装置一个固定的可以直接读数的分划带尺。这种仪器有关竖盘和水平度盘两个视像的光路绝大多数是分开的，各自有一个读数显微镜光具组，把像分别递送到指定的读数窗内，然后竖盘和水平度盘的视像汇合在一条光路上，通过读数显微镜目镜光具组的作用而呈现。

当发现视像有不正常现象时，需查看清楚，是竖盘或水平度盘视像中个别存在的现象，还是两个视像与读数窗之间共同存在的现象。如果是个别现象，就从有关的一个视像的光路上去研究检修；若是共同性的，就仅从两个视像汇合后的光路上去研究检修。

采用光学测微器指标读数法的 DJ_6 型光学经纬仪以及 DJ_2 型光学经纬仪读数方法不同，其光路也不相同。

(2) 普通经纬仪读数系统故障产生的原因及部位的辨别和排除方法

1）视场黑暗无光。原因是光路阻塞或光线中途失去联系，光学零件发生位移、脱落或碎裂。遇到这种故障，需按光路系统，分段查看其中棱镜有无松动，脱落、缺失和装错。

2）从读数显微镜中看到整个视场（包括两个度盘、读数窗格）模糊不清。这种现象产生的原因是，在读数窗后面的读数显微镜目镜光具组的光学零件上有不洁物。

3）如灰点和霉斑随目镜调焦时而转动，则灰点和霉斑是在目镜上；反之，若当调焦时污物停留不动，则污物位于转向透镜或转向棱镜上。

4）在转动两个度盘时，视场中的污物没有移动，而读数窗格也保持应有的清晰度，这种现象的原因产生于读数窗。如污物随度盘的转动而相应地移动，则污物位于度盘上。在查看时，若污物的清晰程度和度盘的视像完全一致，则污物就位于该度盘的同一平面上。如不一致，而当度盘视像清晰后，还要用目镜向内方向调焦才能将污物看清楚，则污物是位于度盘前面（按照读数系统次序）的另一个平面内。反之，是用目镜向外方向调焦才能看清污物，则污物位于度盘后面的另一个平面内。

5）若视场虽然发暗，但用强光源照明可看到读数窗及分划线的模糊阴影。这说明大部分光学零件生霉或秽污所致。仪器需清洗。

6）利用经纬仪正镜、倒镜观察，若明暗程度及位置有变化，而且明暗的位置在视场四周某一位置，可能是横轴棱镜的位置不正确所致。

7）分划线歪斜、竖盘和水平度盘在读数窗中的位置格线高低与长度不一致是由于光学零件位置变动所引起的，要按仪器的光路，判断是哪一块（或哪一组）棱镜位移。一般棱镜位置能沿着光轴作上下和前后直线移动，或俯仰改动的，这类棱镜是专用于视像位置的高低和格线长度变化方面校正的。

棱镜位置能绕着光轴作旋转改动，或作歪斜和扇形移动的，这类是用于刻度线歪斜方面的校正。在不影响刻度线歪斜的前提下，也可以校正读数指标差。棱镜位置如能在光轴上作左右平行移动的，此类可以校正读数指标差。

透镜位置可沿着光轴作前后或上下移动的，能校正像的放大率和清晰度。

透镜位置可作平面移动，能校正视图位置的偏高偏低、偏左偏右和格线长度。

以上介绍了读数系数故障原因和部位辨别以及排除方面的基本知识，在修理时还需了解所修理仪器的拆卸、光路图以及校正步骤。

3. 望远镜系统的检修

（1）望远镜成像不清。原因是物镜压圈未压牢，透镜位移或物镜由于经过拆卸安装有误而发生成像不清及看不远的故障，如是物镜压圈松动，则将其紧固。若是由于两镜片不共轴引起成像不清，则应相对转动物镜各镜片，直至成像清晰为止。

（2）视距乘常数的调整。视距乘常数不正确，主要是在拆装望远镜筒时，有的零件没有按原来的位置安装好，或是受了很大的振动，以致改变了物镜至十字丝之间的距离，使物镜焦距与视距丝间隔的比例 100∶1 受到破坏。遇到这种现象，应查看望远镜筒各节之间的衔接情况以及物镜垫圈、十字丝分划板正反面等部件有没有装错。

在调整时，如尺上所切的视距读数比实际距离短，说明视距乘常数大时，可将物镜座框上的一个止头螺钉松开，从望远镜中检视视距尺上的读数，将物镜座框慢慢地向内旋进（如里面有垫圈阻碍不能旋进时，可将垫圈适当地磨薄一些），使视距丝在尺上所切的读数恰好等于实际距离为止。

第二节 仪器的保养

→ 了解各种仪器的日常维护和保养的方法

一、水准仪及工具的保养

1. 水准仪的保养

（1）三防

1）防振。不得将仪器直接放在自行车后货架上骑行，也不得将仪器直接放在载货汽车的车厢上受颠振。

2）防潮。下雨应停测，下小雨可打伞，测后要用干布擦去潮气。仪器不得直接放在室内地面上，而应放入仪器专用柜中并上锁。

3）防晒。在强光下应打伞，仪器旁不得离人。

（2）两护。主要是保护目镜与物镜镜片，不得用一般抹布直接擦抹镜片。若镜片上落有灰尘，最好用毛刷掸去或用擦照相机镜头的专用纸擦拭。

2. 三脚架与水准尺的保养

（1）三脚架。三脚架架首的三个紧固螺旋不要太紧或太松，接节螺旋不能用力过猛，三脚架各脚尖易锈蚀和晃动，要经常保持其干燥和螺钉的固定。

（2）水准尺。尺面要保持清洁，防止碰损，尺底板容易因沾水或湿泥而潮损，要经常保持其干燥和螺钉的固定。使用塔尺时要注意接口与弹簧片的松动，抽出塔尺上一节时，要注意接口是否安好，若脱落而未发现会使读数错误。

二、经纬仪的保养

正确合理地使用和保管好仪器，对提高仪器的使用寿命和保证仪器的精度有很大的作用。

（1）仪器不使用时，应放在仪器箱内。箱内要放适量的干燥剂。箱子也应放在干燥、清洁、通气良好的房间内。

（2）仪器放上三脚架后要及时紧固，用毕松开中心螺旋后要及时取下放入箱内。

（3）观测时，应避免阳光直晒，也不应放在靠近热源的地方，使仪器部分受热。室内外温差大时，或温度突变也会对仪器有影响，应将仪器在现场放置一段时间后再进行观测。

（4）望远镜物镜或目镜上有灰尘时，可用软毛刷轻轻刷去。如有水气或油污，可用干净的绒布或擦镜纸擦净。

（5）如仪器受潮，应使其干燥，并检查仪器内部有无水气，待水气排出后再放入仪器箱内。尤其在雨季、霉季要特别注意保管室的湿度，箱内应放入经烘干的干燥剂，因光学仪器受潮后会发生霉点和脱膜，严重影响光学零件如望远镜、度盘的性能，所以发现霉点和脱膜时应及时送工厂修理。

（6）仪器运输过程中，宜采取防振措施，并注意防潮。受振后会影响轴系的正确状态，经长途运输后应经检查后再投入作业。

三、电子仪器的保养

（1）仪器应经常保持清洁，用完后使用毛刷、软布将灰尘除去。不能用手摸外露的光学部件如物镜、目镜等，这些部件如果脏了，可用吹风器吹去浮土，再用镜头纸擦净。

（2）如果出现故障，应与仪器生产厂家或其委派的维修部联系修理，决不可自行拆卸仪器，以免造成不应有的损害。

(3) 仪器应放在清洁、干燥、安全的地方，并应由专人保管。

(4) 棱镜应保持干净，不用时应装在箱内，以免碰坏。

(5) 电池充电的时间和方法应按说明书的要求进行。

单元测试题

一、多项选择题（下列每题的选项中，至少有两个是正确的，请将正确答案的代号填在横线空白处）

1. 普通水准仪、经纬仪是由光学零件如________等所组成的系统，并用一些镜框和机械构件连接。

A. 透镜　　B. 棱镜　　C. 反光镜　　D. 平面镜

2. 普通水准仪、经纬仪是建立在光学基础上的________，这样才能保证仪器的轴系、读数系统等部件满足相应的精度。

A. 结构比较复杂

B. 配合较为严密

C. 对光学零件或金属零件的工作面都要求极高的光洁度

D. 精密的公差相配合

3. 测量仪器受湿、热影响易________而影响仪器的正常使用。

A. 发霉　　B. 生雾

C. 锈蚀　　D. 有些部位易积灰尘

4. 使用仪器发生故障时，应________，以免造成进一步损坏。

A. 按有关程序对故障症状进行分析、检查

B. 视具体情况和客观条件，进行力所能及的检修

C. 若损坏较严重或不能修理，不得随意拆卸

D. 应送专门部门修理

5. 在测量仪器中，为了________应用了各种光学零件，如透镜、棱镜、光楔等。

A. 进行光学成像　　B. 影像放大

C. 改变光线方向　　D. 测量微小读数

6. 测量仪器中的主要机械部件包括________几部分。

A. 轴系　　B. 基座

C. 制动和微动设备　　D. 安平螺旋

7. 测量仪器的三个安平螺旋是以互成120°的方位分布在基座上的安平螺旋的，设计、加工精度必须与安平水准器的灵敏度相适应，这涉及________。

A. 安平螺旋的螺距、手轮直径

B. 到仪器中心的距离、手指的敏感度

C. 安平水准器的角值

D. 新仪器涉及设计、加工、装配的完善程度

8. 为使测量仪器检修工作顺利开展，保持检修环境的洁净，要根据仪器的精度等

级、检修项目及客观条件建立检修工作室。具体有________。

A. 工作室不宜过大，检修与校验可分开，应整洁、防灰、干燥，要换清洁的拖鞋，穿工作服，宜保持室温稳定

B. 室内要有充足的光线并有照明灯具

C. 室内地面坚实，必要时可特制稳固的仪器观测台

D. 检修仪器用的工作台，在其三面应加设挡板，不能有晃动，应平整并铺设橡胶垫；在工作台上加一个防尘罩，以保护光学零件和减少灰尘。宜设黑色窗帘，在需要时遮光用

9. 测量仪器的检修通常要经过________几个步骤。

A. 拆卸　　B. 安装　　C. 调整　　D. 校验

10. 仪器的检修需具备工具，其检修质量与________有关。

A. 检修人的业务水平与能力　　B. 检修工具的质量

C. 工具的完备情况　　D. 工具使用是否正确

11. 检修测量仪器的通用工具有________。

A. 螺钉旋具、镊子

B. 螺纹规

C. 玻璃罩、吹风球

D. 玻璃缸、玻璃盒或培养皿、五金类工具及其他工具

12. 仪器检修的常用材料有________。

A. 润滑油脂　　B. 清洁剂

C. 胶类、研磨剂　　D. 揩擦用品其他材料

13. 仪器的修前检查，应确定故障的症状、部位及属于哪个系统，并弄清________。

A. 是机械零件还是光学零件方面的

B. 是什么性质的

C. 是否属于更换部件，是否应该清洗加油润滑

D. 是否需作光路调整

14. 光学经纬仪一般性的检修项目和步骤是________。

A. 检查各安平、制动、微动等螺旋和目镜、物镜的调焦环（或调焦螺旋）有无缺损和不正常现象；检查外表零件、组件的固连螺钉、校正螺钉有无缺损和松动及外表面的情况

B. 检查各水准器有无碎裂、松动、气泡扩大，能否随安平螺旋的调动作相应移动，是否有格线颜色脱落等现象；水准器的观察镜、反光镜有否缺损，气泡成像是否符合要求，观察镜反光镜有无缺损和霉污，成像是否清晰

C. 检查竖轴和横轴在运转时是否平滑均匀正常，有无过松或过紧、卡滞等现象；检查望远镜的成像情况，检查光学零件有无水汽、霉污、视线模糊、脱胶、碎裂和缺损，并检查读数系统和光学系统对中器有无上述现象

D. 度盘和测微器的格线有无长短、歪斜及度盘偏心现象。水平度盘和竖盘的格线有无视差、行差和指标差。检查三脚架是否牢固，脚架伸缩腿的固定

螺旋是否失效，木棍紧固螺钉是否有效及伸缩腿的脚尖有无松动现象

15. 普通水准仪有________。

A. 基座系统　B. 安平系统　C. 转动系统　D. 照准系统

16. 普通经纬仪有________。

A. 安平、转动系统　B. 照准系统

C. 读数系统　D. 视距系统、对中系统

17. 普通水准仪安平系统的常见故障有________。

A. 基座安平螺旋转动时不正常，有过松、过紧、卡滞、摆动等现象

B. 长水准器弧曲度不正确

C. 管状水准器的安平超过微倾螺旋的调整范围

D. 水准轴和视准轴的平行关系不能持久

18. 水准仪照准系统方面的常见故障有________，应针对故障进行检修。

A. 目镜调焦螺旋发生过紧或晃动现象　B. 十字丝视像模糊不清

C. 望远镜调焦失灵　D. 物像模糊

19. 经纬仪机件故障的原因有________。

A. 设计制造方面　B. 振动与摩擦方面

C. 润滑油脂方面　D. 受灰尘、湿度影响

20. 普通经纬仪读数系统产生的故障有________，应具体分析后进行检修。

A. 视场黑暗无光，从读数显微镜中看到的整个视场模糊不清

B. 视场虽发暗，但用强光源照明可看到读数窗及分划线的模糊阴影

C. 利用经纬仪正镜、倒镜观察，明暗程度及位置有变化，且明暗的位置在视场四周某一位置

D. 分划线歪斜，竖盘和水平度盘在读数窗中的位置格线高低与长度不一致

二、判断题（下列判断正确的请打“√”，错误的请打“×”）

1. 普通水准仪、经纬仪是由光学零件组成并由机械构件连接起来的常用仪器。（　）

2. 普通经纬仪、水准仪常用于野外，易受潮湿、高温的影响，长时间使用后，磨损、振动会使仪器部件受影响，对工作不利。掌握仪器维修的基础知识十分重要。（　）

3. 仪器长期使用后会自然磨损，也可能受外力撞击、振动等影响，使仪器所要求满足的轴系几何关系发生变动，甚至造成部件的损坏，会影响使用与观测精度。（　）

4. 测量人员缺乏仪器的检校、维护、修理的基础知识，会影响工作和仪器的使用寿命。（　）

5. 使用仪器首先要重视维护和懂得维护，保管好仪器，减少振动，还应定期检校、维护以提高使用效率。（　）

6. 当垂直于棱镜的棱线所作的横断面均为等腰直角三角形时，则称为直角棱镜。（　）

7. 利用直角棱镜的任意面进行反射或折射，对光学仪器的光路调整很有用处。（　）

8. 屋脊棱镜是一种变形的直角棱镜，其斜面由两个构成90°的屋脊反射面所代替。（ ）

9. 屋脊棱镜能使光线改变方向，又能使像倒转。在光学经纬仪的读数系统中得到广泛的应用。（ ）

10. 菱形棱镜的作用是使光线平行位移而方向不变。（ ）

11. 五角棱镜用来使光线方向改变90°，不严格要求入射光线垂直于棱面，但成45°的两棱面必须镀银。（ ）

12. 棱角很小的三棱镜称为光楔，利用光楔能使光线倾斜一个很小角度的特性，广泛应用于经纬仪的测微系统中。（ ）

13. 平行平面玻璃板广泛用做光学测微器的活动光学零件。（ ）

14. 平行平面玻璃板的两界面互相平行，其作用是可使倾斜的光线移动一段距离，而不改变方向。（ ）

15. 具有两个折射面，其中一个或者两个都是球面的光学零件称为透镜。（ ）

16. 透镜的种类很多，它是光学机械仪器中应用得较少的一种光学零件。（ ）

17. 根据透镜的光学特性及球面的方向不同，可分为会聚透镜和发散透镜两个大类。（ ）

18. 会聚透镜分为双凸透镜、平凸透镜和收敛凸透镜三种，其共同特点是中间厚而四周薄。（ ）

19. 发散透镜又有双凹透镜、平凹透镜和发散凹透镜三种，其共同特点是中间薄而四周厚。（ ）

20. 通过透镜两球面中心的连线称为透镜光轴。对于平凸或平凹透镜而言，通过透镜的球面中心且垂直于平面的直线称为透镜光轴。（ ）

21. 透镜通常是用玻璃磨制而成。利用透镜使物体成像，这是透镜的一个重要应用。透镜所成的像与物体离透镜的距离有关。（ ）

22. 在测量仪器中，为了得到良好的成像质量，减小各种像差的有害影响，提高精度，通常采用两块或两块以上的透镜组成透镜组。透镜组仅有胶合型一种。（ ）

23. 透镜组的线放大率取决于物体（如度盘分划线）到透镜组的距离及两透镜之间的距离。在光学经纬仪的读数系统中，因度盘和读数窗的位置是固定的，可通过调整显微物镜组的位置来调整视差和行差。（ ）

24. 轴系是导轨的一种结构形式，它的作用是使仪器上的运动部分旋转时能以一定的精度遵循规定的方向进行，因此轴系的基本要求是置中或定向。（ ）

25. 测量仪器中的主要轴系要求有固定的相互关系，如相互平行、垂直和共轴，并要求在运动过程中保持这些关系。（ ）

26. 经纬仪中的竖轴与横轴的设计，加工中是否完善以及使用时是否正常，对于观测是十分重要的，也是维检的重要部分。（ ）

27. 测量仪器中的制动、微动机构是为了使仪器上的运动部分迅速而又准确地安置到所要求的位置。在测量时，制动和微动是不能分割的一组零件，都必须制动后，微动才能正常工作。（ ）

28. 微动设备直接影响照准精度，对于经纬仪而言，微动螺旋的灵敏度一般不允许大于望远镜照准目标的最大误差，这也是维检的内容之一。 （ ）

29. 良好的安平螺旋能保证仪器的精确安平和整个仪器的稳定。 （ ）

30. 仪器使用后，若发现安平螺旋晃动而使水准气泡不稳定，则需进行维修。 （ ）

31. 光学零件组成了仪器各个部分的光路，为了满足有关设计要求，零件的位置经过计算，若位置变化、零件受潮、霉变或脱胶，有关光学部分就会出现故障。 （ ）

32. 仪器的检修通常要经过拆卸、安装、调整、检校。需配备一些工具，其检修质量除与检修人的业务能力有关，还取决于检修工具的质量、完备情况和使用是否正确。 （ ）

33. 为圆满完成仪器的检修，通用工具一般应购置完备，专用工具则需自行加工特制。 （ ）

34. 仪器修理前，一般要求对各个部位作全面检查，并应对使用中发现的故障及发生故障的原因作出记录，作为判断和排除故障的根据。 （ ）

35. 检修仪器应按故障特征分析是哪个系统、哪个部件的故障后，才能确定需要进行检修的部位和修理方法。 （ ）

36. 检修某些局部性的故障，需按“哪里有故障，就拆修哪个部位”的原则，尽量不拆动与故障无关的零部件，以免造成损失。 （ ）

37. 检修仪器前应先学习熟悉所检修的这一型号仪器的技术资料，如轴系结构及有关系统的结构图、光路图等。同时将检修工具、材料准备齐全，放在工作台或附近备用。 （ ）

38. 仪器若出现综合性的故障，应先处理难度较大的故障，然后再处理局部容易解决的问题。同时还要局部地进行拆卸、修理、清洁和组装，以免装错或丢失零件。 （ ）

39. 拆装仪器是难点之一，一般应经学习、培训掌握操作工艺和技能，初次拆装应在导师指导下进行。遇到难拆卸的零部件，在没有弄清仪器的结构之前，不得随意或强行拆卸。 （ ）

40. 拆卸的顺序宜由下而上进行，避免在拆卸上部时污染下部。拆卸光学零件时，要避免用手指直接接触光学零件的抛光面。 （ ）

41. 光学零件常涉及就位的精确性，应尽可能少拆或采取分批拆卸、分批组装的办法。 （ ）

42. 检修仪器所用的清洁液用后要及时盖紧，所用的辅助材料（如垫片、压片等）要经防霉、防雾处理。检修后的仪器应进行检校。 （ ）

43. 水准仪转动系统常见故障有转动轴紧涩、制动螺旋失效及微动螺旋失效等故障，应进行检修。 （ ）

44. 经纬仪修理时有更高的要求，其转动轴的正常转动会受到温度对材料膨胀以及制造厂加工的公差精度的影响。 （ ）

45. 经纬仪的横轴运转时，如有较紧或松紧不匀，一般通过拆洗加油后即可恢复。（　）

46. 水准器如发现不能随安平螺旋的调动作相应移动等现象时需作更换；若已破损，必须用同精度水准器代替。若因固定水准器的石膏变质，使水准器晃动而失灵，则应拆下重新灌石膏。（　）

47. 望远镜成像不清的原因是物镜压圈未压牢，透镜位移或物镜由于经过拆卸安装有误。（　）

48. 视距乘常数不正确，主要原因是在拆装望远镜筒时，有的零件没有按原来的位置安装好，或是受了很大的振动，以致改变了物镜至十字丝之间的距离，使物镜焦距与视距丝间隔的比例受到破坏，此时应查看望远镜筒各节之间的衔接情况以及物镜垫圈、十字丝分划板正反面等部件有没有装错。（　）

单元测试题答案

一、多项选择题

1. ABD　2. ABCD　3. ABCD　4. ABCD　5. ABCD　6. ACD
7. ABC　8. ABCD　9. ABCD　10. ABCD　11. ABCD　12. ABCD
13. ABCD　14. ABCD　15. BCD　16. ABCD　17. ABCD　18. ABCD
19. ABCD　20. ABCD

二、判断题

1. √　2. √　3. √　4. √　5. √　6. √　7. √　8. √　9. √
10. √　11. √　12. √　13. √　14. √　15. √　16. ×　17. √
18. √　19. √　20. √　21. √　22. ×　23. √　24. √　25. √
26. √　27. √　28. √　29. √　30. √　31. √　32. √　33. √
34. √　35. √　36. √　37. √　38. ×　39. √　40. ×　41. √
42. √　43. √　44. √　45. √　46. √　47. √　48. √

第8单元

施工测量的法规和管理工作

第一节　施工测量管理体系

→ 熟悉 ISO 9000 质量管理体系对施工测量管理工作的基本要求
→ 掌握建筑工程施工测量的基本准则、要求

一、ISO 9000 质量管理体系

ISO 是国际标准化组织，是由各国标准化团体（ISO 成员团体）组成的世界性联合会。制定国际标准的工作通常由 ISO 的技术委员会完成。由技术委员会通过的国际草案提交各成员团体表决，需要得到至少 75%参加表决的成员团体的同意，才能作为国际标准正式发布。

ISO 9000 由 ISO/TC176/SC2 质量管理和质量保证技术委员会概念与术语分委员会制定。

国际标准化组织（ISO）于 2000 年 12 月 15 日发布了 2000 版的质量管理体系国际标准 ISO 9000：2000 族。由我国国家技术监督局于 2000 年 12 月 28 日正式发布我国的质量管理体系推荐性的标准 GB/T 19000—2000 族，规定于 2001 年 6 月 1 日实施。2000 版的标准代替了 1994 版的标准。

1. ISO 9000：2000 版的质量管理体系标准的核心文件

（1）GB/T 19000—2000 idt ISO 9000 ：2000 质量管理体系　基础和术语。

（2）GB/T 19001—2000 idt ISO 9001：2000 质量管理体系　要求。

注：此标准是目前各个企业建立质量管理体系和取得认证的依据，它已经代替了 1994 版的 9001，9002，9003。

（3）GB/T 19004—2000 idt ISO 9004：2000 质量管理体系　业绩改进指南。

ISO 9000 质量管理体系标准是吸取了世界各国质量管理和质量保证工作的成功经验，提出了“八项质量管理原则”，旨在指导各行各业的质量管理工作，标准的内容是对产品质量要求的补充，而不是替代。企业采用本标准建立、实施质量管理体系以及持续改进其有效性，则可以通过有效的管理活动，提高企业的管理水平，提高企业的产品质量，提高企业各项工作的效率，提高企业的市场竞争能力，满足顾客的要求，增强顾客的满意度。

2. ISO 9000：2000 版的质量管理体系要求的核心思想

ISO 9000：2000 版的质量管理体系是以顾客为关注的焦点，通过有效的过程管理和管理的系统方法，持续改进质量管理，提供满足顾客要求的产品，并增强顾客的满意度。标准要求按 P、D、C、A（P—策划，D—实施，C—检查，A—改进）的管理方法对管理职责、资料管理、产品实现和测量、分析和改进四大活动进行管理，具体内容描述在质量管理体系标准——要求的八个章节中。

3. GB/T 19000 质量管理体系标准对施工测量管理工作的基本要求

贯彻 ISO 9000 标准是为了适应国际化的大趋势，与国际接轨的需要，为我国加入 WTO，进一步对外开放，走向国际建筑市场创造有利条件。我国建筑企业多数已经采用了 ISO 9000 质量管理体系标准，各项活动已经纳入质量管理体系标准的要求之中，不少建筑企业也按 GB/T 19001—2000（ISO 9001：2000）的要求实施管理，取得了质量管理体系的认证证书。施工测量是建筑企业质量管理的重要活动，是建筑施工的第一道工序，是保证施工结果符合设计要求的关键工序，因此，施工测量也必须按照质量管理体系标准的要求进行管理工作。

对于施工测量管理活动应按质量管理体系标准的要求做好施工测量方案的策划，并实施策划和改进实施的效果。其中应考虑的主要要求如下：

（1）质量管理体系（标准第 4 章）

1）应按施工测量的过程建立质量管理体系，明确施工测量必需的过程、活动及其合理的顺序，明确对过程的控制所需的准则和方法，明确为保证过程实现所应投入的资源（人力、设备、资金、信息等），明确对过程进行监视、测量和分析的方法，如果有协作单位还应规定对协作单位的控制和协调方法等。

2）应收集与施工测量有关的法规、标准、规程等工作中应依据的文件的有效版本；明确应管理的主要文件，如施工图、放线依据、工程变更以及记录等。

3）明确施工测量应形成和保留的各种质量记录类型和数量，明确记录人、校核人，明确质量记录的记录要求和保存要求等。

4）建立制度做好文件的管理，如规定专人管理，建立档案，建立文件目录、及时清理无效文件等。

5）对外发放文件如有审批要求时，应明确审批的责任人、审批的时间和审批的方式等。

（2）管理职责（标准第 5 章）

1）在企业质量方针的框架下，明确施工测量的质量目标，如测量定位准确率、测量结果无差错率、配合施工进度的及时率等，作为工作质量的奋斗目标和考核标准。

2）明确工作分工和岗位职责，充分发挥每个人的参与意识和责任心。

3）为企业领导层的管理评审提供施工测量质量管理实施效果的有关信息。

（3）资源管理（标准第 6 章）

1）明确岗位的能力要求，如文化水平、工作经历、技能要求、培训要求等。

2）建立岗位培训制度，不断提高业务水平，确保工作质量。

3）明确测量任务所要求的设备类型、规格，如全站仪、经纬仪和水准仪的精度要求等，并按要求配齐数量。

（4）产品实现（标准第 7 章）

1）策划施工测量的实施过程，编制施工测量方案，方案中应明确测量的控制目标、工作依据、工作过程、检验标准、检验时机、检验方法，以及对设备、人员和记录的要求等。

2）应了解施工承包合同中双方的权利和义务，重点掌握与施工测量有关的要求；

获取施工测量所必需的信息和资料，明确顾客对产品的各种要求。

3）按策划的结果和法规的要求实施施工测量，为施工提供可靠的依据（控制点、控制线、有关数据等），对施工中的特殊部位应加强监测，保护好测量标志，并正确指导施工人员用好测量标志。

4）对测量设备应按法规的要求定期进行检定和检校，一旦发现测量设备有失准现象，应立即停工检查，并使用准确的测量设备核实以往测量结果的有效性。

（5）测量、分析和改进（标准第8章）

1）要按施工测量方案的要求，对施工测量的过程和结果进行监视和测量，如采用自检、互检和验收的程序，保证施工测量的过程和结果符合顾客的要求，符合设计图和法规的要求等。

2）对施工测量中发现的不合格问题除应纠正达到合格外，还应分析原因，提出纠正措施，防止不合格现象再次发生。

3）对各类施工测量的结果应采用数据分析的方法进行分析，如计算中误差、分析误差的分布状态，比较以往测量结果的差异，查找应采取的预防措施或应改进的方面等。

4）要对使用施工测量结果的人员进行访问或调查，了解对所提供的控制点、控制线、有关数据等在使用中的意见以及与施工配合中的问题，以满足顾客要求、增强顾客满意度为努力方向，不断改进施工测量的工作质量。

二、建筑工程施工测量规程（DBJ 01—21—1995）

1.《建筑工程施工测量规程》（DBJ 01—21—1995）的内容

《建筑工程施工测量规程》是根据北京市城乡建设委员会（91）京建科字第109号文件的要求，组织北京建筑工程总公司、北京城建总公司等有关单位，在总结北京市多年来建筑工程施工测量经验的基础上，参照有关国家规范、标准编制的。在编制过程中，多次组织专家进行了反复的修改审议，最后由北京市城乡建设委员会组织审查定稿。

北京市城乡建设委员会京建质〔1995〕577号文件中规定：北京市《建筑工程施工测量规程》（DBJ 01—21—1995）为强制性地方标准，自1996年6月1日起实施。

《建筑工程施工测量规程》共13章62条。各章分别是：1总则，2术语、符号、代号，3施工测量准备工作，4平面控制测量，5高程控制测量，6建筑物的定位放线和基础施工测量，7结构施工测量，8工业建筑施工测量，9装饰工程和建筑设备安装工程施工测量，10特殊工程施工测量，11建筑小区市政工程施工测量，12变形测量，13竣工测量和竣工现状总图的测绘。另有附录25条及条文说明。

北京市强制性地方标准《建筑工程施工测量规程》（DBJ 01—21—1995）的发布实施，为北京市建筑施工企业的发展做了基础性的工作。随着首都建设规模的不断扩大，激光技术、光电测距仪和全站仪等先进仪器的使用为北京建筑施工测量走上规范化、现代化创造了前提条件。此标准已在全国推广使用。

2. 测量放线的基本准则

《建筑工程施工测量规程》中规定的测量放线的基本准则如下：

（1）认真学习与执行国家法令、政策与规范，明确为工程服务，对按图施工与工程进度负责的工作目的。

（2）遵守先整体后局部的工作程序。即先测设精度较高的场地整体控制网，再以控制网为依据进行各局部建筑物定位、放线。

（3）严格审核测量起始依据的正确性，坚持测量作业与计算工作步步有校核的工作方法。测量起始依据应包括设计图、文件、测量起始点、数据等。

（4）测法要科学、简捷，精度要合理，仪器选择要适当，使用要精心，在满足工程需要的前提下，力争做到省工、省时、省费用。

（5）定位、放线工作必须执行经自检、互检合格后，由有关主管部门验线的工作制度，还应执行安全、保密等有关规定，用好、管好设计图与有关资料，实测时要当场做好原始记录，测后要及时保护好桩位。

（6）紧密配合施工，发扬团结协作、不畏艰难、实事求是、认真负责的工作作风。

（7）虚心学习、及时总结经验，努力开创新局面的工作精神，以适应建筑业不断发展的需要。

3. 测量验线的基本准则

《建筑工程施工测量规程》中规定的测量验线的基本准则如下：

（1）验线工作应主动预控。验线工作要从审核施工测量方案开始，在施工的各主要阶段前，均应对施工测量工作提出预防性的要求，以做到防患于未然。

（2）验线的依据应原始、正确、有效。主要是设计图、变更洽商与定位依据点位（如红线桩、水准点等）及其数据（如坐标、高程等）要是原始、最后定案有效并正确的资料，因为这些是施工测量的基本依据，若其中有误，在测量放线中多是难以发现的，一旦使用后果不堪设想。

（3）仪器与钢尺必须按计量法有关规定进行检定和检校。

（4）验线的精度应符合规范要求，要求如下：

1）仪器的精度应适应验线要求，有检定合格证并校正完好。

2）必须按规程作业，观测误差必须小于限差，观测中的系统误差应采取措施进行改正。

3）验线成果应先行附合（或闭合）校核。

（5）验线工作必须独立，尽量与放线工作不相关。主要包括：

1）观测人员。

2）仪器。

3）测法及观测路线等。

（6）验线部位应为关键环节与最弱部位，主要包括：

1）定位依据桩及定位条件。

2）场区平面控制网、主轴线及其控制桩（引桩）。

3）场区高程控制网及±0.00 高程线。

4）控制网及定位放线中的最弱部位。

（7）验线方法及误差处理

1）场区平面控制网与建筑物定位，应在平差计算中评定其最弱部位的精度，并实地验测，精度不符合要求时应重测。

2）细部测量可用不低于原测量放线的精度进行验测，验线成果与原放线成果之间的误差应按以下原则处理：

①两者之差小于 $1/\sqrt{2}$限差时，对放线工作评为优良。

②两者之差略小于或等于$\sqrt{2}$限差时，对放线工作评为合格（可不改正放线成果或取两者的平均值）。

③两者之差超过$\sqrt{2}$限差时，原则上不予验收，尤其是要害部位。若为次要部位可令其局部返工。

4. 测量记录的基本要求

《建筑工程施工测量规程》中规定的测量记录的基本要求如下：

（1）测量记录应原始真实、数字正确、内容完整、字体工整。

（2）记录应填写在规定的表格中。开始应先将表头所列各项内容填好，并熟悉表中所载各项内容与相应的填写位置。

（3）记录应当场及时填写清楚，不允许先写在草稿纸上后转抄誊清，以防转抄错误，保持记录的原始性。采用电子记录手簿时，应打印出观测数据。记录数据必须符合法定计量单位。

（4）字体要工整、清楚。相应数字及小数点应左右成列、上下成行、一一对齐。记错或算错的数字，不准涂改或擦去重写，应在错数上画一斜线，将正确数字写在错数的上方。

（5）记录中数字的位数应反映观测精度。如水准读数应读至 mm，若某读数为 1.33 m 时，应记为 1.330 m，不应记为 1.33 m。

（6）记录过程中的简单计算应在现场及时进行，如取平均值等，并做校核。

（7）记录人员应及时校对观测所得到的数据，根据所测数据与现场实况，以目估法及时发现观测中的明显错误，如水准测量中读错整米数等。

（8）草图、点阵记图应当场勾绘方向，有关数据和地名等应一并标注清楚。

（9）注意保密。测量记录多为保密内容，应妥善保管。工作结束后，应上交有关部门保存。

5. 测量计算的基本要求

《建筑工程施工测量规程》中规定的测量计算的基本要求如下：

（1）测量计算工作的基本要求是依据正确、方法科学、计算有序、步步校核、结果可靠。

（2）外业观测成果是计算工作的依据。计算工作开始前，应对外业记录、草图等认真仔细地逐项审阅与校核，以便熟悉情况并及早发现与处理记录中可能存在的遗漏、错误等问题。

（3）计算过程一般应在规定的表格中进行。按外业记录在计算表中填写原始数据时，严防抄错，填好后应换人校对，以免发生转抄错误。这一点必须特别注意，因为抄错原始数据在以后的计算校核中是无法发现的。

（4）计算中必须做到步步有校核。各项计算前后联系时，前者经校核无误，后者方可开始。校核方法以独立、有效、科学、简捷为原则选定，常用的方法如下：

1）复算校核。将计算重做一遍，条件许可时最好换人校核，以免因习惯性错误而重蹈覆辙，使校核失去意义。

2）总和校核。例如水准测量中，终点对起点的高差应满足如下条件：

$$\sum h=\sum a-\sum b=H_{终}-H_{始}$$

3）几何条件校核。例如闭合导线计算中，调整后的各内角之和应满足如下条件：

$$\sum \beta_{理}=(n-2)180°$$

4）变换计算方法校核。例如坐标反算中，按公式计算和计算器程序计算两种方法校核。

5）概略估算校核。在计算之前，可按已知数据与计算公式，预估结果的符号与数值，此结果虽不可能与精确计算之值完全一致，但一般不会有很大差异，这对防止出现计算错误至关重要。

6）计算校核一般只能发现计算过程中的问题，不能发现原始依据是否有误。

（5）计算中所用数字应与观测精度相适应。在不影响成果精度的情况下，要及时合理地删除多余数字，以提高计算速度。删除多余数字时，宜保留到有效数字后一位，以使最后成果中有效数字不受删除数字的影响。删除数字应遵守“四舍、六入、整五凑偶（即单进、双舍）”的原则。

第二节 施工测量的管理

→ 了解施工测量管理工作的主要内容

→ 熟悉施工测量班组管理的基本内容

→ 掌握向初级、中级测量放线工传授技能的内容

一、施工测量的管理工作

1. 施工测量工作应建立的管理制度

（1）组织管理制度

1）测量管理机构设置及职责。

2）各级岗位责任制度及职责分工。

3）人员培训及考核制度。

（2）技术管理制度

1）测量成果及资料管理制度。

2）自检复线及验线制度。

3）交接桩及护桩制度。

（3）仪器管理制度

1）仪器定期检定、检校及维护保管制度。

2）仪器操作规程及安全操作制度。

2. 施工测量管理人员的工作职责

（1）项目工程师对工程的测量放线工作负技术责任，审核测量方案，组织工程各部位的验线工作。

（2）技术员领导测量放线工作，组织放线人员学习并校核图样，编制工程测量放线方案。

（3）质检员参加工程各部位的测量验线工作，并参与签证。

（4）施工员（主管工长）对本工程的测量放线工作负直接责任，并参加各分项工程的交接检查，负责填写工程预检单并参与签证。

3. 施工测量技术资料

根据 2002 年 5 月 1 日实施的《建设工程文件归档整理规范》（GB/T 50328—2001）与 2003 年 2 月 1 日实施的北京市地方标准《建筑工程资料管理规程》（DBJ 01—51—2003）及 2003 年 8 月 1 日实施的北京市地方标准《市政基础设施工程资料管理规程》（DBJ 01—71—2003）的规定，施工测量技术资料主要应包括以下内容：

（1）测量依据资料

1）当地城市规划管理部门的“建设用地规划许可证及其附件”“划拨建设用地文件”“建设用地钉桩（红线桩坐标及水准点）通知单（书）”。

2）验线通知书及交接桩记录表。

3）工程总平面图及图纸会审记录、工程定位测量及检测记录。

4）有关测量放线方面的设计变更文件及图样。

（2）施工记录资料

1）施工测量方案、现场平面控制网与水准点成果表报验单、审批表及复测记录。

2）工程位置、主要轴线、高程及竖向投测等的“施工测量报验单”与复测记录。

3）必要的测量原始记录及特殊工程资料（如钢结构工程等）。

（3）竣工验收资料

1）竣工验收资料、竣工测量报告及竣工图。

2）沉降变形观测记录及有关资料。

二、安全生产管理

1. 安全生产

（1）《中华人民共和国安全生产法》。《中华人民共和国安全生产法》（以下简称《安全生产法》）于 2002 年 6 月 29 日第九届全国人民代表大会常务委员会第 28 次会议通过，当天由国家主席第 7 号令公布，自 2002 年 11 月 1 日起实施。

《安全生产法》第 1 条规定了立法的宗旨：为了加强安全生产监督管理，防止和减少生产安全事故，保障人民群众生命和财产安全，促进经济发展，制定本法。

《安全生产法》共 7 章 97 条。各章分别是：1. 总则，2. 生产经营单位的安全生产保障，3. 从业人员的权利和义务，4. 安全生产的监督管理，5. 生产安全事故的应急救援与调查处理，6. 法律责任，7. 附则。

《安全生产法》第 1 章第 3 条“坚持安全第一、预防为主”是我国安全生产管理的基本方针。

(2)《安全生产法》规定有关人员的权利与义务

1）根据《安全生产法》第2章第17条规定：生产经营单位的主要负责人对本单位安全生产工作负有下列职责：

①建立、健全本单位安全生产责任制。

②组织制定本单位安全生产规章制度和操作规程。

③保证本单位安全生产投入的有效实施。

④督促、检查本单位的安全生产工作，及时消除生产安全事故隐患。

⑤组织制定并实施本单位的生产安全事故应急救援措施。

⑥及时、如实报告生产安全事故。

2）根据《安全生产法》第3章有关条目规定：从业人员的权利与义务的主要内容如下：

①接受安全生产教育和培训，掌握本职工作所需的安全生产知识，提高安全生产技能，增强事故预防和应急处理能力。

②在作业过程中，应当严格遵守本单位的安全生产规章制度和操作规章，服从管理，正确佩戴和使用劳动防护用品。

③有权了解其作业场所和工作岗位存在的危险因素，防范措施及事故应急措施。

④有权拒绝违章指挥和强令冒险作业。

⑤发现直接危及人身安全的紧急情况时，有权停止作业或在采取可能的应急措施后撤离作业场所。

(3）建筑业的有关安全规程、规范

1）建筑业是有较大危险性的行业。目前我国建筑行业仍然是以现场手工操作为主的劳动密集型行业。在一个大中型的施工现场，一般均有数百上千名素质差异较大的施工人员在露天、立体（高空和地下）交叉作业，而且使用种类众多的施工机械与电气设备。因此，施工现场发生伤亡事故是在所难免的。据全国伤亡事故统计，建筑业伤亡事故率仅次于矿山行业，是有较大危险性的行业。

2）建筑行业中的五大伤害。分别是高处坠落、触电事故、物体打击、机械伤害及坍塌事故。这五种事故是建筑业最常发生的事故，占事故总数的85%以上。

3）国务院、建设部与北京市建委制定的有关安全生产的规程、规范。建设主管部门对安全生产一贯是重视的，早在1956年国务院就颁布了《建筑安装工程安全技术规程》。改革开放以来，各级领导部门更是针对建筑业特点制定并颁布了大量的有关安全生产的规范、规程。

(4）施工安全生产中的基本名词术语

1）“三级”安全教育。对新进场人员、转换工作岗位人员和离岗后重新上岗人员，必须进行上岗前的“三级”安全教育，即公司教育、项目教育与班组教育，以使从业人员学到必要的劳保知识与规章制度要求。此外，对特种作业人员（如架子工、电工等）还必须经过专门国家安全培训取得特种作业资格。

2）做到“三不伤害”。在生产劳动中要处处、时时注意做到“三不伤害”，即我不伤害自己，我不伤害他人，我不被他人伤害。

3）正确用好“三宝”。进入施工现场必须正确佩戴安全帽；在高处（指高差2 m

或2 m以上者）作业、无可靠安全防护设施时，必须系好安全带；高处作业平台四周要有1～1.2 m的密闭的安全网。

4）做好“四口”防护。建筑施工中的“四口”是指楼梯口、电梯口、预留洞口和出入口（也叫通道口）。“四口”是高处坠落的重要原因。因此，应根据洞口大小、位置的不同，按施工方案的要求封闭牢固、严密，任何人不得随意拆除，如工作需要拆除，须经工地负责人批准。

5）造成事故原因的“三违”。是指负责人的违章指挥，从业人员的违章作业与违反劳动纪律。统计数字表明70%以上的事故都是由“三违”造成的。

6）处理事故中的“四不放过”。施工现场一旦发生事故，要立即向上级报告，不得隐瞒不报，并按“四不放过”原则进行调查分析和处理。“四不放过”是指事故原因没有调查清楚不放过，事故责任人没有严肃处理不放过，广大职工没有受到教育不放过，针对事故的防范措施没有真正落实不放过。

2. 施工测量人员的安全生产

（1）施工测量人员在施工现场作业中必须特别注意安全生产。施工测量人员在施工现场虽比不上架子工、电工或爆破工遇到的险情多，但是测量放线工作的需要使测量人员在安全隐患方面有“八多”。

1）要去的地方多、观测环境变化多。测量放线工作从基坑到封顶，从室内结构到室外管线的各个施工角落均要放线，所以要去的地方多，且各测站上的观测环境变化多。

2）接触的工种多、立体交叉作业多。测量放线从打护坡桩挖土到结构支模，从预留埋件的定位到室内外装饰设备的安装，需要接触的工种多，相互配合多，尤其是相互立体交叉作业多。

3）在现场工作时间多、天气变化多。测量人员每天早晨上班早，要检查线位桩点；下午下班晚，要查清施工进度安排明天的工作。中午工地人少，正适合加班放线以满足下午施工的需要，所以施工测量人员在现场工作时间多；天气变化多也应尽量适应。

4）测量仪器贵重，各种附件与斧锤、墨斗工具多，触电机会多。测量仪器怕摔砸，斧锤怕失手，线坠怕坠落，人员怕踩空跌落；现场电焊机、临时电线多，测量放线人员多使用钢尺与铝质水准尺，因此，触电机会多。

总之，测量人员在现场放线中，要精神集中地进行观测与计算。周围的环境千变万化，上述的“八多”隐患均有造成人身或仪器损伤的可能。为此，测量人员必须在制定测量放线方案中，根据现场情况按“预防为主”的方针，在每个测量环节中落实安全生产的具体措施，并在现场放线中严格遵守安全规章，时时处处谨慎作业，既要做到测量成果好，更要人身仪器双安全。

（2）市政工程施工测量人员安全操作要点。根据2001年7月1日起实施的北京市地方强制性标准《北京市市政工程施工安全操作规程》（DBJ 01—56—2001）第10章规定测量工安全操作的要点有以下10点：

1）进入施工现场必须按规定佩戴安全防护用品。

2）作业时必须避让机械，躲开坑、槽、井，选择安全的路线和地点。

3）上下沟槽、基坑应走安全梯或马道，在槽、基坑底作业前必须检查槽帮的稳定性，确认安全后再下槽、基坑作业。

4）高处作业必须走安全梯或马道，临边作业时必须采取防坠落的措施。

5）在社会道路上作业时必须遵守交通规则，并根据现场情况采取防护、警示措施，避让车辆，必要时设专人监护。

6）进入井、深基坑（槽）及构筑物内作业时，应在地面进出口处设专人监护。

7）机械运转时，不得在机械运转范围内作业。

8）测量作业钉桩前应检查锤头的牢固性，作业时与他人协调配合，不得正对他人抡锤。

9）需在河流、湖泊等水中测量作业前，必须先征得主管单位的同意，掌握水深、流速等情况，并根据现场情况采取防溺水措施。

10）冬季施工不应在冰上进行作业。严冬期间需在冰上作业时，必须在作业前进行现场探测，充分掌握冰层厚度，确认安全后方可在冰上作业。

（3）建筑工程施工测量人员安全操作要点。根据 2012 年 9 月 1 日起实施的北京市地方强制性标准《北京市建筑工程施工安全操作规程》的精神，参照上述市政规程，建筑工程测量工安全操作的要点应有以下 10 点：

1）为贯彻“安全第一、预防为主”的基本方针，在制定测量放线方案中，要针对施工安排和施工现场的具体情况，在各个测量阶段落实安全生产措施，做到预防为主。尤其是人身与仪器的安全。尽量减少立体作业，以防坠落与摔砸。如平面拉制网站的布设要远离施工建筑物；内控法做竖向投测时，要在仪器上方采取可靠措施等。

2）对新参加测量的工作人员，在做好测量放线、验线应遵守的基本准则教育的同时，针对测量放线工作存在安全隐患“八多”的特点，进行安全操作教育，使其能严格遵守安全规章制度；现场作业必须戴好安全帽，高处或临边作业要绑扎安全带。

3）各施工层上作业要注意“四口”安全，不得从洞口或井字架上下，防止坠落。

4）上下沟槽、基坑或登高作业应走安全梯或马道。在槽、基坑底作业前必须检查槽帮的稳定性，确认安全后再下槽、基坑。

5）在脚手板上行走时要防踩空或板悬挑。在楼板临边放线，不要紧靠防护设备，严防高空坠落；机械运转时，不得在机械运转范围内作业。

6）测量作业钉桩前应检查锤头的牢固性，作业时与他人协调配合，不得正对他人抡锤。

7）楼层上钢尺量距要远离电焊机和机电设备，用铝质水准尺抄平时要防止碰撞架空电线，以防造成触电事故。

8）仪器不得已安置在光滑的水泥地面上时要有防滑措施，如三脚架尖要插入土中或小坑内，以防滑倒，仪器安置后必须设专人看护，在强阳光下或安全网下都要打伞防护；夜间或黑暗处作业时，应配备必要的照明安全设备。

9）如患有高血压、心脏病等不宜登高作业疾病者，不宜进行高空作业。

10）操作时必须精神集中，不得玩笑打闹，或往楼下或低处抛掷杂物，以免伤人、砸物。

三、施工测量班组管理

1. 施工测量中的两种管理体制

目前国内建筑工程公司与市政工程公司多为公司—项目部（工程处）两级管理。由于各工程公司规模与管理体制的不同，对施工测量的管理体系也不一样。一般规模较大的工程公司对施工测量较重视，多在公司技术质量部门设专业测量队，由工程测量专业工程师与测量技师组成，配备全站仪与精密水准仪等成套仪器，负责各项目部（工程处）工程的场地控制网的建立、工程定位及对各项目部（工程处）放线班组所放主要线位进行复测验线，此外还可担任变形与沉降等观测任务。项目部（工程处）设施工放线班组，由高级或中级放线工负责，配备一般经纬仪与水准仪，其任务是根据公司测量队所定的控制依据线位与标高，进行工程细部放线与抄平，直接为施工作业服务。还有一些工程公司的规模并不小，但对施工测量工作的重要性与技术难度认识不足，以精减上层为名只是在项目部（工程处）设施工测量班组，由放线工组成，受项目工程师或土建技术员领导，测量班组的任务是测设工程场地控制网、工程定位及细部放线抄平，而验线工作多由质量部门负责，由于一般质检人员的测量专业水平有限，故验线工作一般效果多不理想。

实践证明上述两种施工测量管理体制，以前者效果为好，具体反映在以下三个方面：

（1）测量专业人才与高新设备可以充分发挥作用，不同水平的放线工也能因材适用。

（2）测量场地控制网与工程定位的质量有保证，并能承接大型、复杂工程测量任务。

（3）有专业技术带头人，有利于实践经验的交流总结和人员的系统培训，这是不断提高测量工作质量的根本。

2. 施工测量班组管理的基本内容

施工测量放线工作是工程施工总体的全局性工序，是工程施工各环节之初的先导性工序，也是该环节终了时的验收性工序。根据施工进度的需要，及时准确地进行测量放线、抄平，为施工挖槽、支模提供依据是保证施工进度和工程质量的基本环节。在正常作业情况中，测量工往往被人们认为是不创造产值的辅助工种。可一旦测量出了问题，会出现诸如定位错了，造成整个建筑物位移；标高引错了，造成整个建筑抬高或降低；竖向失控，造成建筑整体倾斜；护坡桩监测不到位，造成基坑倒塌等问题。总之，由于测量工作的失误，造成的损失有时是严重的、是全局性的。故有经验的施工负责人对施工测量工作都较为重视，因而选派业务精良、工作上认真负责的测量专业人员负责组建施工测量班组。其管理工作的基本内容有以下6项：

（1）认真贯彻全面质量管理方针，确保测量放线工作质量

1）进行全员质量教育，强化质量意识。主要是根据国家法令、规范、规程要求与《追求组织的持续成功质量管理方法》（GB/T 19004—2011）规定，把好质量关，做到测量班组所交出的测量成果正确、精度合格，这是测量班组管理工作的核心，也是荣誉所在。要做到人人从内心理解：观测中产生误差是不可避免的，工作中出现错误也是难以杜绝的客观现实。因此要自觉地做到：作业前要严格审核起始依据的正确性，在作业中坚持测量、计算工作步步有校核的工作方法。以真正达到：错误在我手中发现并剔除，精度合格的成果由我手中交出，测量放线工作的质量由我保证。

2）充分做好准备工作，进行技术交底与有关规范学习。主要是按“三校核”要求，即校核设计图、校测测量依据点位与数据、检定与检校仪器与钢尺，以取得正确的测量起始依据，这是准备工作的核心。要针对工程特点进行技术交底与学习有关规范、规

章，以适应工程的需要。

3）制定测量放线方案，采取相应的质量保证措施。主要是按“三了解”要求做好制定测量放线方案前的准备工作，按要求制定好切实可行又能预控质量的测量放线方案；按工程实际进度要求，执行好测量放线方案，并根据工程现场情况不断修改、完善测量放线方案；针对工程需要，制定保证质量的相应措施。

4）安排工程阶段检查与工序管理。主要是建立班组内部自检、互检的工作制度与工程阶段检查制度，强化工序管理。严格执行测量验线工作的基本准则，防止不合格成果进入下一道工序。

5）及时总结经验，不断完善班组管理制度与提高班组工作质量。主要是注意及时总结经验，累积资料。每天记好工作日志，做到班组生产与管理等工作均有原始记载，要记简要过程与经验教训，以发扬成绩、克服缺点、改进工作，使班组工作质量不断提高。

（2）班组的图样与资料管理。设计图样与洽商资料不但是测量放线的基本依据，而且是绘制竣工图的依据，有一定的保密性。施工中设计图样的修改与变更是正常的现象，为防止按过期的无效图样放线与明确责任，一定要管好用好图样资料。

1）按要求做好图样的审核、会审与签收工作。

2）做好日常的图样借阅、收回与整理等日常工作，防止损坏与丢失。

3）按资料管理规程要求，及时做好归案工作。

4）日常的测量外业记录与内业计算资料也必须按不同类别管好。

（3）班组的仪器设备管理。测量仪器设备价格昂贵，是测量放线工作必不可少的，其精度状况又是保证测量精度的基本条件。因此，管好用好测量仪器是班组管理中的重要内容。

1）要按计量法规定，做好定期检定工作。

2）在检定周期内，应按要求做好必要项目的检校工作，每台仪器要建有详细的技术档案。

3）班组内要设人专门管理，负责账物核实、仪器检定、检校与日常收发检查工作。高精度仪器要由专人使用与保养。一般仪器要人人按要求进行精心使用与保养。

4）仪器应放在铁皮柜中保存，并做好防潮、防火与防盗措施。

（4）班组的安全生产与场地控制桩的管理

1）班组内要有人专门管理安全生产，要严格执行有关规定，防止思想麻痹造成人身与仪器的安全事故。

2）场地内各种控制桩是整个测量放线工作的依据，除在现场采取妥善的保护措施外，要有专人经常巡视检查，防止车轧、人毁，并提请有关施工人员和施工队员共同给予保护。

（5）班组的政治思想与岗位责任管理

1）按要求加强职业道德和文化技术培训，使班组成员素质不断提高，这是班组建设的根本。

2）建立岗位责任制，做到事事有人管、人人有专责、办事有标准、工作有检查，使班组人人关心集体，团结配合全面做好各方面工作。

（6）班组长的职责

1）以身作则全面做好班组工作，在执行“测量放线方案”中要有预见性，使施工放线工作紧密配合施工，主动为施工服务，发挥全局性、先导性作用。

2）发扬民主，调动全班组成员的积极性，使全班组人员树立群体意识，维护班组形象与企业声誉，把班组建成团结协作的先进集体，及时、高精度地放好线，发挥全局性、保证性的作用。

3）严格要求全班组成员认真负责做好每一项细小工作，争取少出差错，做到奖惩分明、一视同仁，并使工作成绩与必要的奖励挂钩。

4）注意积累全组成员的经验与智慧，不断归纳、总结出有规律的、先进的作业方法，以不断提高全班组的作业水平，为企业作出更大贡献。

四、向初级工、中级工传授技能

1. 向初级测量放线工传授技能

（1）明确测量放线工的责任和要求。施工建筑物平面位置和标高的精确程度取决于测量放线工作。城市规划和建筑设计本身都要求测量放线准确无误并具有一定的精度要求。放线、抄平是施工的前期工作，若发生差错会造成后续工序工种的返工，延误工期，造成经济损失，后果严重。从对所从事工作的重要性认识开始，增强责任感。

（2）树立良好的工作作风。测量放线的数据来自于图样上有关的标注尺寸，工作在条件变化的施工现场，要弄清众多尺寸的相互关系，并在实地正确放线，首先必须树立认真负责、积极主动、踏实细致、一丝不苟、同心协力、实事求是的工作作风，这是做好测量放线工作的重要保证。

（3）传授识图方面的基本功。从识图的基本知识讲起，要通过多看、多练习，掌握识图方法和步骤。重点在弄清尺寸标注的准确位置、三道尺寸和平、立、剖面图有关尺寸是否相符。通过传授使初级工能掌握正确的识图方法、步骤和校核方法，并培养其仔细、耐心及对图样反复阅读、核对的作风。

（4）传授测量基本理论知识和使用仪器工具的基本功。将长度、角度、标高、坐标、坡度、面积等概念讲解清楚，结合仪器性能，使初级工既弄清概念，又掌握水准仪、经纬仪及其他工具的使用方法，同时传授仪器工具的保养知识，以养成爱护仪器的良好习惯。

（5）传授测量和测设、放线和抄平的基本功。使初级工较系统掌握正确的方法、操作工艺流程与要点。测量放线工作除确保精度要求外，要时刻防止差错发生。对放线资料、测量数据、读数、记录、计算等各个环节都要仔细并注意工作中的检核。通过言传身教使初级工执行认真进行检核的制度，以防止差错。

（6）测量放线是集体性的工作。测量放线是多工序的集体性的技术工作，对工作中每个环节，对参加工作的每个成员必须保证其工作质量并同心协力、相互协作才能使工作按质按量完成，要树立群体意识。

2. 向中级测量放线工传授技能

（1）明确中级测量放线工的重要责任，传授组织班组生产的技能。对中级工提出较高和全面的要求，传授处理班组工作的能力。中级工是本工种的中坚力量，对完成测量放线班组的工作起着重要和关键性的作用，必须提出全面和严格的要求。测量放线工作主要通过中级工为骨干的班组来完成，测量放线工作的众多内容，要求中级工具有较丰富的基础和专业知识以及较熟练的操作技能，才能胜任技术工作；同时班组的人员结构和工作的多变性又给组织工作带来了相当的难度，需具有一定的班组工作管理能力。这些基本功主要通过高级工的传授完成。

（2）传授进行全面准备工作的技能。从施工任务书下达后，要指导中级工进行审校图样、数据（如红线桩、控制点、水准点核对、圆曲线的计算）、工具仪器、控制点埋设等项准备工作，只有做好完善的准备工作，才能使测量放线工作顺利进行，而不致造成窝工。根据任务量及时间要求，合理地进行人员安排也是一项重要的准备工作。

（3）传授仪器检校技能。仪器检校是件易被忽视或望而生畏的重要工作，是目前的薄弱环节。初期需由高级工指导逐项进行检校。未经检校的仪器不得用于作业。通过传授使中级工全面掌握检校方法，养成定期进行检校的习惯并形成制度。

（4）传授工序管理知识。测量放线工作是多工序的，按任务内容对中级工传授进行工序管理方面的知识，道道工序把关，不合格的前道工序不得进入下道工序，从而建立起质量保证体系的概念，由工作质量和工序管理保证成品质量。

（5）传授资料整理和进行成果分析的技能。测量放线成果一般要进行计算整理，对原始数据的记录、计算都要经过全面核对才能提供。由高级工传授校对的方法、技巧以及对成果精度、质量分析的技能，以不断提高中级工的作业技能和水平。

（6）传授并提高中级工的专业知识和技能。根据任务需要，高级工有针对性地、逐步传授抄平、钢尺丈量和测设、控制网的布设、图根导线、坐标换算、沉降观测、建筑物定位放线、吊装测量、竖向投测的操作技能以及制定一般工程施工测量放线方案并组织实测的技能。

（7）传授专业基础理论。传授测量误差的来源、性质，限差规定以及对施测中产生误差的原因和消减方法的有关知识。有针对性地提高测量专业水平和分析、解决问题的能力。

（8）传授新技术。根据工作的需要和可能，传授红外测距仪、垂准仪、自动安平水准仪等仪器的性能和使用知识，使中级工领会新仪器、新设备在提高测量精度和加快作业进度方面所起的作用。在条件可能时，将其用于测量放线工作。

3. 高级测量放线工需解决的疑难问题

（1）在审校图样、测量放线起始数据的准备方面的疑难问题。对于测量放线中复杂图样的审校、图纸会审中提出的问题、测量放线班组对图样提出的疑问以及放线测设数据计算中的疑难问题，高级工在深入阅读、研究、分析后提出解决方法和具体意见并指导测量放线班组的工作。

（2）编制复杂、大型或特殊要求的工程的测量放线方案，并组织实测运用工程测量的基本理论，根据工程的具体精度要求，选用合适的仪器工具和作业方法，在工程技术人员指导下，用误差理论进行分析，编制合理的测量放线方案。就方案向测量放线班组进行技术交底并组织实测，完成后参与总结，通过实际方案的实施提高班组作业水平。

（3）水准仪、经纬仪的维修。测量放线班组在仪器检校中发生的疑难问题及发现的故障，高级工应给予指导，帮助解决。对故障产生的原因进行分析，帮助解决或提出处理意见。

（4）对新技术、新设备进行指导。对于引进或推广的新技术、新设备组织岗位培训，系统地进行指导，使班组将新技术、新设备迅速用于生产，发挥经济效益。

（5）班组中的质量事故的处理。对于班组中发生的质量事故，进行深入细致的调查研究，查阅资料和记录及计算成果，用科学的方法和专业知识进行分析，提出处理意见，并挽回其影响，使返工量和损失尽可能降低，并总结经验教训，制定相应措施。

单元测试题

一、多项选择题（下列每题的选项中，至少有两个是正确的，请将正确答案的代号填在横线空白处）

1. 测量放线工作是配合性的，为均衡地作业，涉及较多因素，从________，编制作业计划、劳动力计划，做好施工组织工作。

A. 建设项目较多的工程，需列出与测量放线有关的所有项目，作为施工组织编制的依据

B. 单体工程如测量放线工作较多，可依据该工程的需要，配合主体工种的施工进度，来安排并编制相应的作业计划和劳动力计划

C. 根据所在单位施工需要，充分利用仪器、设备，编制相应的作业计划

D. 作业班组应阅读、熟悉放线用图样，做好准备工作，对现场测量、测设工作合理安排

单元 8

2. 测量放线工作的工序管理要做到________。工序管理是建立质量保证体系的基础。

A. 程序优化　　B. 重点突出

C. 明确互提资料标准　　D. 整体协调

3. 提高建筑产品质量的意义有________。

A. 质量与人民生活息息相关

B. 是发展国民经济的需要，是企业的生命

C. 是物质文明和精神文明的体现

D. 是企业技术水平和管理水平的综合反映

4. 全面质量管理的核心是________。

A. 提高人的素质

B. 调动全员的积极性

C. 人人做好本职工作

D. 通过抓好工作质量来保证和提高产品质量和服务质量

5. 全面质量管理的基本观点中的“四全”是指________几方面。

A. 全面的质量管理　　B. 综合性的质量管理

C. 全过程的质量管理　　D. 全员性的质量管理

6. 为用户服务的内容有着广泛的含义，不仅指甲方（建设单位）或使用单位为用户，下道工序也是用户，具体地说________。

A. 主体专业为配合专业服务　　B. 先行专业为后行专业服务

C. 政工和后勤为生产服务　　D. 前道工序为后道工序服务

7. 全面质量管理的基本方法概括为________，简称“一、四、八、七”管理方法。

A. 一个过程　　B. 四个阶段

C. 八个步骤　　D. 七种工具

8. 高级工向初级工传授的知识包括________。

A. 识图方面的

B. 基本理论知识和使用仪器、工具的基本功

C. 测量和测设、放线和抄平的基本功

D. 树立群体意识

9. 高级工向中级工传授的知识包括________。

A. 全面的准备工作及工序管理的知识　　B. 专业基础理论与新技术

C. 仪器校验和专业知识和技能　　D. 资料整理和成果分析

10. 高级工需解决的疑难问题包括________。

A. 在审校图样方面、测量放线起始数据的准备方面的疑难问题

B. 编制复杂、大型或特殊要求的测量放线方案并组织实施

C. 水准仪、经纬仪的维修，对新技术、新设备进行指导

D. 班组中质量事故的处理

二、判断题（下列判断正确的请打“√”，错误的请打“×”）

1. 施工管理是施工企业经营管理的一个重要组成部分。它是企业为了完成建筑产品的施工任务，从接受施工任务开始到工程交工验收为止的全过程，围绕施工对象和施工现场所进行的生产组织管理工作。（　）

2. 施工管理的目的是为了充分利用施工条件，发挥各施工要素的作用，对各方面的工作进行协调，使施工能够正常进行，按时完成全面符合要求的建筑产品。（　）

3. 施工管理是综合性很强的管理工作，其关键在于协调和组织作用。若没有各有关的专业管理，施工管理就失去了支柱；若没有施工管理，专业管理就会各行其事，不能为施工整体服好务。（　）

4. 施工任务书是向班组下达作业计划的重要文件，是企业实行定额管理，贯彻按劳分配，开展社会主义劳动竞赛和班组核算的主要依据。（　）

5. 测量放线工作的管理包括对各项准备工作进行检查、进行技术交底和进行工序管理。（　）

6. 全面质量管理是企业全体职工及各部门同心协力，将管理技术、专业技术、科学方法和思想教育结合起来，建立起产品的研究、开发、设计、生产、服务等全过程的质量保证体系，从而有效地利用人力、物力、财力、信息等资源，提供出符合规定要求和用户期望的产品的管理活动。（　）

7. 全面质量管理的基本观点可以简称为“412”，指“四全、一防、两个一切”。（　）

8. 全面质量管理的基本观点中的“一防”是指“防检结合，以防为主，重在提高”。（　）

9. 全面质量管理的基本观点中的“两个一切”是指“一切为用户服务，一切用数

据说话”。（ ）

10. 贯彻“下道工序是用户”是“质量第一”思想在施工单位内每道工序或每个人之间的具体体现，也是实行“为用户服务”的具体体现。（ ）

11. 全面质量管理的基本方法中的“一个过程”是指对生产全过程的管理。如建立质量保证体系就是应用系统工程的理论，对产品质量形成的全过程进行系统的管理。（ ）

12. 建筑工程质量管理中常用分层法和相关图。（ ）

13. 建筑施工企业的全面质量管理是在生产的全过程中，实行以施工为主的质量控制，企业的全体职工参加质量管理活动。（ ）

14. 工作质量是建筑工程产品质量的基础和保证，而其产品质量则是企业工作质量的综合反映。（ ）

15. 排列图是为寻找影响测量质量的主要原因所使用的图。（ ）

16. 因果图又称鱼刺图，因图的形状而得名，是表示质量特性与原因关系的图，它是把群众分析的意见按其相互关系，用特定的形式反映在一张图上，为进一步寻找产生质量问题的原因使用的图示方法。（ ）

17. 高级测量放线工对初级工的要求是应对所从事工作的重要性认识开始，增强责任感，必须树立认真负责、积极主动、踏实细致、一丝不苟、同心协力、实事求是的工作作风。（ ）

单元测试题答案

一、多项选择题

1. ABCD 2. ABCD 3. ABCD 4. ABCD 5. ABCD 6. ABCD 7. ABCD 8. ABCD 9. ABCD 10. ABCD

二、判断题

1. √ 2. √ 3. √ 4. √ 5. √ 6. √ 7. √ 8. √ 9. √ 10. √ 11. √ 12. × 13. × 14. √ 15. √ 16. √ 17. √